지구본 위를 거닐다

지구본 위를 거닐다

발행일	2018년 12월 21일		
지은이	신 명 숙		
펴낸이	손 형 국		
펴낸곳	(주)북랩		
편집인	선일영	편집	오경진, 권혁신, 최승헌, 최예은, 김경무
디자인	이현수, 김민하, 한수희, 김윤주, 허지혜	제작	박기성, 황동현, 구성우, 정성배
마케팅	김회란, 박진관, 조하라		
출판등록	2004. 12. 1(제2012-000051호)		
주소	서울시 금천구 가산디지털 1로 168, 우림라이온스밸리 B동 B113, 114호		
홈페이지	www.book.co.kr		
전화번호	(02)2026-5777	팩스	(02)2026-5747

ISBN   979-11-6299-449-8 03980 (종이책)   979-11-6299-450-4 05980 (전자책)

이 도서의 국립중앙도서관 출판예정도서목록(CIP)은 서지정보유통지원시스템 홈페이지(http://seoji.nl.go.kr)와
국가자료공동목록시스템(http://www.nl.go.kr/kolisnet)에서 이용하실 수 있습니다.
(CIP 제어번호: CIP2018040236)

(주)북랩 성공출판의 파트너
북랩 홈페이지와 패밀리 사이트에서 다양한 출판 솔루션을 만나 보세요!
홈페이지 book.co.kr   •   **블로그** blog.naver.com/essaybook   •   **원고모집** book@book.co.kr

이 책은 성남시 문화예술발전기금을 일부 지원받아 간행하였습니다.

Part · 1

중남미

페루에서 신고식

시차 적응과 낮밤이 뒤바뀐 컨디션을 조절하는 일은 쉽지 않았다. 리마 시가 심혈을 기울여 조성한 신시가지를 잠시 돌아보다 결국은 중도에 포기하고 숙소로 들어왔다.

25시간여를 훌쩍 날아서 내가 살던 반대편으로 몸은 왔지만 신체의 리듬은 아직 내 집을 헤매고 있다.

숙소로 들어와 누워 잠깐 졸았나 싶었는데 5시간을 잤다. 그간 머릿속에서 파리 소리처럼 윙윙거리던 두통이 개운해진 잠이다.

지난밤 시차증과 간헐적으로 나는 괴상한 소리로 잠을 설쳤는데 그 소리의 주인공을 찾아 숙소의 여러 곳을 둘러보았다. 일층을 돌아 이층으로 올랐다.

아뿔싸! 예상치 못한 주인공은 예쁜 공작새였다.

내가 묵고 있는 숙소는 3층으로 된 목조 건물이다. 에스파냐(Espana) 호스텔로 저렴하고도 고급스러운 숙소다. 여행자들에게는 유명세를 치르는 곳이지만 호스텔 이름만 봐도 스페인의 정복 시대에 지어진 건물이라는 사실을 직감적으로 알 수 있다.

스페인 정복자 프란시스코 피사로가 만든 도시 '리마'는 왕들의 도시였다. 옛 시가지에서 피사로의 미라가 안치된 대성당과 궁전은 물론 바로크 건축 양식의 다양한 면을 보게 될 것이란 기대에 잔뜩 부풀어 있다.

스페인은 식민 지배 시대에 왕을 위한 궁전을 세우는 것보다 귀족들의 진귀한 소장품을 보호하기 위한 대형 건축물을 세우는 데 치중했다. 이 건물 주인 또한 귀족적 가문의 자손으로, 대대로 물려온 건물이라는 건 숙소를 돌아보고 난 후 알게 된 사실이다.

오래된 목조 문양의 아름다운 건물로 특히 창문과 대문 등에 고풍스러운 모양들을 새겨 넣었다. 내가 묵고 있는 방도 누워 천장을 보면 마치 중세의 건물 안에 들어와 있는 것처럼 높다. 천장과 벽에 걸려 있는 액자마다 주인의 내력을 짐작할 수 있는 고전풍 그림들이 많이 걸려 있다.

3층 목조의 호화로운 가옥으로 근엄한 모습을 보여 준다. 아직도 정리하지 못한 그림과 액자들이 창고에 가득 보관되어 있다. 살짝 들여다본 빨간색의 카펫이 먼지에 싸여 있다. 귀족적인 풍모를 보이는 초상화의 나무액자들이 한쪽 창고에 쌓여 있는 것을 보았다. 이 집안이 예사롭지 않은 귀족 가문임을 말해 주고 있다.

귀족들의 건축물이기에 당연히 거느리는 식솔 또한 많았을 것이다. 방의 개수를 보고 알았다. 지금은 여행자들에게 그 방들을 개방하여 저렴한 비용으로 서비스하고 있다. 마치 작은 박물관과 같은 숙소이다. 여행자들은 옛 귀족들의 소장품이나 가구들을 돌아보면서 여행의 피로를 풀 수 있으니 색다른 체험이 되기에 충분할 것이다.

예쁜 공작을 뒤로하고 소리 나는 3층으로 올라가니 바닥에는 커다란 거북이 세 마리가 엉금엉금 기어 다니며 서로 등을 타고 넘어지며 놀고 있다. 그 옆 화단에는 열대지역에서만 자라고 피는 이름도 알 수 없는 화려한 꽃들이 서로 나무를 움켜쥐고 자라고 있다.

외인들이 묵고 있는 이 숙소에서 인기 1위는 눈이 커다란 앵무새다. 큰 부리로 사람들과 놀고 있는 모습이 내가 남미에 있다는 사실을 다시 실감케 해 주었다.

어디에서도 볼 수 없었던 광경이다. 나는 매우 신기해 한 번 안아 볼까 싶어 가까이 갔다. 조심스럽게 손을 내밀어 보았지만 어설픈 내 동작이 마음에 들지 않았는지 큰 부리가 내 손 안을 찍었다. 앵무새 동작에 놀라서 계단을 내려왔다.

예쁘기만 한 앵무새도 부리로 다가오니 무서웠다. 고개를 갸우뚱하며 나를 놀리는 것도 같은 행동이 그랬다. 보는 것과 만져 보는 것은 큰 차이가 있었다.

불과 삼일 사이에 벌어진 광경들이 매우 이색적이다. 우리가 얼마나 찰나인 삶을 살고 있는지 다시 한 번 깨닫게 되는 놀라운 시간이다.

유리 안에 갇혀서 살고 있는 우리나라 동물과 교감이 다르다. 방목 상태로 사람과 조화를 이루면서 제약 없이 어울리고 있는 동물이 무척 부러웠다.

그때 갑자기 커다란 날개를 펼치며 뽐내는 공작이 엉덩이를 내 쪽으로 펼쳐 보인다.

공작의 그 아름다운 색감은 누구나 알고 있지만, 이 호화로움을 보고 나니 색감에 대한 언급을 이제부터는 못할 것이란 생각이 들었다.

요염한 저 공작의 모습은 평생을 두고 기억되는 명장면으로 각인되었다. 엉덩이를 내 눈앞에 대고 맘껏 자태를 뽐내는 공작의 화려한 춤사위를 남미에서 다시 볼 수 있을까?

작지만 풍요로운, 바에스타 섬

바다 동물들의 낙원, 작은 갈라파고스를 연상시키는 '파라카스 해상공원, 바에스타 섬'이 속해 있는 해상이다. 온갖 바닷새와 펠리컨, 주먹만 한 홈볼트 펭귄, 아주 많은 다양한 바다 동물들이 모여 사는 섬이다.

섬으로 가기 위해 이른 아침 바다로 나갔다. 어느 곳이나 바다가 있는 곳에는 비릿한 냄새가 항구를 점유하고 있다. 파도에 깎인 야릇한 방파제와 조개류의 딱지들이 붙은 바위가 즐비한 항구는 마치 담을 타고 올라가는 벽의 담쟁이넝쿨을 연상시켰다.

섬으로 가는 입장표를 받아 든 순간 들떠 호흡이 빨라지기 시작한다. 누차 들어 왔던 '바에스타 섬'으로 가는 체험여행은 쉽지 않다. 안전에 대비한 구명보트를 철저하게 갖추어 입은 뒤 1시간 이상 쾌속 보트를 타고 바다 깊은 곳 중앙까지 들어가야 했다.

안내원 설명만 들어도 괜한 걱정이 앞선다. '낯선 이국땅 망망대해를 달리다 혹시 보트가 고장 나 뒤집히기라도 한다면, 아니 바다 깊은 곳으로 진입하다가 큰 파도라도 만나면 어쩌지?' 하는 걱정도 잠시, 갈매기 떼가 등대처럼 길을 잡아 주는 바다로 나아간다. 태양과 바다, 갈매기가 삼박자를 맞추자 걱정은 망각의 늪으로 가라앉고 만다.

바에스타 섬 근처로 진입했다. 물개, 펭귄, 바다사자, 가마우치들의 천국이다. 보트가 가깝게 접근하니 암컷들의 주위를 맴도는 오타리아 수컷의 우람한 몸짓이 위협적이다. 수컷에 비해 몸집 작은 암컷 물개들은 순한 양처럼 군데군데 무리를 지어 있었다.

느닷없이 나타난 보트가 불만스러운지 수컷은 머리와 상반신을 반쯤 곧추세우고 휘휘 주위를 살피며 둘러본다. 늠름한 군사들을 거느리는 명장의 모습으로 무리들을 보호해 주고 있었다. 그런 행동이 수컷의 본능이란 것쯤은 단번에 알 수 있다.

섬의 신기함을 보는 재미도 잠시, 오랜 세월 동물들의 배설물이 쌓인 섬 주위는 낭만적인 바다가 아니었다. 고약한 악취가 났다. 헛구역질이 나왔다. 동물이나 인간이나 섭취하고 배설한 그것의 냄새는 같았다.

머무는 동안 나는 냄새에도 무뎌져 동물들을 살피고 그것들을 피사체에 담느라 정신없이 움직인다. 서로 영역을 다투고 자기주장을 높이고 달려들며 위협하느라 야단법석을 떠는 동물들의 모습도 우리가 살고 있는 현실의 세계와 다를 것이 하나도 없었다.

어느 여행이든 여행 현장을 떠나는 것이 늘 쉽지 않다. 찾아가는 기대감보다 여행 장소에서 떠나는 아쉬움이 크다. 여행 고수들은 목적지에서 떠나는 행위로 여행하는 맛을 느낀다는데 난 아직도 그런 결단력이 부족하다.

돌아 나오는 바닷길 망망대해를 앙망하게 바라보다 갈매기 한 쌍의 유희를 보았다. 어디를 찾아가는 것인가. 바다 위를 날다 지치면 그대로 바다에 주저앉아 쉬고 가는 것일까. 앉을 곳도 없는 바다 위를 향해서 한 마리 갈매기가 자살하듯 급한 회전으로 바다의 등을 핥고 하늘을 올랐다.

뒤를 따라 같은 포즈로 내려가는 갈매기 두 마리, 창공을 오른다. 그렇게 한 쌍은 부부거나 연인 사이였으리라 생각했다. 지구의 반대편 파라카스 해상공원의 바다, 그 바다 한가운데서 만난 한 쌍의 갈매기 모습이 한 편의 소설을 읽은 듯 내 심안으로 들어왔다.

바다 위를 나는 갈매기의 끈끈한 저 믿음은 어디서 나오는가?

섬을 나와서 돌아올 때 본, 길섶의 쓸모없는 들판과 버려진 길처럼 황량함이 이어지던 그 벌판도 생명이 잉태되는 땅이었다. 믿기지 않을 만큼 척박한 시멘트 빛깔 자갈밭에는 파란빛의 생명들이 열렬하게 자라고 있었다.

나스카와 마리아 라이헤(Maria Reiche) 혼

1939년 미국의 코속(Paul Kosok) 박사가 페루의 옛 관개 수로를 연구하기 위해 나스카 사막을 비행하다 공중에서 이상한 흔적의 선을 발견하면서 나스카 라인의 정체가 세상에 알려졌다. 지금은 페루 여행에서 필수 관광지가 되었고, 나스카 문명의 흔적을 찾는 많은 학자들의 관심이 끊이지 않는 곳이다.

아침 숙소에서 눈 뜨자마자 커튼을 젖히고 창밖을 보았다. 맨 먼저 눈에 들어온 하늘은 채도부터 달랐다. 파란색은 짙고 드높다. 사람들의 표정도 하늘빛처럼 밝아 보인다.

가시거리를 좁히며 편하게 눈길이 멈춘 곳에 여사의 동상이 하얀 원피스를 입고 두 팔 벌린 채, 나스카 시내를 바라본다. 입가에 인자한 웃음을 띠고 있다. 복잡한 네거리를 교통정리하듯 서 있는 동상이다. 어젯밤 도시에 도착하며 내 눈에 먼저 들어온 것도 네거리에 서 있는 라이헤 여사의 동상이었다.

라이헤 여사는 나스카 라인과 뗄 수 없는 사람이다. 페루로 오기 전 나는 남미 여행을 하게 된다면 여사의 흔적들을 볼 수 있으리라 많은 기대를 가지고 있었다. 막상 페루에 들어와 릴케 여사의 동상을 보는 순간, 가슴은 그 이상으로 흥분되기 시작했다. 여사가 살고 간 일대기를 책에서 감명 깊게 읽었던 기억과 불꽃처럼 살다간 그분에 대한 경외심 때문이었을 것이다.

독일 수학자인 마리아 라이헤 여사는 나스카 지상 그림 연구에 평생을 바쳤다. 나스카 그림을 측량하고 지도로 옮기는 등 남다르게 몸으로 나스카 지상 그림을 사랑한 사람이었다. 세계적 유산인 나스카의 그림을 두 쪽으로 자르면서 지금은 그곳에 고속도로(알래스카에서 아르헨티나)가 흉물스럽게 건설되어 있다.

문화유적의 훼손, 생태계 파괴, 심지어는 원주민 생활 터전에 대한 피해를 안타깝게 생각하고 나스카 보존의 중요성을 알리는 일에 일생을 바친 여인이다.

나스카의 비밀을 풀기 위해 자국도 아닌 페루에서 청춘을 보내며 연구한 여사의 노력이 헛되지 않았는지 그 흔적들은 나스카 시내 곳곳에서 만나볼 수 있다. 무엇이 그녀를 그토록 나스카 그림에 몰두하게 했을까?

나는 그것이 몹시도 궁금해 나스카 라인을 보는 데 거금을 들였다. 나스카의 신기루 같은 그림을 보기 위한 골든타임이 있다. 빛의 각도에 따라 변하는 것이 자연의 공통점이라는 것을 나는 안다. 취미로 찍는 사진도 부드러운 피사체를 담을 수 있는 시간 열 시를 생각하며 기대했다. 동트기 전 아침, 나스카로 향하는 마음은 흥분 상태였다.

간단한 안내를 받고 경비행기를 타러 넓은 활주로로 나갔다. 작은 경비행기 앞에서 안전 규칙에 대한 몇 가지의 안내를 더 받고 굉음을 막기 위해 헤드셋도 착용한 뒤 흐릿하게 깔린 새벽안개 속에서 경비행기를 기다렸다.

동체가 내 앞에 와 섰을 때는 심장박동이 빨라졌다. 경비행기는 지상을 박차고 올랐다. 하늘에서 본 대지는 이제 막 봄기운에 들어온 연두색이다. 색이 사라질 때쯤 온통 흙빛의 바위산이 나타났다. 분지처럼 적당한 계곡의 넓은 광야에는 인간이 그렸다고 믿기에는 광범위한 거대한 선들이 반듯하게 그려져 있다.

땅 위에서는 결코 보이지 않는다. 도형들은 경비행기의 기울기 각도에 따라 흐릿하다가는 이내 선명하게 눈에 잡힌다. 하늘에서 신이 내려와 휘적휘적 긋고 지나간 듯 분지처럼 폭 파인 언덕들 위에 짐작조차 어려운 길이의 선들이 죽 뻗어 있다.

서울 면적 두 배에 해당하는 1,300킬로미터 면적에 빼곡하게 그려져 있는 수십 점의 그림들과 선들이 선명하고, 뜻 모를 기하학적인 모형들과 사다리꼴, 수많은 나선형의 선, 원형들 그리고 희미하게 다시 선명하게 눈에 보이는 나무, 고래, 거미, 우주인, 펠리컨, 콘도르 등으로 보이는 그림들이 그려져 있다.

벌새로 보이는 그림은 마치 공중에서 큰 날개를 펴고 선회하다 먹잇감을 발견하고 이내 수직으로 하강하는 모습을 하고 있어 보기에도 위협적이었다.

가이드의 유창한 한국말. 안내대로 좌측, 우측을 번갈아 보면서 흐릿하고 선명한 그림들을 찾아볼 때마다 아쉬움과 놀라움이 엇갈렸다. 억겁의 세월을 버티어 낸 나스카 그림은 기대했던 것보다 희미한 상태의 그림들이 더 많았다.

유독 선명하게 내 눈을 붙잡는 그림이 있었다. 민둥산 계곡처럼 보이는 바위에 그려진 그림 하나다. 경비행기가 회전하는 방향을 따라 외계인처럼 보이기도 하고, 원숭이처럼 보이기도 한 그림에서 뭔가 강한 교감이 가슴으로 들어왔다. 그것은 마치 공중에 떠 있는 나에게 손을 흔들며 자기를 태워 달라는 애원을 하고 있는 몸짓 같았다.

내게 달려오는 움직임을 보았다. 다른 그림들은 그저 암적색 위에 거대한 선으로 바위 위에 새겨 놓은 그림이라는 사실로 받아들여졌으나 유독 사람의 모습을 하고 외롭게 서 있는 외계인을 닮은 그 모습은 나와 함께 섞여야 할 사람이 외딴 섬에 표류하고 있는 것 같아 내가 손만 내밀어 주면 잡고 뛰어 오를 것만 같았다.

한때는 나스카 그림이 외계인의 우주선 착륙지였다고 전해지기도 했다. 고대인의 별과 우주의 움직임을 그려 놓은 것이라는 등 나스카 라인에 관한 숱한 학설들은 누차 있어 왔다. 지금까지 누가, 왜, 어떻게 만들었는지 확실히 밝혀지지 않아 더욱 신기하게만 느껴졌다.

아직도 풀지 못한 나스카 라인은 '말뚝에 끈을 묶어 직선을 그렸다', '열기구를 이용해 그림을 그렸다'라는 등 무성한 설만 난무하다. 나스카인들이 사용한 직물이나 사막 곳곳에서 발견된 말뚝과 밧줄들의 흔적과 나스카 라인에 사용했던 도자기에 그려져 있던 새 그림 등의 발견도 이어지고 있다. 지금까지 나스카 라인의 대표적인 그림인 새 흔적들을 찾아내 수수께끼를 풀고 있지만 아직도 불가사의로 남아 있다.

방사성 탄소 연대 측정을 통해 밝혀진, 그림이 오랜 시간 보존될 수 있었던 이유는 나스카 해안 특유의 건조한 기후라고 한다.

불가사의한 이 그림들을 섬처럼 두 동강을 내고 그 위를 흉물처럼 지나가고 있는 고속도로와 나스카 라인을 가로지르는 현대의 문명을 하늘에서 목격하며, 편한 마음을 가졌다면 거짓일 것이다.

그런 경험이었을까?

나스카를 경비행기로 돌아보고 난 뒤 나는 여사의 박물관을 찾았다. 박물관을 가득 채운 그녀의 흔적들에 경외심이 들었다. 수천 번 올라서 나스카의 그림을 살펴보았을 전망대의 사진이며 나스카의 면적을 축소하여 만들어 놓은 조형도감이며, 그녀의 젊은 시절의 사진들. 그녀가 눈감으면서도 잊지 않았을 나스카의 사랑, 늙어서 초췌한 모습의 일대기를 보면서 나도 모를 뭉클함 같은 것이 목울대를 눌렀다.

인간이 무언가에 일생을 바치고 아름답게 눈을 감는다는 것이 얼마나 멋진 용기인가. 그녀가 없는 지금, 그를 기억하고 과거를 더듬는 페루 사람들의 열정 또한 이어지고 있었다.

박물관을 나오다 다시 한 번 그녀의 사진을 본다. 박물관에 놓인 의자에서, 책상에서 그녀가 활짝 웃고 있었다. 그녀를 기억하며 이곳을 찾는 사람들을 반갑게 맞아주는 사진 속 그림들은 모든 소품을 이용하여 그녀를 기리며 제작해 놓은 물건들이었다.

여사의 집을 박물관으로 만든 이곳에서 나무 침대와 측량 기구들과 지도들이 그의 열정을 말해 주고 있었다. 소박한 생활 모습이 내 마음을 아련하게 했다.

인간이 그렸다고 믿기에는 너무도 완벽하고 거대한 그림이어서, 인류의 문명과 과학 기술이 아무리 발전해도 나스카 지상화를 누가, 어떻게 그렸는지에 대해서는 밝히지 못했다. 추측만이 무성한 채 나스카 라인은 오늘도 신비감으로 문을 잠가 놓고 관광객을 맞았다.

나스카의 그림은 영원한 수수께끼로 남아 있다. 얼핏 보기에는 그저 태평양 연안과 안데스 산맥 사이에 위치한 황량하게 보이는 자갈사막이지만 나스카 평원은 입을 꼭 다문 채 찾아오는 방문객에 아스라함만 보여 주고 있었다.

인간이 지금까지 머리를 싸매고 고민하는 것을 여사는 아는지 모르는지, 나스카 평원의 지상화는 오늘도 관광객을 반겼다.

죽어서도 잠 못 드는 차우칠라 무덤

페루에는 많은 유적들과 문명의 흔적들이 곳곳에 산재해 있다. 잉카와 나스카는 우리가 많이 알고 있지만 치무(Chimu) 문명이 있다는 것을 나도 이번 여행에서 알았다. 치무 문명은 치모(Chimo) 계곡에서 발생했기 때문에 붙여진 지명이다.

당시에는 흙벽돌을 쌓아 올려 신전과 건축물을 만들었다. 도자기나 직조 기술이 발달했다. 이들의 풍습은 사람이 죽으면 시신을 구부린 채로 매장하는 것이었다. 그 뒤 후대 사람이 다시 시신을 반듯이 눕힌 상태로 매장했다. 무덤에는 청동, 금, 은 등의 금속제품을 부장품으로 시신과 함께 묻었다.

그 흔적이 남아 있는 '치우칠라 무덤'을 찾아가려면 나스카 시내에서 차로 40분 정도 떨어진 외딴 벌판으로 가야 했다. 가는 동안 양 길 옆 횡한 벌판에서 얼키설키 엮어 놓은 짚으로 움막생활을 하는 사람들을 보았다.

기억조차 가물거리는, 옛 농가에서나 보았던 가마니를 잇대어 붙인 집을 짓고, 천정도 없는 네 구석에 기둥만 덩그러니 세워 놓은 그런 집이었다. 주위의 여건이 그렇듯 삭막하고 황량하기만 한 벌판에 지어 놓은 초라한 움막은 보는 이의 마음을 초연하게 했다.

움막촌을 지나 차는 좌회전했다. 지금까지 달려왔던 길은 맛보기였다. 차는 심한 파도를 타듯 요동치며 더 깊은 벌판을 지나 계곡으로 들어갔다. 차츰 강풍이 불고 벌판에서 날아오는 모래흙과 차가 지나며 내뿜는 먼지가 한데 섞여 회색 먼지로 유리창을 덮어 버렸다.

먼지를 터느라 유리창을 바쁘게 오간 와이퍼가 멈추고 허허벌판에 내린 우리는 나스카 시대의 무덤 터를 찾아갔다. 황사모래를 몸에 맞으며 서니 사방 반경 1킬로미터 정도가 눈에 들어왔다. 모래벌판에 부는 강한 바람 앞에 쓰러질 듯 버티고 있는 오두막 한 채가 희미하게 보였다. 그곳으로 접근해 걸어가는 동안 희끗희끗한 뼈 조각들이 모래흙과 버무려져 있는 것을 보았다.

무덤에 도착하자 등골이 오싹한 한기를 느꼈다. 그렇잖아도 바람이 불어 추운데 보고는 있어도 믿을 수 없는 흔적들이 곳곳에 남아 있는 충격적인 현장이다.

무덤을 깊게 파낸 묘지의 흔적들이 남아 있었다. 도굴꾼들이 남긴 탐욕의 손길이 이곳에도 여지없이 남아 있다. 텅 빈 무덤은 도굴당한 토기와 직물의 흔적 그리고 몇 구의 미라로 채워져 있다.

미라는 두 무릎을 구부려 머리는 양 무릎 사이로 괸 채, 앉은 자세로 남아 있었다. 선명한 손톱, 그리고 믿을 수 없는 머리카락을 지니고 잉카인들이 즐겨 입은 전통의상인 판초 같은 직물을 입고 있었다.

이처럼 미라가 남아 있는 것도 나스카이기에 가능한 일이다. 이곳은 십 년에 한 번 꼴로 30분 정도 안개비가 내리는, 세계에서 가장 건조한 지대이다. 그렇기에 시신들이 썩지 않고 자연스럽게 미라가 되어 남아 있을 수 있는 것이다.

나스카 시대에는 죽어가는 사람에게 옷을 입힌 다음 태양을 바라보도록 앉히고 죽음을 맞도록 했다고 한다. 더욱 놀라운 것은, 앉아 있는 미라 옆으로 놓인 구멍이 송송 뚫린 해골들은 고대 페루인들이 뇌수술을 한 흔적이라는 설명이었다. 믿기지 않았다.

그곳을 돌아 나오는 발길이 무거웠다. 보고 나니 온몸이 사시나무 떨리듯 떨린다. 이곳의 혼령들이 내 뒤를 따라 붙는 것 같아 자꾸만 뒤를 돌아보며 벌판을 빠져나왔다. 사람이 접근하기 어려운 혼령들만 지키고 있는 이 무덤에도 탐욕의 손길은 계속될 것이다.

미라들을 지키는 사막의 바람만은 저 영혼들을 편히 잠들도록 지켜줄 것이라 믿고 싶다. 방대한 사막이 방치된 상태로 있는 무덤마저 도굴당할까 염려되었다.

이 묘지들에서 도굴된 제품들은 비싼 값을 받으니 왜 도굴꾼들이 무덤을 노리지 않겠는가? 세월을 안고 버티어 온 미라들이 남아 있어 천년을 뛰어

넘은 민족의 풍습을 나는 보았다.

시대를 초월한 인간의 관심사는 '생과 사'였다. 다시 한 번 나는 주위를 돌아보았다. 하지만 이 황량하기만 한 벌판이 남미 고대 왕국이었다는 사실이 믿기지 않았다. 스페인 식민지 시절 이전까지 남아메리카 최대 도시로 꼽히기도 했단다.

그 시절 석조 건축이 주를 이룬 잉카 문명과는 달리 '흙'을 활용해 만든 방대한 건축 유적물들이 모래에 쓸리고 바람에 무너지고 있었다. 고대 흔적들이 화려했던 과거에 묻히며 바람에 뼛조각을 날리고 있었다.

뚜나의 변신

페루 여행은 도시마다 산재해 있는 세계적 문화유산만 보는 것이 아니다. 자연들이 원초적 모습 그대로 남아 있어 풍경을 보는 재미는 더할 나위가 없다. 척박한 잿빛 횟가루만 날리던 산악지역을 벗어나 먼지를 털어낼 쯤 눈을 편하게 해 주는 진녹빛 선인장 재배 밭에 도착했다.

언뜻 봐서는 우리나라 제주도 올레길을 걸으며 해안가에서 만났던 코끼리 귀만 한 둥근 잎을 가진 선인장으로, 그 키가 사람 키 두 배가 넘는 장신이다. 나는 더 가깝게 선인장밭으로 접근해 보았다. 선인장에 달려 있는 가시는 난생 처음 보는 것으로 어림잡아 삼십 센티미터는 넘어 보이는 대못을 연상시켰다.

현지 가이드는 날카로운 가시를 피해 널따란 선인장에 기생하고 있는 애벌레 하나를 집어 들었다. 내 유년 시절 채소밭에서 흔하게 볼 수 있었던 배추벌레와 흡사한 벌레였다. 그는 손바닥에 벌레를 놓았다. 내가 '악' 소리 지를 틈도 없이 가이드는 능숙하게 벌레를 문질렀다.

겨울을 이겨내고 연둣빛으로 물드는 봄날 색 같던 벌레는 납량특집 영화의 드라큘라 백작 입에서 흐르던 짙은 선홍색 피가 되어 가이드 손가락 사이사이로 흘러내렸다. 믿기지 않는 선홍색의 피는 빛의 반사로 석류알처럼 투명했다.

호기심 가득 나는 선인장밭으로 들어가 가장 작은 벌레를 한 마리 잡았다. 손바닥에 올려놓은 벌레를 질끈 눈을 감고 비볐다. 다시 선홍색 액체가 내 손바닥을 물들인다. 뚜나 애벌레 한 마리가 이처럼 아름다운 빛깔로 변신할 수 있다니 보면서도 믿기지 않았다.

현장 경험 없이 선인장만 봤다면 나는 가시만 잔뜩 달린 선인장들이 척박한 땅에 자생하는 것이라 생각했을 것이다. 그러나 이곳에서 재배된 선인장에 붙어 기생하는 뚜나는 변신을 거듭하여 염료로 다시 태어난다. 아름다움을 추구하는 여성을 위한 혁명인 화장품 중 가장 값비싼 것의 원료로 쓰이고 있다고 했다. 가장 고가의 브랜드인 샤넬 화장품의 립스틱 원료로 쓰이며 캄파리 등 유명 브랜드의 술 재료로도 쓰이고 있다. 재배된 뚜나는 전량 수출하고 있으며 천연 물질이니 안심하고 사용할 수 있어 고가에 수출하므로 농가의 소득에도 큰 보탬을 주고 있다고 한다.

선인장밭이 아니었다면 이곳 또한 페루의 여느 지역과 마찬가지로 보기에는 거칠고 황량한 땅이다. 내가 걷고 있는 동안에도 한 발짝씩 내딛을 때마다. 흙먼지가 날려 잠시도 눈을 뜰 수 없다. 먼지와 작은 모래가 얼굴을 때리는 통에 하루만 이곳에 눌러앉았다면 다음 날 아마도 눈이 멀 것 같았다.

이처럼 척박한 땅에도 선인장만큼은 잘 자라고 있다. 우산처럼 펼친 잎과 굵은 가시 속에 모든 자양분을 감추어, 잉태하고도 아무것도 품을 수 없어 자라지 못할 것 같은 뚜나의 변신이 내게 던지는 물음은 여운이 남았다. 나는 한동안 감탄사만 되뇌다 밭에서 나왔다.

밭을 나오다 돌아보니 잎 위로 연둣빛 벌새(Hummingbird)가 선인장 가시 위에서 쉼 없이 날개를 떨며 긴 주둥이를 가시잎 속으로 들이민다. 날개로 음악을 연주한다. 페루에서 만나는 새들은 모양이나 생김새가 특이한 종류들이 많다. 쉽게 볼 수 없는 벌새 움직임을 따라 나는 뚫어져라 바라본다.

새들은 모든 것은 잘될 거라는 막연한 기대감을 내게 주고 더 높이 하늘을 행해 날아올랐다.

아쉬운 중절모

여행하다 보면 간절하게 갖고 싶은 물건들을 만나게 된다. 비록 나 아닌 다른 사람 눈에는 허접하게 보일지라도 소유하고 싶은 이에게는 선망의 대상이 되는 물건이 있다.

나는 페루에서 중절모를 사고 싶었다. 중남미 여행의 시작이 아니었다면 나는 덥석 모자를 샀을 것이다. 페루의 중절모는 쓰는 이와 엇박자를 내는 것이 매력이다.

통치마를 입고 검은 머리를 양 갈래로 따 내리고 새까만 스타킹을 신고 구두 굽이 뭉툭한 신발을 신고도 어울릴 수 있는 이곳의 중절모자는 묘한 매력으로 내게 다가왔다.

나는 모자 욕심이 많다. 내가 이곳으로 떠나오기 전 아는 이가 내게 물었다. "도대체 모자가 몇 개나 돼요? 내가 보기에는 백 개쯤은 거뜬하게 넘어 보여요." 나는 웃으며, "아마 백 개는 되지 않고 근사치일 거예요"라고 대충 말했지만 나 또한 의심이 들었다.

일주일에 한 번씩 만나는 분이기에 대충 추산해 본 것이었다. 집에 돌아와 생각이 나서 나도 이번 기회에 내가 몇 개의 모자를 사용하고 있는지 세어 보고 싶었다. 방바닥에 주욱 전부 내어 놓았다.

내어 놓고 보니, 참 많았다. 내가 모자를 살 때마다 딸들이 왜 그렇게 "또 모자야?" 하고 잔소리를 했는지 죽 놓은 모자를 보고서야 실감났다. 사계절을 돌아가면서 착용하는 모자가 산행용 모자까지 합하니 백 개가 넘어간다는 사실에 나도 놀랐다. 하지만 나는 지금도 모자 사기를 멈추지 않는다. 아마도 버릇인 것 같다. 그리고 내 변덕 때문일 것이다.

페루로 여행오기 전 내 눈길이 가는 것은 묘하게 여인들이 쓰고 다니는 중절모였다. 그것도 잡지나 텔레비전에 나오는 여인들이 머리에 어울리지 않게 쓰고 있는 모습을 보면서 저렇게 써 보는 것도 나쁘지 않겠다 싶은 생각이었다.

모델을 볼 때 미녀들이 잡지화보에나 쓰고 나온 중절모도 아닌 나와 꼭 닮은 작달막하게 생긴 여인들이 전통처럼 쓰고 다니는 중절모를 사려고 벼르고 있었다. 마침 기회다 싶어 모자 사기에 나섰다.

십여 군데의 상가를 뒤졌지만 모자를 써 보는 족족 머리 위에 걸쳐저 더 이상 머리가 들어가지 않았다. 나는 잘 안다. 내 머리통에 맞는 사이즈의 모자를 산다는 것이 쉽지 않다는 것을. 그러나 내 외모와 비슷한 페루의 사람들은 다르리라 생각했던 것부터 빗나간 추측이었다.

소재, 색감 모두가 대만족이다. 그러나 써 보면 모두가 실패다. 아무리 쑤셔 넣어도 머리가 들어가지 않았다. 페루 사람들 머리는 몸집에 비해 의아

할 만큼 머리가 작다는 것을 알았다.

그랬다. 그것은 내 콤플렉스다. 내가 모자를 잘 사는 이유도 내 머리에 맞는 사이즈가 드물기에 써 봐서 싫지 않으면 다음 기회란 없으므로 사는 버릇에서 비롯됐다.

내 사춘기 시절에도 머리 큰 것이 매우 싫었다. 내가 다녔던 고등학교는 모자와 교복을 입었다. 자그만 모자를 쓰고 있는 친구들에 비하면 내 두상은 언제나 큰 바위 같았다. 크게 돋보여 어쩌다 모자를 학교에 두고 오는 날이면 바닥에 뒹굴어 다니다 다음 날 등교했을 때 흙먼지를 뒤집어 쓴 채 교실 바닥에 그대로 있는 것이 내 모자였다.

아마도 내 모자가 친구들과 같은 아담한 사이즈였다면 쥐도 새도 모르게 누군가 써도 몰랐겠지만 내 것만은 그럴 수 없었을 것이다. 머리 사이즈가 비슷한 친구들이 없었으므로.

페루에서도 사고 싶은 마음 간절한 중절모를 포기해야 했다. 큰 바위 얼굴인 내가 싫었다. 페루의 중절모는 거의 어린아이에서부터 노인까지 없어서는 안 될 필수품이었다. 풍선처럼 부푼 마음속 바람을 빼내야 했다. 꼭꼭 눌러야 했다.

잉카 콜라

페루 여행을 앞두고 잉카 콜라에 대한 호기심이 생겼다. 대형마트에서는 잉카 콜라도 판매하는 것을 보았지만 나는 페루에서 직접 맛을 확인하고 싶어서 그간 참아 왔다.

그러다 페루에 들어와 처음 숙소에 도착하여 잉카 콜라를 맛보게 되었다. 입안을 톡 쏘는 짜릿함과 청량감을 기대했다면 실망할 것이다. 우리에게 익숙한 맛의 콜라가 아니다. 하지만 한 모금 마시고 난, 내 느낌은 달랐다. 나를 위한 음료가 페루에 있었다는 사실에 놀랐다.

사람들이 콜라를 찾는 이유는 뱃속이 더부룩할 때 청량감을 느끼기 위해서이다.

잉카 콜라는 사이다나 코카콜라에 비하여 탄산 특유의 자극이 강하지 않아 내게 딱 맞는 음료다. 야무지게 쏘아 주는 특유의 탄산 맛은 없지만 레몬처럼 부드럽고 은은한 향이 우선 코끝을 간질인다. 그리고 몇 초 후에 달콤한 맛이 목젖을 사르르 유혹한다. 한마디로 내 음료였다. 개인적 취향이지만 달콤한 맛을 즐기는 내게는 더없는 음료를 찾은 셈이다.

잉카 콜라(Inca Kola)는 스페인어이다. 병에 담기어 노란색을 띠고 달콤한 맛을 낸다. 페루의 상징이 된 음료이면서 페루의 자부심인 콜라는 자국에서 가장 많이 소비하는 음료다. 자극이 강하지 않고 인공색소가 아닌 천연색소를 사용하는 토종 콜라인 잉카 콜라의 탄탄한 입지 때문에 그 거대 공룡기업 '코카콜라'도 페루에서만큼은 두 손을 놓고 있다. 코카콜라가 콜라로 점유하지 못하는 유일한 지역이 바로 페루라는 사실은 우리가 눈여겨 볼 만하다.

이는 제3세계 콜라 업체가 세계 1위 콜라 업체를 꺾었다는 것을 보여주는 상징적인 사례였다. 이 같은 경우는 우리 곁에도 비일비재하게 일어난다. 멀쩡하게 영업하던 제과점, 아이스크림 가게가 자고 일어나면 하루아침에 문을 닫고 다시 몇십 미터 전방에 똑같은 종목의 상점이 문을 연다.

그 이면을 파고들면 알아서 좋을 것 없는 암투의 고리가 있다. 하지만 잉카 콜라처럼, 지지대가 형성되면 제아무리 거대기업이라도 대적하지 못하는 탄탄한 신용을 얻는 작은 상점들도 우리 주변에는 많다.

페루인들의 잉카 콜라 사랑이 어느 정도인가는 페루로 들어서는 순간 느끼게 된다. 페루에서는 잉카 콜라보다 코카콜라를 사는 것이 더 어렵다. 부진한 판매도 이유겠지만 외국인 외에는 찾는 이가 거의 없다. 페루 어디를 가더라도 사람들의 손에는 노란 콜라병이 들려 있고 그건 확인해 보지 않아도 잉카 콜라다.

작은 병, 큰 병에 다양하게 담겨져 있는 잉카 콜라가 지금까지 내 입으로 들어간 양을 따지면 얼마나 될까?

내가 조촐한 한 끼를 때우고 나오는 음식점마다 잉카 콜라가 식탁 위에 놓여 있었다. 페루에서는 공기를 마시듯 콜라를 마시는 일상을 보냈다.

신이 준 선물, 감자

옛날 안데스 산맥 한 마을에 지배자가 있었다. 원주민들은 마을의 작물 카누아(좁쌀)를 그에게 바쳐야 했다. 굶주림에 시달리던 그들은 신에게 빌기 시작했고, 신은 그들에게 둥글고 통통한 씨를 주었다. 그걸 심자 춥고 열악한 고산지대 마을에 녹색 풀이 뒤덮고 보라색 꽃들이 피어났다. 하지만 원주민들이 기대한 열매는 없었다. 열매가 없어 굶주리는 원주민들에게 신은 "땅을 뒤엎으면 열매가 나온다"라고 했다. 땅을 파 보니 감자가 있었다. 감자를 먹은 원주민들은 건강해졌다. 페루 원주민들과 감자에 얽힌 설화다.

페루를 여행하다 보면, 고산 지대를 많이 접하게 된다. 고원 음식의 단골은 단연 감자 요리다. 더구나 페루는 높은 산과 건조한 날씨로 열대 지역에 인디오 문화와 스페인 문화가 혼합된 형태의 문화라는 것을 페루에 들어오면 쉽게 알 수 있다.

안데스 지역 토종 감자는 내가 지금까지 먹었던 감자의 맛과는 비교할 수 없는 맛이다. 그 맛은 뛰어나고 품질 역시 우수하다. 페루에서 맛 좋은 감자가 없었더라면 여행하는 동안 나는 고충이 많았을 것이다. 감자가 있어 여행이 한결 풍족해졌다.

감자 덕이다. 관광지를 찾다 보면 끼니를 거를 때가 자주 있다. 음식점을 찾지 못할 때나 허기질 때, 감자 한두 알로 끼니를 때운다. 감자만 먹기에 불편할 때는 적당한 소스를 쉽게 마트에서 구입해 함께 곁들이면 그만이다. 게다가 음식점에 들어갈 경우는 야채와 곁들여 감자를 먹을 수 있어 깊은 맛을 탐미할 수 있다.

페루에서 감자의 맛을 경험하지 않고는 감자의 맛을 모를 것 같다. 어떤 이는 페루의 유명한 음식으로 세비체를 꼽지만 내 의견은 좀 다르다.

세비체, 그 유명세 때문에 먹어 보았다. 결론부터 말하면, 내 입맛이 아니다. 나는 바다가 가까운 곳에서 태어나고 자랐다. 그 환경에 자라면서 섭취한 어류들의 수는 짐작이 어렵다. 회라면 별별 다종 회를 거의 섭렵하고 자랐다.

그 결과, 회로 먹을 수 있는 생선회는 겨자 하나면 그만이다. 거기에 소박하다 싶으면 다종의 야채와 곁들이면 된다. 그 밖의 것들은 없어도 되는 곁가지에 불과하다.

페루의 세비체는 생선살을 뭉덩뭉덩 썰어 넣고 고춧가루와 라임즙, 다진 양파, 실란트로(고수)에 무친 생선회다. 말하자면 우리 생선회에 식초를 살짝 친 맛이다. 한국인 입맛에도 잘 맞아 식성에 맞는 사람은 그 맛을 즐긴다.

중요한 것은 사람마다 식습관이 다르다는 점이다. 적어도 나는 세비체에 대한 생각이 그랬다.

잉카의 탯줄, 쿠스코

쿠스코는 잉카 제국의 수도다. 태양신을 숭배하던 잉카인들에겐 우주의 중심인 셈이다.

시내는 잉카 유적 외에 스페인 정복자들이 세운 교회와 저택이 들어서 있어 독특한 분위기를 보이는데 붉은 빛을 띤 지붕들이 생소한 채, 내 생각을 뒤집어 놓았다.

쿠스코로 입성하기 위해 15시간을 버스 안에서 보냈다. 페루의 버스는 최고의 시설을 갖춘 형태다. 밤새 달리는 동안 편리함을 제공해준다. 난방과 화장실을 갖추고 손님에게 간식도 준비해 준다.

그도 그럴 것이 중남미의 여행은 기본이 열 시간 이동이요, 조금 간다 하면 다섯 시간, 잠깐 간다 하면 세 시간 정도의 이동이다. 우리의 상상으로는 가늠하기 어렵다. 고도 3,800미터와 4000미터의 고개를 오르내리며 쿠스코에 도착했다.

밤사이 간간이 눈을 뜨고 창밖을 볼 때마다 어느 해 네팔에서 감명 깊게 보았던 왕방울 별들을 페루 하늘에서 다시 보았다. 산중 고개에 걸린 높새바람 맞으며 나온 별은 영롱했다.

구름의 움직임 따라 보이는 이곳의 속살인 계단식 밭들이 자연의 생경함을 그대로 전해 준다. 잉카 시대 계단식 밭에서 각종 채소를 가꾸어 최고의 신선식품으로 왕에게 바쳤다. 태양신에게 채소와 재물을 놓았던 제단을 보니 말로만 들어 왔던 모든 것들이 하나씩 실체로 다가왔다.

하나의 거대한 분지처럼 만들어진 성전 위에는 말없이 죽어갔던 그 영혼들이 주위를 떠돌고 있는 것 같아 섬뜩한 기운이 느껴졌다.

시내로 들어오니 유럽풍 건물들이 군데군데 보였다. 물론 스페인 사람들이 이 시내를 정복하여 남긴 잔재들이겠지만 전망대에 올라 야경을 보는 것은 특별한 체험이다. 여러 곳의 유적지들이 요란한 불빛을 내며 굽어보고 있었다.

쿠스코는 16세기 중반까지 중앙 안데스 일대를 지배했던 잉카 제국의 수도였다. 해발고도 3,400미터의 안데스 산맥에 위치한 이 도시는 프란시스코 피사로 정복자와 에스파냐 군대에 의해 정복되었을 당시도 반듯한 시가지와 아름다운 건물, 거대한 신전을 가지고 있었다. 이에 정복자들도 놀라워했다. 이후 쿠스코는 에스파냐풍 도시로 변모해 왔다.

분지를 연상시키는 큰 산으로 외돌아진 그 안에 폭 안기어 차분한 붉은 색 지붕들이 높은 고도에 내려앉아 있었다. 자랑할 만한 유적지들의 자연 훼손을 막기 위해 고심한 흔적은 쿠스코도 예외는 아니었다.

마추픽추를 가기 위해 우르밤바를 거쳐 오안타이탐보에서 기차를 탔다. 마추픽추의 훼손을 막기 위해 접근에는 협곡열차를 이용한다. 차량은 앙증맞게 치장한 열차로 꾸며져 있었고, 열차는 쿠스코의 대표적인 유적들을 지나면서 마추픽추를 향해 달렸다.

계곡의 초입인 동시에 이곳은 군사적 요충지이기도 했다. 기찻길 옆으로는 아마존 강의 원류인 우르밤바 강이 흐르고 있지만 아쉽게도 밤 열차를 이용하기에 나는 창밖을 제대로 보지 못했다.

여행하면서 듣는 음악은 평소에 듣던 노래와는 달리 가슴으로 증폭되어 파고든다. 마치 스펀지에 스며드는 물처럼, 오늘도 피로가 녹아드는 열차 안에서 듣는 쿠스코의 전통 악기인 탄가의 애절한 선율의 파장이 여행자 폐부 속으로 깊게 스며든다.

살며시 눈을 감는다. 대형 화면으로 큰 날개를 펴고 창공으로 미끄러지는 콘도르의 영상이 겹쳐 왔다.

과거 잉카 제국의 회로애락을 함께했던 '황금도시' 페루 쿠스코는 이처럼 내 머릿속을 아련하게 피워내는, 꿈에서나 꿈꾸어 온 주술적 도시였다.

저 산맥 너머 어딘가에 엘도라도(EL Dorado, 황금의 도시)가 숨겨져 있다. 대항해 시대에 일확천금을 노리고 유럽에서 멕시코를 거쳐 남아메리카로 모험을 떠난 이들 앞을 가로막은 것도 안데스 산맥. 이곳의 철옹성 같은 거대한 산맥이었다.

그러나 황금을 향한 인간의 욕망은 한계를 몰랐다. 이들은 기어코 안데스 산맥을 넘어서 끝내 엘도라도를 발견했다.

이들이 찾은 엘도라도가 오늘날 페루, 볼리비아, 에콰도르, 칠레 등 남아메리카 서부 지역 광대한 영토를 보유했던 '황금의 제국' 잉카문명인 것이다. 그 길들의 하나하나를 조금이나마 밟아 볼 기회를 가진 이번 여행이 얼마나 벅찬 감동인지 나는 안다.

여행 떠나오기 전 읽었던 한 문장이 생각났다. 잉카 제국 마지막 황제 아타왈파가 스페인 침략자 프란시스코 피사로에게 "나를 살려주면 당신 방을 황금으로 가득 채우겠다"라고 말했을 정도로 당시의 잉카 문명은 엄청난 양의 황금을 자랑했으나 지금은 흔적만 남았다.

지금, 눈에 보이는 도시에는 과거의 눈부셨던 황금 문명을 모두 잊은 듯한 사람들이 소소한 행복을 누리며 살아가고 있다.

태양신을 숭배했던 과거 잉카인들 흔적은 더 이상 없다. 잉카 신전이 있었을 법한 자리에는 이제 유럽인이 남기고 간 여러 성당이 그 자리를 대신하고 있다.

건물들 모습은 여느 유럽 도시와 다를 바 없다. 내가 유럽으로 나와 있지 않다는 것을 상기하는 것은 나와 닮은 자그마한 앞자리에 마주앉아 있는 여인을 볼 때다.

마추픽추

잉카인들이 한계에 도전했던 흔적을 찾아가는 길은 쉽지 않았다. 6,000미터급 고산준령들로 둘러싸인 계곡을 지나 첩첩산중으로 들어가는 높이를 뚝 잘라내도 2,800미터 고지다. 버스가 심장을 벌컥거리며 에둘러 비탈길로 오른다.

경사진 각도와 버스가 요동하는 방향으로 번갈아 구름이 지나고 있다. 가로막은 산의 중턱에 걸려 조각난 반쪽 구름이 보였다. 보잘것없는 인간이 한계를 무릅쓰고 무엇인가를 도모하며 흔적을 남기고자 했던 갈망의 그림들을 머릿속에 상상으로 그려 본다.

눈앞으로 펼쳐 올 미지의 나래로 타임머신에 몸을 맡겼다. 자연이 펼치는 경이로운 광경 속으로 풍덩 빠져 본다.

버스를 타고 마추픽추로 올라가는 길에는, 탐험의 목적이었던 황금은 발견하지 못했으나 탐험가로서의 명성을 얻은 버밍엄을 기억하고자 세운 표지석이 자랑스럽게 반기고 서 있다.

산과 절벽, 울창한 밀림에 가려 밑에서는 도저히 볼 수 없다. 오직 공중에서만 확인할 수 있다. 이 절벽 절반가량이 산의 경사면에 세워져 있다. 유적 주위는 성벽, 그리고 깎아지른 절벽으로 견고하게 둘러싸여 완벽하게 독립된 요새의 모양을 갖추고 있다.

마추픽추는 책이나 사진에서 많이 보았던 그 모습 그대로였다. 매우 똑같아선지 사진에서 나오는 그 각도대로 전경을 내려다봤을 땐 별로 놀랍게 느껴지지 않았다.

지금까지 내 경험으로는 영화나 드라마 속 멋진 장면을 여행해 보아도 영화와는 똑같지 않았다. 그 사실을 난 몇 번의 여행을 경험해 보고야 느꼈다. 세계의 관광지들 사진은 가장 아름다운 시간대에 고도로 단련된 전문가들의 앵글로 최고의 장면을 담은 여행지의 명장면들이다. 똑같은 장면으로 펼쳐질 것이란 기대 같은 것은 미리 접어 두어야 한다. 나도 그랬다.

오래전에 풍선처럼 부푼 기대감으로 백두산을 올라 하얀 구름만 잔뜩 보고 내려와야 했고 키나바루산, 황산 등 흔적만 보는 것도 여러 번 경험했다.

사람들이 그토록 '마추픽추'에 서 보고자 하는 소망을 갖는 이유는 고급 장비들의 위력이 아니라 자연적 욕망이란 사실을 나는 비로소 마추픽추를 오르고 나서야 알았다.

사방 어느 면으로 보아도 그 존재를 아래서는 도저히 알 수 없다. 접근조차 불가능해 보인다. 무엇보다 알려진 대로 제각각인 돌들이 정확하고 견고하게 물려 있는 것에 나는 놀랐다. 들여다본 그 틈은 칼날은 물론 바람조차 들어가기 힘들었다. 믿기지 않으나 믿어야 했다.

젖은 모래에 돌의 표면을 갈아 매끄럽게 해 쌓았다고는 믿기지 않는 가파른 계단식 밭을 만들고, 여기에 배수 시설까지 갖추고 있다. 흔들림 없이 견고하게 쌓아올린 집채만 한 돌을 보니 오래전 이 땅을 밟았을 사람들이 떠올랐다.

이 거대한 돌들을 옮기며 얼마나 많은 사람들이 스러져 갔을까. 무심히 흐르는 지하수로의 물 한 모금 입에 물어 보니 작열하는 태양에 데워진 물이 시원한 맛은 아니었다.

한때 이곳에 살았던 그들의 목마름, 그들의 배고픔, 그들의 갈망을 달래주던 물줄기는 지금도 조잘거리며 흐르고 있었다.

와이나 픽추를 오르다

산은 언뜻 보면 삼각형의 원뿔 모양을 하고 있다. 능선은 보기만 해도 예리한 칼을 뒤집어 놓은 형상을 하고 있어 몸이 베인 듯 통증이 일었다. 칼날을 중심으로 우측과 좌측, 시간과 공간을 초월한 절묘한 위치로 마추픽추를 굽어보며 지키고 있는 산 형세다.

책에서 본 와이나 픽추는 잉카인들이 토템으로 신봉하는 두 동물의 형태를 갖추고 있다고 했다. 와이나 픽추 봉우리를 앞에서 보면 퓨마의 형상으로 보인다 했는데 정말 그랬다.

마치 사나운 퓨마 한 마리가 포복 자세로 납작 엎드려 먹이를 몇 미터 앞에 두고 덮쳐 버릴 듯 마추픽추와 계곡을 번뜩이는 눈으로 노려보고 있었다.

좌측에 있는 세 개의 작은 봉우리는 콘도르가 하늘을 날고 있는 모습으로 보였다. 날카로운 발톱과 부리로 창공을 날다 혼비백산하여 도망치는 귀여운 토끼를 발견하고 땅을 향해 하강하는 콘도르의 모습으로 봉우리 위를 날고 있는 형상이었다.

콘도르는 이 험준한 안데스의 산봉우리가 태양에 입을 맞추면 날아오른다. 콘도르도 잉카인과 함께 와이나 픽추를 지상과 천상의 세계를 이어 주는 신성한 산으로 생각했을 것이다. 천상의 세계로 이어 주는 그 계단을 밟아 보는 기회는 누구에게나 주어지지 않는다. 와이나 픽추를 오르기 위해서는 무엇보다 많은 정보를 미리미리 사전에 알아야 한다.

인원 제한에 따라 입산을 허가해 주므로 시간을 잘 지켜야 한다. 또한 제한 인원이 넘으면 입산이 금지되기 때문에 서둘러 와이나 픽추에 올라야 했다.

오르기 전, 사고 대비 각서에 사인을 해야 했다. 밑에서 올려다보면 산 기운에 기가 꺾인다. 그리고 살이 떨린다. 많은 산행 경험을 살려 천천히 오르기 시작했다.

점차 고도를 올리며 계단식 농경지와 저장고가 있는 유적 터를 지나니, 달의 신전이 떡 버티고 있다. 터질 것 같은 심장, 호흡 소리로 귀까지 먹먹하다. 모든 것이 촉박하게 진행되므로 고산병이나 체력에 자신 없다면 욕심을 버리고 마추픽추에 오른 것으로 만족해야 한다.

숨이 턱까지 차오르고 다리 힘이 풀리며 모든 것을 포기하고 싶을 때, 수수께끼처럼 놀라운 '하늘의 도시'가 불쑥 나타난다. 나는 길게 숨을 들이마신 뒤 다시 아래를 보았다.

거대한 석상이, 돌들의 잔치를 벌였다. 석상과 유적들이 즐비하다. 잉카 문명의 숭배 대상은 단연 태양신이다. 하지만 하늘의 콘도르, 지상의 퓨마, 그리고 땅 아래의 뱀, 유적은 그 동물들의 문양을 돌 안에 숨겨 놓고 있었다.

구름은 저 아래에 머물고 있다. 감히 내 앞을, 아니 신전의 안전을 믿지 못하여 지나가지 못한 채 산 아래에서 진을 치고 있다.

탄성부터 나왔다. 여기는 지구 반대편 미지의 땅 남미. 그 거친 대륙의 등뼈처럼 보이는 와이나 픽추. 시공간을 넘나들어 나는 지금 거대한 동물의 등을 타고 서 있다. 발아래에 펼쳐지는 마추픽추를 바라보고 서 있다.

발아래서 마추픽추의 도시가 신기루를 타고 움직인다. 시린 하늘과 쏟아지는 태양, 그리고 찬란했던 폐허의 무대가 눈앞으로 다가온다. 나도 전율이 일었다. 지구상 내가 숨 쉬고 있는 이곳이 와이나 픽추라는 사실이 실감되지 않아서다. 도무지 먹먹한 마음뿐, 한 발짝도 움직일 수 없다. 감격 때문인가, 아니면 풀린 다리 때문인가? 아무것도 아니다. 그저 허물어진 아래 성터를 바라볼 뿐이다.

저 아래 사이사이로 흐르는 골짜기들, 좁다란 협곡들, 온통 주름 잡힌 산으로 뒤덮은 눈 아래 모습과 구름떼가 골짜기마다 안개 띠를 두르고 있다. 사방이 대기 속에서 싱그럽게 짙은 녹음을 묻어 내고 있다. 눈앞에서 잠시, 원근감이 사라져 버렸다.

헛것이 보인다. 움직이는 물체들은 무엇인가? 이곳 신전에서 느껴오는 기운인가? 잠시 앉아서 보니, 인간이 위엄 있고 당당하게 계곡을 오르는 것 같다.

태곳적 자연 경관의 위대함을 나는 와이나 픽추를 올라와서 바라본다. 찬 공기가 감도는 이곳에서 거친 산악의 구름과 뒤섞인 산의 득음을 느꼈다. 그 어떤 경험과도 견줄 수 없을 만큼 값진, 영원까지 가지고 가야 할 산행이다. 자연의 경건함 앞에서 문화와 인간의 본질이 얼마나 미개하고도 빈약한 것인지를 돌아보게 된다.

'잉카인들은 왜 하필이면 이렇게 험준한 산에 공중도시를 만들었을까?' 하는 의문이 풀리는 순간이었다. 오직 공중에서만 마추픽추를 제대로 볼 수 있다. 꼬불꼬불한 언덕과 가파른 계단식 유적들이 보기만 해도 어지럽다.

사람들은 저마다의 목소리로 이곳을 노래 불렀다. 어느 감탄사도, 어느 수식의 미사어구도 우주 '문명 작품' 마추픽추를 담기는 어렵다. 제국의 마지막 성전이 이루어지는 순간과 그 숨통이 끊어지는 순간을 함께한 곳도 마추픽추였을 게다.

풍수에 문외한인 내가 한눈에 봐도 명당이요, 천하의 요새다. 하지만 속살을 들여다보면 사연은 슬프기만 하다.

　와이나 픽추의 중간쯤 오르다 보면 달의 신전인 유적지가 나온다. 잉카의 모든 것은 태양으로 향한다. 이곳도 예외는 아니어서 신전 안에는 집채만 한 바위의 가운데를 파서 만든 제단으로 보이는 움푹한 곳을 볼 수 있다.

　처음 이곳을 발견했을 당시만 해도 이 제단 구역에서는 많은 인골이 발견됐는데 대다수가 달의 신전 제단 위에 제물로 바쳐진 여자들이었다. 발견된 175구의 미라 중 80퍼센트가 여자였고 나머지 20퍼센트는 사제와 아이들이었다. 이처럼 가파른 요새에서 그들은 순결하고 아리따운 여자라는 이유로 신전에 제물로 바쳐져야 했다.

　잉카의 여인들을 생각하니 부조 물에 내려앉은 이끼가 품은 억겁만큼의 세월이 느껴진다. 허물어진 성터의 흔적이 보는 이 마음을 잡아놓고 있다.

온 힘을 다해 올라왔지만 와이나 픽추 정상에서는 많은 시간을 지체할 수 없다. 더 이상 올라갈 수 없는 허물어진 바위는 겨우 한 발을 디딜 수 없을 만큼 경사면으로 되어 있었다. 지체하고 있을 공간이 없으니 하산을 서둘러야 했다. 폭이 좁은 계단과 전날 내린 비로 미끄러워 잠시도 손과 발에서 눈을 뗄 수 없다.

와이나 픽추 정상에서 내려다본 마추픽추는 산의 지형을 그대로 살려 200여 개의 건물이 큰 광장을 따라 허물어진 상태로 놓여 있다. 주거 지역과 광장을 중심으로 종교 의식을 지냈던 구역으로 나누어져 있다.

그 사이사이로 계단식 수로를 통해 물이 흐르는 곳에 유독 햇살이 비춘다. 물은 반짝이는 조약돌처럼 과거와 현재를 이어 주는 산증인으로 남아 그 자리를 지키고 있다.

'이 깊은 산중에 저렇게 많은 돌을 어떤 경로로 운반하여 왔을까' 생각해 본다. 떠나지 않는 의문들은 산을 내려오는 순간에도 이어졌다. 이곳 성벽들을 가까이 보면 볼수록 치밀한 맞춤에 소름 돋는다.

내가 초등학교 다닐 무렵 우리 집을 새로 지었다. 여러 명의 목수들이 햇빛 따사롭게 내리쬐는 앞마당에서 대패로 나무를 밀고, 창문의 문양을 만들기 위해 정교하고 능숙한 솜씨로 나무 파기에 열중하던 기억이 성벽을 보면서 불현듯 떠올랐다.

아마도 잉카인들의 돌 다루는 솜씨가 그런 모습은 아니었을까? 그들에게 성벽은 바위가 아니라 말랑거리는 밀가루 반죽을 만드는 것이 아니었을까?

자꾸만 생각의 꼬리가 꼬리를 물고 길어지다 헛발을 내딛는다.

마추픽추로 내려와 놀란 것은 이처럼 높은 성벽에 철옹성을 쌓아 놓은 것에 비해 왕의 처소는 오히려 소박하였기 때문이다. 지금의 원룸 주택 정도라고나 할까. 문을 들어서니 부엌 겸 식당이 나왔고 그 너머가 침실이었다.

왕이 결코 검소하지는 않았을 터인데, 나는 샅샅이 흔적을 찾아 돌아보았다. 왕의 궁전 옆에는 신전이 있던 흔적이 남아 당시의 규모를 짐작으로나마 알 수 있었다.

모든 의문들이 눈앞에 펼쳐지다 눈이 번쩍 뜨이는 공간이 있었다. 지금도 내 고향에서 볼 수 있는 화장실 하나가 잘 바른 황토를 뒤집어쓰고 있었다. 왕의 궁전 자리에 남아 있는 유일한 화장실이었다. 그 화장실 모습은 지금도 내 고향에 남아 있는 모습과 같은 모양이었다. 다만 콘크리트의 회색이 아닌 편안한 황토색으로 된 화장실이었다.

거대한 바위가 세워진 미라의 안치소, 마추픽추의 가장 높은 곳에 위치한 해시계, 성벽을 쌓아 놓아 견고하게 보이는 태양의 신전도 있었다.

아침 일찍부터 서두른 덕에 산처럼 된 바위를 깎아 내어 다리를 만들어 놓고 왕래했던 썬 게이트와 계획한 모든 일정들을 끝낼 수 있었다. 하지만 보았다고 하는 유적들도 다시 시간적 여유를 가지고 보면 볼 때마다 다른 느낌으로 다가온다. 마음 같아서는 이곳에서 3일 정도 머무르며 제대로 보고 싶었다. 하지만 아쉬움을 간직한 채 떠나야 했다.

감동 있는 여행지에서의 떠남은 언제나 쉽지 않다. 한 번 더 욕심을 내어 마추픽추를 돌아보려고 갔을 때는 이미 안내원들이 호루라기를 불며 내려가라는 신호를 보내고 있었다. 소리 지르는 안내원들에게 밀려 문 닫는 시간 오후 6시를 목전에 두고 막차로 마추픽추를 내려오니 미련은 남지만 그래도 후회 없는 탐방이었다.

지쳐 숙소에 돌아오니 천군만마를 얻은 듯 먹지 않아도 배부른 하루다.

마추픽추는 욕심 내어 돌아보자면 몸도 시간도 많이 필요한 유적지다. 마추픽추의 성터를 돌아보고 가는 것도 벅차다. 게다가 나는 거의 이른 새벽부터 움직여 하루를 공중도시에 머물렀지만 다 볼 수는 없었다.

와이나 픽추를 오르는 데 에너지를 다 소비했고 옛 도시의 유적을 돌아보고 주변을 돌아보느라 바삐 움직였다.

잉카 문명이 고스란히 남아 있는 마추픽추는 가는 길까지 험난한 여정의 연속이었지만 이곳의 장엄한 모습과 마주하고 나면 고생은 기우라는 것을 느끼게 된다.

마추픽추를 제대로 보려면 4일은 있어야 한다. 잉카인들의 옛길 잉카 트레일이 있다. 칠레에서 에콰도르까지 이어지는 트레일로, 광대한 제국을 지배하기 위해 만든 4만 킬로미터에 이르는 제국의 길이다. 이 트레일을 통해 황제에게 바치는 갖가지 진상품이 전달되었다.

이 트레인을 따라 고대 잉카인의 고대 유적지를 다 만나고 싶었다. 하지만 꿈만 꾸어야 하는 여행지로 남겨 둬야 했다. '잉카 트레일'을 상상으로 밟으면서 '와이나 픽추'를 오른 것으로 만족해야 했다.

그 잉카 트레일의 마지막 지점인 태양의 문 인티푼쿠에서 나는 아스라한 길을 내려다보았다. 이곳에서 석양을 받으며 서서히 모습을 감추는 마추픽추를 돌아본 것으로 만족한다.

명품 화장실

이상했다. 마추픽추에 발을 들여 본 사람은 안다. 세계 7대 불가사의 유적 중 첫 손에 꼽을 세계적인 관광지의 화장실 시설은 실망스럽기까지 했다. 생리적 욕구는 급한데 길게 늘어져 있는 꼬리를 보니 난감했다.

그렇다고 달리 해결할 방법도 없었다. 불안한 마음으로 불만을 참고 있는 사이 시간은 삼십 분이 훌쩍 지나고 만다. 그 바쁜 와중에도 한 사람을 들여보낼 때마다 계산을 하고 영수증을 발행하는 사람들을 보며 우리나라 화장실 문화가 생각났다.

겨우 내 차례가 되어서 화장실로 들어가니 점입가경이었다. 산처럼 쌓여 있는 휴지들, 바닥은 오물과 지저분한 것들로 덮여 발을 어디로 둘지 난감했다. 겨우 세 칸만 만들어 놓은 화장실은 그나마 하나는 사용할 수 없게 널빤지로 입구를 먹어 놓은 상태였다.

마추픽추에 오르려면 적잖은 비용을 내야 한다. 물론 출입 제한이 있기는 하지만 연중 내내 관광객의 발길이 끊이지 않는, 수입을 따지자면 헤아릴 수 없는 가치를 창출하는 곳이다.

화장실 하나쯤은 제대로 만들어야 했다. 불만도 잠시, 마추픽추로 들어서면 모든 것이 무죄다.

마추픽추를 돌아본 나는 오후가 되어서야 오해가 풀렸다. 이곳은 세계적인 관광지. 하루 몇백 명의 제한된 인원으로도 유적지는 몸살을 앓는다. 이처럼 많은 사람들이 날이면 날마다 몰려드는 곳이기에 그 사람들이 아무런 불편 없이 다니기란 힘들 것이다.

인간의 편리함만을 추구한다면 한정된 공간에도 많은 시설물을 들여놓을 수 있다. 그러나 많은 시설에는 한정된 공간의 훼손이 따른다. 하루를 꼬박 돌아본 나는 비록 인간의 불편함은 있어도 자연의 훼손은 피해 가는 것이 정답이라는 결론에 이르렀다. 오전에 느낀 불만이 늦은 저녁시간이 되어 사라졌다. 역시 사람은 제 편리한 쪽으로 생각하는 망각증이 있어 살아가나 보다.

이곳은 세계적인 관광명소만이 아닌 우리의 과거와 현재가 어우러진 유적지다. 단지 화장실만을 생각한다면 시설은 자연경관을 해칠 것이다. 편리함에 젖은 나를 불편하게 한다는 것과 화장실 숫자에 나는 실망했다. 깨끗한 화장실 시설을 갖추기 위해서는 다른 많은 장소들에 훼손을 가져올 수밖에 없다는 생각에 이르니 그것은 섣부른 판단이었음을 알았다.

산에는 소금, 살리나스

지구상에는 언어로 체계화시키지 못하는 진기한 장면들이 곳곳에 숨어 있다. 여행객들이 아무리 그럴듯한 표현으로 풍경을 구체화시켜 놓아도 여행지에 도착해서 직접 눈에 담는 감흥은 다르다.

고산 지대의 마을, 원형계단식 논밭이 그대로 남아 있는 모라이 마을에서 버스로 사십여 분을 꼬부랑꼬부랑 고갯길을 넘어가다 보면 믿을 수 없는 풍경이 나온다. 이처럼 외진 곳에 그것도 육지의 밭이나 논을 경작하는 지역에 하얀 소금이 눈처럼 쌓여 있다.

녹색으로 카펫을 깔아 놓은 듯 크고 작은 산들을 에두르고 달리기를 몇 시간째, 차량에서 잠시 나와 보니 머리는 다시 먹먹했다. 고산으로 진입한 신호를 제일 먼저 몸이 보내왔다. 연거푸 물을 마시며 호흡을 가다듬고 발 아래로 펼쳐진 장관을 보았다.

믿기지 않는 정경이 눈 아래로 펼쳐졌다. 이곳은 자그마치 해발 3,600미터에서 3,800미터을 오르내리는 마을에 위치한 고산의 천연염전이다.

살리나스는 찾아오기는 힘들지만 일단 들어서면 나오기 싫은 작은 마을이었다. 살리나스 염전은 워낙 페루에 다른 볼거리가 많기 때문에 거대한 관광지는 아니다. 그렇다고 접근이 쉬운 곳도 아니다.

주위는 온통 붉은 진흙으로 앙증맞은 고랑을 이루며 가지런하게 만들어 놓은 소인국의 마을처럼, 세상에서 가장 작은 논에 적당한 물을 담아 내리쬐는 태양 아래 온몸을 데우고 있었다.

표현이 어려운 이 놀라운 광경. 나는 끌리듯 마을로 내려간다. 믿을 수 없는 사실이 실체를 보였을 때의 신선한 충격은 여행의 맛을 배가시킨다. 보고 있어도 믿기지 않는 의심이 꼬리를 물었다. 바다도 아닌 호수도 아닌 육지에서 이렇게 하얀 소금을 만들어 낼 수 있을까?

살리나스 소금밭

설명에 따르면 이곳은 예전엔 바다였다고 한다. 지각변동으로 지층이 솟으면서 육지가 되었고 지금도 염호처럼 소금을 만들어 낼 수 있는 천연의 상태로 남아 있다. 그런 이유로 이곳에서 생산되는 소금은 아주 비싸게 팔리고 있다.

귀한 소금은 미네랄이 풍부해서 고가의 화장품을 만드는 재료로 팔리고 있다는 것이다. 세상에는 진귀한 보물들이 산재해 있다는 사실을 다시 한 번 느끼는 계기다. 이 험한, 사람이 살기조차 힘든 고산 지역, 사방을 둘러보아도 집 한 채 보이지 않는 조용한 마을을 감싼 계곡에서 은밀하게 숨어 소금을 만들어 내는 살리나스 염전은 나처럼 속물근성이 있는 사람에게는 노다지를 쏟아내는 은신처처럼 보였다.

넓지도 크지도 않은 염전에서 한창 흙을 고르고 있는 어느 농부의 작은 움직임이 아련함보다 힘찬 태동처럼 느껴온다. 저 농부는 이곳에서 노다지를 캐어 딸린 식구들을 행복의 마차에 실어 줄 것이다.

그곳을 나오면서 주인이 건네주는 소금 맛을 보니 그것은 소금이 아닌 다디단 꿀을 입에 넣는 맛이었다. 나오는 길에 이곳에서 멀지 않은 거리에 위치한 잉카인들의 계단식 밭인 '모라이'를 둘러보았다. 마치 축구장과 같은 넓이의 잉카인들의 작물재배 실험실이었던 모라이는 잉카인들이 어떻게 식물을 재배하고 길러냈는가를 상세하게 기록해 놓은 곳으로 이곳에서 시험 재배하고 연구한 흔적이 오롯이 남아 있는 현장이었다.

축구장을 연상시키는 모라이 계단식 밭의 가장 깊은 곳에서부터 위까지 온도 차이에 따른 작물을 체계적으로 재배했다니, 태양을 섬기는 잉카인들의 깊은 신앙심과 태양에 대응하는 법을 일찍 터득한 이들의 지혜에 다시 한 번 감동하는 순간이었다.

가장 깊은 밑까지 내려갔다 올라오는 동안, 밑에서 위를 보니 까마득한 거리에 사람들이 개미처럼 움직이는 모습이 보인다. 올라와 아래의 깊이를 내려 보니 화산섬처럼 보인다.

색들의 축제

미술공부를 하는 사람이나 화가는 페루를 의무적으로 다녀와야 한다는 생각을 문득 했다. 깊고 선명한 자연에서 살아가는 이들에게 잘 어울리는 원색의 옷을 입고 자연을 닮으며 살아가고 있는 이들이 순수하다.

곱디고운 핑크, 하늘을 닮아 푸르디푸른 파랑, 순종적이고 다소곳한 노랑, 대지의 넓은 마음 같은 쪽빛의 색깔들이 색의 협주곡을 연주하는 것처럼 거리를 색으로 수놓고, 사람들이 그 길을 다닌다.

남녀노소 길게 땋아 내린 새카만 머리를 하고 있는 사람들과 하나같이 색동으로 천들을 몸에 두르고 다니는 아낙들이 있다.

작달막한 키와 살색의 스타킹, 여자들은 무릎 아래로 조금 내려 온 통치마를 입고 남자는 거의 바지와 어울리지 않을 듯하면서 묘한 조화를 이루는 윗도리의 양복을 입었다. 그들의 모습이 자꾸만 내 시선을 끌었다.

이들은 내게 친근감을 준다. 피부와 생긴 외모부터 이색적이거나 거부감을 주지 않는다. 어딘가 내 이웃에 사는 사람들처럼 느껴지는 게 인심 좋은 사람의 냄새를 풍기는 느낌이다.

대체적으로 세계적인 관광지가 있는 나라들은 매우 상업적인 색이 강해서 가끔은 소모적인 일들도 생기게 마련인데 페루는 관광의 보물창고이면서 아직 자연친화적인 모습을 잃지 않은 것이 큰 매력으로 다가왔다.

더구나 페루의 푸노는 안데스 산맥 중앙 높은 곳에 위치한 도시다. 많은 산들이 있지만 이 지역의 산들은 옅은 연두색 카펫을 깔아 놓은 듯 큰 나무가 없는 형태의 분지처럼 되어 있다. 언뜻 보면 이끼류의 식물이 산들을 점령하고 있다.

티티카카 호수로 유명한 이곳 주민들을 살펴보면 나와 비슷한 모습을 하고 있어 친숙함을 느끼게 된다. 특색은 이들의 의복과 큰 키를 볼 수 없다는 점이다. 여자나 남자 모두 작달막한 키에 주름을 넣은 치마를 입고 내가 산에 갈 때나 신고 다니는 목이 긴 스타킹을 신었는데, 이것이 이들 대부분의 복장이었다. 마침 내가 도시에 도착했을 때는 이들의 전통 축제가 한창이었다.

이들의 복장과는 동떨어진 뾰족한 유럽식 성당들이 즐비한 배경 뒤로 펼쳐지는 축제는 가톨릭에서 예수가 탄생한 후 40일째 되는 날인 2월 2일에 성모마리아를 기리는 성축절이다. 남미 여러 나라에서 이 축제를 즐기는데, 페루 푸노에서 열리는 축제 규모가 크며 유명하다.

티티카카 호수 근처의 도시 푸노는 스페인 점령 시절 가톨릭 포교의 중심지였다. 성축절을 즐기기 위해 페루와 먼 볼리비아에서까지 사람들이 모였다. 한창 거리 행진이 이어져 여행자에게는 다소 불편함이 있다.

여행지를 돌아봐야 하는 입장에서는 길이 막히고 사람들이 모인 탓에 통행이 어려워 불편했다. 그러나 쉽사리 볼 수 없는 큰 축제를 보는 것도 이색 체험이라 나는 현란하게 움직이는 이들의 몸동작에 심취했다.

유독 눈에 띄는 빨강 옷으로 장식한 무희에게 눈길이 쏠렸다. 큰 몸동작과 발동작의 단순함도 있지만 그가 쓰고 있는 모자가 유독 눈에 들어왔다. 강한 색의 빨강과 검정의 복장, 그 위에 조끼처럼 걸친 상의, 지휘자의 연미복처럼 길게 가랑이 사이로 내려온 옷의 길이감, 게다가 금박으로 장식한 너울거리는 털실은 축제 속에서도 압도적인 장면이었다.

악마의 춤이었다. 안데스 지역의 중요한 전통 춤으로 페루의 토속신앙과 스페인 식민지 지배 시절의 영향이 결합되어 있다. 주로 은광에서 일하던 원주민과 안데스의 외진 마을을 보호하기 위한 춤이다. 얼핏 보아도 순수 혈통의 페루다운 춤이 아니라는 사실을 직감했다. 식민지 시절에 유입된 의식의 잔재는 양단의 피해의식을 표현한 춤으로 느껴졌다.

하루 동안 이들의 축제를 보면서 매우 화려한 축제라는 것을 알았다. 전통 의상을 입은 페루 목동들은 그들이 입고 나온 양복과 카우보이모자, 어디를 보아도 매치가 되지 않는 의상을 입었다. 또한 이 지역 전통 축제에 참가하기 위해 페루 곳곳에서 사람들이 모여들었다. 상점들은 일부를 제외하고 축제에 참가하려 문을 닫았다. 이들은 하루하루가 축제인 듯이 살고 있다.

안데스 원주민 복장은 사진이나 텔레비전에서 많이 보아 왔다. 실제로 축제에 참가한 이들을 보니, 원색 무늬 옷에 털모자, 중절모에 꽃 장식을 했는가 하면, 알프스 지방에서 갓 도착한 유럽 농부의 옷 같은 것을 입은 사람들도 있었다. 심지어는 치어리더처럼 미니스커트에 몇 겹을 겹쳐댄 집시풍의 의상을 입은 사람들도 있었다. 다양한 복장의 모습들이었다.

남성들의 긴 생머리가 말총처럼 치렁치렁 엉덩이까지 걸쳐져 있다. 그 위에 양복을 입고 카우보이 복장을 한 모습이 생소했다. 여성들은 세상에서 가장 화려한 색깔의 옷을, 그것도 미니스커트를 입었는데 짧은 다리가 보이면 가끔 실소가 터졌다.

축제라고 해서 입는 특별 의상이 아니다. 축제가 벌어지지 않는 곳에서도 이들이 입는 복장은 눈에 잘 띈다. 여성들의 복장에는 중절모자가 빠지지 않는다. 여성들의 멋내기 마지막은 중절모로 이루어진다 해도 과언이 아닌 필수다.

안데스 원주민의 전통 치마는 여러 겹을 겹쳐 입는데 이는 스페인의 식민 시절 유럽 귀족이 입던 여러 겹의 속치마에서 전해진 것이라는 걸 이곳을 떠날 때쯤 알게 되었다.

그랬다. 이상하게 보였던 이들의 복장은 모두 역사의 흔적들이었다. 우리도 지금까지 과거의 의식들이 잠재해 있는 만큼 안데스의 역사도 생활과 역사의 흔적이 혼재되어 흐르고 있었다. 안데스의 역사는 내가 생각했던 것보다 훨씬 더 길고 복잡한지도 모른다.

바늘처럼 따끔한 태양 아래서 춤을 추는 일행을 따라 마법처럼 깊이 들어가 보면 이들은 하나같이 술에 취해 있는 상태다. 즐겁게 놀고 춤을 추는 이들의 모습도 우리가 살아가는 삶과 결코 다르지 않다는 것을 알 수 있다.

이곳은 16세기 스페인 정복자들이 선교라는 명목의 전진 기지로 사용하면서 도시로 발전해 나갔다. 그 흔적이 이방인인 내 눈에도 자주 뜨였다. 곳곳에서.

페루의 남부, 안데스 산맥의 푸노시 축제

볼리비아

국경에서

불과 십여 미터 사이로 티티카카 호수를 보면서 버스는 달렸다. 달려온 버스는 여느 마을과 다르지 않은 볼리비아의 국경을 앞에 두고 멈추었다. 도로 위에 세워진 입간판을 보지 않았다면 이곳이 국경 지역이라는 것이 믿기지 않는 고즈넉한 시골 풍경이었다.

나는 한적한 도로에서 한 발은 페루로 한 발은 볼리비아로 국경을 밟고 서 보았다. 아무런 느낌이 들지 않았다. 이래도 되는 건가 싶었다. 내 고향 전라도에서 충청도로 연결되는 어느 경계 지역을 넘나드는 통로처럼 평범한 길이다.

여행을 준비하면서 볼리비아는 변방쯤의 나라로 여기며 정보를 소홀히 찾았다. 막연하게나마 알고 있었던 것은 삭막한 회색빛 광산과 뜸하게 들었던 불안한 국가의 정세, 그뿐이었다. 하지만 여행 국가에 대하여 아는 것이 없다면 여행의 질도 낮아지는 건 사실이다.

내가 돌아볼 무리요(Munillo) 광장을 중심으로 시청 건물과 대성당, 국립 박물관이 있다. 민속 박물관도 모여 있다. 여행자가 탐방하기 좋은 노선 형태가 무척 맘에 들었다. 이런 형태의 노선은 여행자의 시간도 절약해줄뿐더러 길에서 해매는 시간들이 발생하지 않아 최상의 여행 코스가 된다.

무리요 광장에서는 산 프란시스코 교회(Iglesia de San Francisco)의 중세적 위용과 함께 남미의 독립 영웅 시몬 볼리바르(Simon Bolivar) 장군의 두 동상이 눈에 들어왔다. 볼리비아라는 국가도 이 장군 이름에서 따올 정도로 그는 볼리비아의 건국에 빼놓을 수 없는 중요한 인물이다.

장군은 남아메리카의 독립운동을 이끌며 1819년 콜롬비아, 1821년 베네수엘라, 1822년 에콰도르, 1824년 페루, 볼리비아를 독립시키는 데 성공했고 '남미의 영웅'이라는 칭호를 얻었다. 그때 남미의 통합을 꿈꾸며 독립운동을 했던 것과는 달리 지금은 분열된 국가들이 되었다. 지구의 반대편까지 왔는데 그중 몇 나라들을 이번 여행에서 돌아볼 수 없다는 것이 못내 아쉬웠다.

남미의 영웅은 광장에서 사람들과 나를 꼿꼿이 지켜보고 있다. 그의 정당한 야심은 독재로 의심받아 그는 1880년 47살의 나이에 쓸쓸한 최후를 맞았다.

비록 남의 나라 독립 이야기지만, 한쪽 가슴이 찡한 느낌이 드는 건 왜일까?

내가 볼리비아 시내로 들어오면서 받았던 신선한 충격은 오래도록 잊히지 않을 것이다. 시내로 들어오며 눈에 띤 첫 광경은 비포장도로였다. 그 실망이 채 가시기도 전에 어지럽게 제멋대로 엉켜 있는 전신주와 전신줄, 그 아래로 빼곡하게 엉키어 달리고 있는 낡고 푸석한 고물차가 눈에 들어왔다. 시내에서 버스가 뒤엉켜 한참을 굼뜨게 다니는 모습은 여행자의 피곤한 몸을 곱절로 눌렀다.

하늘은 무심하게도 파랗기만 했다. 차창 옆으로 비추는 인디오들의 모습은 나른한 삶을 살아가는 우리의 과거 속 모습과 함께 어우러져 뒤뚱거리고 있었다. 알록달록한 보자기를 등에 두르고 중절모를 눌러쓴 할머니들과 아기를 포대기에 업고 있는 갈색 피부의 중년 여인이 빛바랜 사진 속에 서 있는 내 어머니 같았다.

작은 키, 구릿빛 피부, 페루에서 살고 있는 사람들 모습과 크게 다르지 않았다. 엉덩이까지 길게 땋아 내린 시커먼 두 갈래의 머리가 내리쬐는 햇빛으로 도드라져 보였다.

그나마 볼리비아의 낡은 아파트에서 내뿜는 화려한 색감의 건물들이 어우러져 있어 위안이 되었다. 온통 회색으로 칠한 특색 없는 아파트 일색인 우리나라와는 대조적이어서 생물처럼 다가왔다.

볼리비아 건물들의 색이 화려하다는 것은 알고 있었다. 여행 떠나오기 전, 직장에서 디자인 일을 하는 딸이 "엄마, 볼리비아는 색이 화려한 곳이니 잘 살피고 오세요"라는 조언을 내게 한 이유를 알 것 같았다.

질서 없이 풀어진 도시를 보면서 정신없다가도 화려한 색감으로 칠해진 건물들을 보면 마음은 금세 화려한 색처럼 생동감을 얻었다. 그 조화마저 없었다면 볼리비아의 도시는 내 기억 저편에 삭막한 도시로만 묻혀 버릴 수도 있었을 것이다.

어수선한 분위기는 화려한 색의 명암 속으로 묻혀 버렸다. 도시의 사람들도 바쁘게 움직이고 있었다.

우리네 인생도 호된 시련과 희망이 번갈아 오듯 한 나라의 존립에도 흥망성쇠가 있기 마련이다. 볼리비아의 속살을 조금만 깊게 들여다보면 알 수 있다.

1825년 볼리바르군에 의해 해방되어, 국명을 '해방자'의 이름을 따서 볼리비아 공화국이라 이름 지었다.

독립 후 정권은 소수 지배층에 들어갔고 원주민인 인디오는 비참한 생활을 면치 못했다. 인접국 칠레와의 자본 이해로 야기된 전쟁에서도 볼리비아는 패했다. 힘이 약해진 국가가 다 그렇듯 재정을 외국자본에 의존하게 되었다.

이처럼 많은 우여곡절을 겪어온 나라가 볼리비아다. 그 시점을 거슬러 올라가 나름대로 유추해 보니 지금까지 시내도로가 포장되지 않은 채, 교통수단들이 흔들거리며 체계 없는 상태로 시내를 활보하고 있는 모든 것이 경제상황이 불안정한 탓이겠다는 생각이 들었다.

북쪽과 동쪽은 거대한 나라, 브라질이 떡 버티고 있다. 남동쪽은 불편하기 그지없는 사이인 파라과이가 붙어 있다. 남쪽은 다시 아르헨티나요, 서쪽은 페루와 칠레가 인접하고 있는 지도가 상상으로 그려진다.

어느 한 주변국들도 편하지 않은, 숨통이 막힐 것 같이 샌드위치 된 나라가 볼리비아다. 생각하니 주리가 틀리는 느낌이다.

달의 계곡

볼리비아로 들어오는 동안, 벌판 곳곳에 숨어 있는 호수들이 우리를 안내해 주며 함께 달려왔다.

볼리비아의 수도인 고산 도시 라파스는 세계에서 가장 높고 가파른 계곡(3,660미터)에 위치하고 있다. 중세풍 건물들이 분지로 된 경사면에 폭 들어가 있다. 그 모습이 척박한 환경과 어긋나게 첫인상을 사로잡았다.

버스는 내륙을 돌아 시내로 들어가는 언덕 꼭대기에서 가쁜 숨을 몰아쉬며 잠시 정차했다. 우리는 차에서 내렸다. 병풍을 치듯이 가려진 분지로 과거와 현재가 어우러져 있다.

몸도 풀 겸, 버스에서 내렸다. 나는 언덕에서 시내를 내려다보았다. 시내의 첫인상이 놀랍다. 높은 건물이 많지 않아 시야를 가리지 않았다. 시내가 언덕 아래라 주위는 온통 암벽이 도시를 감싸고 있다.

알록달록 예쁜 색들로 지붕이 칠해진 집들이 파란 하늘 아래 정답게 숨 쉬고 있다. "참 예쁜 도시"라는 말이 첫인사처럼 튀어 나왔다.

여장을 풀고 미국 나사 우주왕복선의 실험 모델이 되었다는 달의 계곡을 가는 투어에 참가했다. 기암괴석이 마치 달의 표면을 보는 듯 울퉁불퉁한 돌기를 형성하고 있는 계곡이었다. 돌아보는 동안 달에 착륙해 있는 듯한 착각에 빠졌다.

아쉬움이라면 마음대로 계곡을 다닐 수 없다는 것이다. 워낙 깊은 낭떠러지 계곡이라 접근도 쉽지 않았다. 위험한 계곡이므로 근접은 불가능했다.

눈으로 보는 것만도 현기증이 날 만큼 계곡은 기이한 형상을 하고 있다. 더 많은 곳을 돌아보지 못한 미련을 남길 수밖에 없었던 건 접근 불가능한 계곡이기 때문이다.

남미 대륙 중앙에 있는 라파스는 스페인어로 '평화'라는 뜻을 지닌 해발 3,660미터 고지대에 자리 잡고 있다. 공기가 희박해서 조금만 움직여도 숨이 차오고 가쁘기 때문에 아무래도 다른 여행지의 일정을 소화하는 것보다 두 배는 더 힘들다.

라파스에는 세계에서 가장 위험한 길, '데스 로드'가 있다. 자전거족들에게는 매력적인 꿈의 길이다. 해발 3,800미터에서 자전거를 타고 그 길을 달려보고 싶었지만, 나는 다시, 나이를 세며 그 마음을 꾹 눌러야 했다.

현지인들은 고산증에 강하다. 우리는 도저히 생활이 어려운 고산에서도 이들은 코카 잎을 재배하며 살아간다. 우리는 접근이 어려운 길도 이들은 가뿐하게 오른다. 그런 이유로 자꾸 눈앞에 길들이 따라붙는다. 그러나 볼리비아에서는 함부로 해발 높은 길을 따라 나설 수는 없다.

볼리비아는 내가 방문하는 나라 중에서도 제일 낙후된 나라다. 그 말을 뒤집으면 그만큼 볼거리가 산재한 나라라는 뜻이고, 오지를 돌아다니게 된다는 의미다.

거칠고 투박한 볼리비아는 천혜의 자연경관이 그대로 남아 있어 남아메리카에서도 가장 복합적인 여행환경을 가지고 있는 매력적인 나라다. 여행하는 내내 놀라움의 연속이다. 안데스 산맥을 따라 만들어 내는 거대한 자연 그대로의 경관들을 따라가자면 내가 볼리비아에 머물고 있는 시간은 읽어야 할 책을 놓고 겨우 책갈피 한 장을 넘기는 정도에 불과하다.

더 많은 책장을 넘기지 못하는 여행자의 아쉬움이 어디 나만의 것일까만 수박 겉핥기식으로 여행을 마치고 떠나야 하는 볼리비아에서 나는 시름하고 있다.

마녀시장

라파스(Lapas)에서 이른 아침 시내 구경에 나섰다. 시끌벅적한 시장 어귀를 돌아보고 골목들을 걷다 보면 볼리비아는 우리의 옛 모습과 많이 닮아 있어 짧은 시간에 그 매력에 빠진다.

배낭자의 거리 사가르나(Sagarna)는 볼리비아의 민속·토산품 시장이다. 거리마다 민예품들과 알록달록한 물건들이 넘쳐나 여행자들의 발길을 붙잡고 있다. 여행자라면 이곳을 그냥 지나치지 못한다. 그랬다면 아마 두고두고 후회하게 될 큰 전통시장이다.

이 거리에는 마녀시장(Mercado de Los Brujos)이 있다. 이곳을 지나다 보면 원주민들이 민간요법에 사용되는 약초를 말린 것부터 동물 뼈, 옛날 지폐와 동전 등 여러 가지 잡동사니들을 볼 수 있는데 이것들은 볼리비아 사람들의 생활상을 엿볼 수 있는 좋은 기회가 된다.

관광지는 모든 것이 풍족하고 여유 있는 생활을 한다는 것이 일반적인 통념이고, 또 그래야 마땅하다는 관념에 갇힌 나는 볼리비아에서는 유독 오지 관광지가 활성화되어 있지 않았다. 더 척박한 환경에서 원주민들이 살아가고 있는 건 어찌 된 영문일까.

그러나, 볼리비아 수도인 라파스는 달랐다. 날마다 관광객들이 넘쳐날 정도로 다종다양한 사람이 모여드는 곳이다. 라파스의 가장 큰 볼거리인 마녀 시장은 우리의 남대문 시장과 흡사한 모습을 하고 있다.

골목골목 이어지는 거리를 하루쯤 돌아보면 지루함도 모를 정도로 시간이 지나 버린다. 주위에는 스페인 식민지 때 조성된 성당과 거리의 이색적인 모습도 볼 수 있다. 골목과 언덕을 지나다 곳곳에 좌판을 벌여 놓고 햇볕 아래 손 뜨개질을 하는 중년의 남자들을 보는 것도 재밌다.

능숙한 손놀림으로 뜨개질 하는 남자를 눈여겨보자니 유연한 손동작에 따라 내 몸이 뒤틀린다. 손재주라면 밥 하는 일 외에는 내세울 게 없는 나는 내 빈약한 솜씨 때문에 뜨개질해 놓은 물건과 예쁜 털실이 도드라져 보였다.

이들을 뒤로하고 골목을 돌다 수공예품 가계들이 즐비한 곳에 발이 멈춰진다. 예쁘고 화려한 물건들이 색색으로 치장하고 유혹한다. 그냥 지나치면 안 될 다양한 수공예품들은 우리가 쉽게 접해 보지 못한 물건들이다. 다 돌아보려면 하루는 잡아야 될 거리다.

골목에서 유독 내 눈길을 끄는 곳이 있었다. 우리의 약재 시장과 흡사한 풍경을 볼 수 있는 곳이다. 바싹 말려 놓아 자세히 보지 않았을 때는 새의 형상인 줄 알고 속았으나 그 형체가 라마의 새끼들이라는 것을 알았을 때, 충격이 컸다.

그 예쁘고 눈이 먹먹한 라마를 페루 마추픽추에서 보았을 때, 신선을 보는 듯 감동했는데 그 라마의 새끼를 이처럼 말려서 약제로 사용하고 있다니 놀라웠다. '우리가 멍멍 고기를 먹는다는 사실을 알게 된 외국 여행자들이 받는 충격도 이렇겠지' 하는 생각에 미치니 좀 편해진다.

시장에는 가늠조차 어려운 형태의 기이한 물건들이 주인을 기다리고 있었다. 별 모양 그대로 말린 불가사리, 배를 볼록 내밀고 말라버린 해마, 검정, 초록색 반점을 등에 두르고 있는 개구리, 양쪽 귀를 쫑긋 세우고 누군가의 소리를 들으려다 굳은 토끼, 다양하게 말려 놓은 벌레들 등 한 발짝을 뗄 때마다 그득 물건을 쌓아 놓고 손님을 기다리고 있었다.

새끼를 말린 북어 같은 형태의 라마는 차마 눈 뜨고 볼 수 없었다. 미라처럼 건조된 흉측한 형태의 라마 새끼를 대여섯씩 한데 묶어 처마 밑에 매달아 놓은 모습이 나를 따라오는 것 같다.

마치 단두대에 서서 목을 매단 형상으로 서 있다. 차라리 보이지 않는 곳에 두었다가 찾는 이에게 내어주면 안 되었을까? 난전에 목을 묶은 채 지붕에 달아 대롱대롱 흔들리는 라마가 처참했다.

모두 내 생각이다. 함부로 단정짓는 태도도 바르지 않음을 안다. 이 나라의 토속적인 풍습으로는 나름의 깊은 의미가 있다. 이들은 새 집을 지을 때 마당에 그것들을 묻으면 행운이 온다는 믿음이 강하기 때문에 이 물건들을 사용하고 있다. 또 병을 고치기 위한 약재로도 이것들을 사용한다고 한다.

입장을 바꾸어 보면 내가 과민반응 보일 것도 없다. 건물을 지을 때나 상가의 개시에 맞추어 토속신앙을 믿으며 돼지머리에 지폐를 물리고 그 앞에서 절하는 것을 이방인이 보았을 때 그들이 느낄 혐오감과 다르지 않을 테니까.

여행하다 보면 가끔씩 혐오스러운 장면과도 마주친다. 그렇다고 피해갈 수도 없다. 어디까지나 여행자의 입장에서만 바라보는 노력이 필요하다.

볼리비아는 여행하기에는 매우 불편하다. 그러나 더 많은 물질을 갖으려저 편을 위해하지 않고 현재의 삶에 만족하며 사는 진정한 사람들의 모습을 본다.

기차 무덤

나는 무수히 기차를 탔고, 보기도 했다. 기차는 레일 위를 달리다 생을 마쳐야 한다고 생각했다. 영원히 맞닿을 수 없는 수평의 레일 위를 벗어나 끝도 없는 불모지의 사막에 기차가 있었다. 기차의 생명이 끝난 차량들이 고철덩어리로 전락했지만, 그 고물덩어리인 기차를 사막으로 옮겨와 절묘한 관광 상품으로 개발해 놓은 지역이다. 고철덩어리로 창고에서 녹슬어야 할 폐기 차량들이 이색적인 관광지의 명소로 태어나 다국적 사람들을 불러 모았다.

황량한 모래벌판에 땡볕으로 달구어 놓은 낡은 고철 기차는 그 자체로도 생소한 발상의 전환이었다. 사막에서 불덩이처럼 달아오른 철근덩어리 고철이 사막과 조우하고 있는 광경은 묘했다.

모래사막 한가운데로 옮겨진 차량들은 사람들의 손길로 닳고 닳았다. 얼마나 만지고 올라탔을까. 유리알처럼 반들거리는 손잡이가 유난하게 햇빛에 반사되어 빛나고 있었다.

사람들은 자기만의 포즈로 차량 위로 올라가 자세를 잡는다. 나도 질세라 차량 위로 올라 보았다. 여행객들은 바다를 닮은 하늘 아래 찾아오기도 힘든 이 허허한 벌판사막으로 기차 무덤을 향해 찾아들었다.

신기한 의문이다. 가늠조차 힘든 무게의 쇳덩어리를 이곳까지 옮겨놓은 최초의 사람은 정말 이곳에 기차 무덤을 만들고 싶었을까? 이제는 고물덩어리가 된 기차들을 자세히 들여다보았다. 무심히 지나치면 안 되는 이유를 찾았다. 견고한 객실 한 칸마다 새겨진 철물에 문양이 있었다.

철을 가지고 만들었다 믿기에는 정교한 솜씨다. 외형을 보면 증기 기관차
다. 굴뚝처럼 기다랗게 주둥이를 가지고 있다. 바다에 떠 있는 육중한 잠수
함 같은 화물칸도 있다. 레일 위로 미끄러져 굴렀을 바퀴는 겉모양만 빨갛
게 녹이 슬었을 뿐, 다시 재활용해도 손색없을 철의 육중함이 묻어 있다.

누군가 반짝이는 아이디어로 만들어 매달아 놓은 철 그네를 나도 아이가
된 기분으로 타 본다. 하늘로 오르며 창공을 비상하는 느낌이다. 어렴풋한
기억 저편에서 지나 온 내 삶의 추억이 앞뒤로 철 그네가 움직일 때마다 따
라 나온다.

허허벌판에 있는 기차 무덤에서 그네를 타보다

내 중학 시절에는 기차 통학을 했다. 단발머리에 하얀 교복을 입고 한참 예민하고 청순한 시기에 기차 통학에는 많은 고충이 따랐다. 말끔하게 교복을 다려 입고 집을 나서면 삼십여 분을 걸어야 역에 도착했다.

몇 분만 일찍 집에서 출발하면 여유 있게 기차역에 도착하련만 난 늘 그걸 못했다. 언제나 시간이 촉박했고, 그 대가로 내 예민한 사춘기 폼은 언제나 망가졌다.

통학 기차는 몇 개나 되는 산허리를 돌아야 역에 도착하지만 내가 기차역에 도착하지도 않았는데 기차는 하늘에 하얀 신호탄을 쏘며 산등 너머에 접어들었다.

그때부터 나는 내달리기 시작했다. 기차를 못타면 지각. 거의 실신하다시피 달려 기차역에 도착했었다. 무거운 책가방을 들고 나는 거의 정신 줄을 놓으면서 기차에 오르곤 했다.

아마도 내 심장이 펌프질을 잘하는 것은 그때의 달리기가 원인이지 싶다. 기차는 내 청소년기와 뗄 수 없는 것이기에 비록 둔탁한 모습으로 차량이 사막에 누워 있지만 내 과거와 함께하는 마음으로 하나가 되었다.

이국의 머나먼 땅, 오지의 공기를 마시며 이제는 많은 것들이 세월에 잃어버린 시간을 잠시 꺼내 보았다. "마음은 동심에 머문다"고 우리는 말한다.

타임머신을 타고 시간을 뒤로 돌린 채, 바람이 밀어 주는 그네에 앉아 한 아이를 다시 떠올린다. 호기심이 많았던 그 아이는 늘 말썽만 피우는 아이였다. 아이는 늘 부모 마음에 들지 않았다. 만족하지 않는 아이로 자랐다. 아이는 몇 번의 껍질을 벗어던지고 성장통을 겪어내며 세상으로 나올 수 있었다. 새처럼 어디든 날고 싶었다.

아이는 갇힌 새로만은 살기 싫었다. 꿈만 꾸기에는 호기심이 많았다. 더 높이 더 날고 싶어서 오늘도 그 아이는 꿈을 먹고 자란다.

자연 온천

볼리비아로 온 후, 긴 장대를 하늘에 대고 별을 털어내고 싶었다. 밤하늘을 습관처럼 바라보았다. 작은 마을 솔 데 마나에서 새벽 4시 반에 출발했다. 불모의 땅을 달리고 또 달렸다.

어둠과 정적을 깨며 비포장도로를 뒤뚱거리는 자동차의 네 바퀴만이 요동치며 헉헉댄다. 가쁘게 달린다. 이따금 뿌연 먼지 속에서 저승사자처럼 나타나는 사람은 마치 험난한 순례길을 걷고 있는 수도사처럼 차창으로 시커먼 모습이 들어왔다 이내 사라진다.

어둠만이 길을 안내하고 있는 밤길에 나선 이들은 먼 길을 가기 위한 길손이다. 이 새벽, 문명의 혜택은 멈춘 지 오래된 시간이다. 어둠을 밀어낸 아침은 험악한 산세를 비추는 사이 고난의 길에도 꿀이 흐르고 있는 휴식처가 있다.

'라구나 베르데 천연 온천 지대'에서 잠시 쉬어 가기로 했다. 끝없이 이어지는 벌판에 웅달샘처럼 만들어진 천연 온천을 들어가기 위해서다. 눈으로는 쓸모없이 버려진 땅이라 생각되지만 척박한 대지 깊이에는 젖과 꿀이 흐르고 있었다.

사륜구동의 크루저 힘을 빌리지 않고는 접근조차 불가능한 사막을 지나 달리고 달려온 천연 온천에는, 막 아침 햇살에 샘솟은 수중기가 모락모락 안개꽃처럼 하늘로 오르고 있었다.

마치 유년 시절 구정 명절 풍경이 다가오는 것 같다. 그 시절 민속명절은 마을의 잔치였다. 명절이 다가오면 동네 방앗간에는 손님들이 줄을 섰다. 가래떡을 빼기 위해 함지박을 머리에 이고 방앗간으로 향했다. 김이 솟던 떡과 가래떡 한 줄로 오감이 샘물처럼 솟았던 그런 일들은 이제는 없다.

온몸이 녹아드는 뜨끈한 온천수에 육신을 맡기니 이보다 더 편함은 사치다. 사방으로 감싸인 얕은 분지의 능선, 드넓게 웅장한 자연 앞에 몸을 내맡기니 육신이 티끌, 그저 흐르는 물에 떠 있는 한 방울의 때 기름 같다.

반나절을 달려온 오지의 땅에도 발길은 멈추지 않는다. 배낭족이 속속 들어와 신선한 아침을 즐기고 있다. 서로 행선지도 묻지 않는 아침의 행진이 시작되었다.

때로 몰려오는 라마들, 아침 불청객들이 반갑지 않은 모양이다. 우리 옆을 못 본 듯이 지나간다. 라마가 멀어질 때쯤 한 사람씩 서둘러 온천물에 몸을 넣는다. 온천 안이 다국적 사람들로 제법 가득 찼다.

서로 말은 나누지 않아도 모두는 마음속으로 즐거운 찬가를 부르고 있으리라. 헌데 눈에 들어온 여인 둘과 내 눈이 마주쳤다. 아니 본 척 넘겨야 된다고 의도적으로 외면하지만 그들의 행동에 자꾸 눈이 갔다.

동성애자다. 자기들의 애정 표현이야 있을 수 있지만 이 좁은 공간에서까지 애정 표현을 하는데 내 시선을 어디 두어야 할지 갈피를 잡지 못했다. 이성애든 동성애든 개인의 성 취향이니 내가 성을 언급하고 싶지는 않다.

몇 군데만 겨우 가릴 뿐, 거의 자연에 몸을 내맡긴 온천물에서 행하는 모습들이라 그렇지 않아도 좁은 공간에 밀착된 모습이 서로 조심스러운 판에 얼굴이 화끈거렸다.

그러나, 여인둘이 얼굴을 밀착시키고 있는 모습을 눈 뜨고 보는 내 몸이 곰실거리는 이유는 무엇인가? 두 여인이 어찌나 진지해 보이던지 고혹한 눈으로 서로를 바라보는 그 눈길에 내 잡다한 생각들이 묻혀 버렸다.

나도 사랑하는 이의 눈빛을 저처럼 느껴 보았는가? 저 눈빛을 내가 알까? 그 사랑을 알기에는 나는 긴 세월을 멀리 떠나온 것인지.

온천에서 나와 가볍게 샤워를 마치고 우리는 다시 지프에 올랐다.

동물, 그리고 자연

여행지를 찾아다니다 보면 비큐나와 과나코와 함께 쌍벽을 이루는 야생종의 타조가 있다. 이 동물은 우리가 흔히 볼 수 있는 농장의 타조와는 비교할 수 없다. 우아한 날개를 펴고 상상할 수 없는 험한 곳에서 살아가고 있다. 내가 여행하는 동안에도 이 타조를 많이 보았다. 워낙 사람들을 싫어해 과나코와는 달리 가족이 무리지어 다니는 것을 보지 못했다.

언제나 혼자이거나 딱 둘이서 깊은 벌판이나 사람의 흔적을 피해 멀어진 산등성이 혹은 바위 아래를 서성거린다. 들판을 가로지르는 모습, 날개를 펼쳤을 때의 모습은 먼발치에서도 그 자태를 짐작할 수 있게 했다.

마치, 외로운 고독자의 모습으로 능선에 서 있다. 산악 지대를 아우르는 조력자의 모습이다. 야생 타조를 만나면 멀리서 나 있는 곳을 향해 외치는 소리가 들리는 것 같았다. "너희들이 이곳까지 무엇 하러 들어왔니?" 묻는 메아리가 울렸다.

이 동물들은 자연의 지배자이면서 주인들이다. 볼리비아에서는 한 마리의 타조도 드넓은 벌판을 다스리는 왕처럼, 외로운 방랑자처럼 살고 있다. 나는 이 동물들에게 공손함으로 "그냥 잠시, 지나가기만 할 거예요"라고 답하며 차에 올랐다.

여행이 계획되면 여행하고자 하는 나라와 그들의 문화에 대해 간단하게나마 자료를 찾는다. 그러나 이번 여행을 준비하면서 볼리비아에 대한 정보를 얻지 못하고 떠나왔다. 그것은 큰 실수였다.

큰 기대를 하지 않은 여행이 오히려 풍선처럼 부푼 기대를 한 여행을 넘어설 때가 있다. 더 많은 것을 얻고 돌아가는 여행이 있는가 하면 잔뜩 기대를 안고 와서 실망하고 돌아서는 여행은 또 얼마나 많은가.

볼리비아는 관광 여행을 선호하는 이는 피해야 하는 여행지일 수도 있다. 하지만, 자연의 깊은 속살을 접하고 오지를 좋아하는 이라면 볼리비아만 한 여행지도 드물다. 물론 체력과 끈기를 갖췄다면 더 많은 여행을 할 수 있다.

아직, 문명의 손길에서 멀리 벗어난 곳들이 매우 많다. 자연이 오염되지 않았다는 뜻이니 여행에서 느껴지는 불편함은 당연한 것이다.

볼리비아 어느 지역을 방문해도 위대한 자연의 속살을 가감 없이 보게 된다. 상상할 수 없는 태곳적 신비 속으로 마구 달려들 마음 준비만 하면 된다.

잠시도 눈 돌릴 수 없는 자연들은 다 보기에도 바쁘다. 산에서 놀고 있는 과나코와 마주치면 뭔가 행운이 찾아올 것 같은 착각에 빠진다. 길을 가다가 요동이 심한 시골길 위에 잠시 내려 허리를 펴다 산에서 무리지어 유유히 걷고 있는 과나코 무리를 만났다.

길어서 시원한 목, 그리고 순한 눈빛, 언젠가 내가 제주도에서 보았던 조랑말을 닮은 덩치의 무리들이 가족 단위를 이루면서 살고 있다. 자연에 방치해 놓은 동물들은 목가적인 풍경으로 여행자의 마음을 정화시켜 준다. 볼리비아를 여행하다 보면 어디서든 이 동물의 무리를 볼 수 있는데, 수십 번 만나도 사랑스러운 동물들이다.

방목하는 과나코도 있지만 대부분 야생이어서 멸종 위기로 보호되는 야생동물이다. 워낙 오지에 야생하고 있어 그나마 우리가 접할 수 있다는 사실에 감사했다. 진귀한 동물들이 인간의 시야에서 벗어나 더 깊은 곳으로 몸을 숨기고 오래 살아갔으면 한다.

내가 볼리비아에 오기 전 신문에서 읽었던 기사의 내용이 생각났다. 우리에게 익숙한 유명 브랜드의 최고가 의류의 소재는 캐시미어라는 사실만 알고 있었다. 그 주인공이 과나코란 사실이었다.

캐시미어와 비큐나, 과나코는 인간과 앙숙의 관계다. 입으려는 자와 보호하려는 자 사이에 그 동물의 운명이 달려있다. 상기하면 인간의 탐욕이 언젠가는 이 동물들을 멸종으로 몰아갈 것이다.

최상급의 섬유를 생산해 내야 하는 패션 브랜드, 그리고 쫓기는 바쿠나. 눈빛이 두려움으로 스러져 가는 운명이 안타깝다. 금과 다이아몬드를 빼고는 동물에서 생산하는 원단 중 가장 값비싸 인기가 많은 캐시미어의 주인공 비큐나와 과나코는 순수한 눈을 가진 동물로 그 눈을 본다면 결코, 잡을 수 없을 것이다.

인간의 탐욕이 지구상에서 위해를 당하지 않을 것은 아무것도 없다. 이 순수한 동물마저 흔적 없이 사라지지 않기를 바란다. 동물들의 몸과 눈을 보면 그 순수함을 알 수 있다.

볼리비아는 혹한의 날씨와 건조한 기후를 가지고 있다. 그 환경에 적응하기 위해 동물들은 짧고 촘촘한 털로 옷을 입는다. 이 촉감 좋고 보온성 뛰어난 털은 캐시미어를 만들어 낼 수 있어 그만큼 불법과 유혹의 손길도 많을 것이다. 아무리 야생동물의 국제협약을 준수한다 해도 밀매 고리는 이어질 게다.

안데스 지역에서 태양신의 선물로 여겨질 만큼 사랑받는 바큐나와 과나코가 인간이 접근할 수 없는 험한 곳에 숨어 살기를 바라는 마음으로 비큐나의 모습을 긴 여운으로 바라보았다.

안테나 귀 사막여우

볼리비아에 들어올 때 나는 적잖이 놀랐다. 모든 생활이 현대식으로 길든 탓도 있었지만, 시계를 뒤로 돌려놓은 1960년대 현실이 갑자기 눈앞에 펼쳐지는 광경이 믿기지 않아서였다. 파괴되지 않은 고전의 모습이 내심 반가웠다. 자못 안도와 기대감이 교차되었다.

이런 모습을 고스란히 간직한 나라들은 여행하기에는 불편함이 따르나 태곳적 모습들이 산재해 있다는 것은 오지를 다녀 본 내 나름의 직감이었다. 그런 나라가 볼리비아였다.

시내를 조금만 벗어나도 벌판이요, 사막이 나타났다. 더구나 관광지들은 그대로 자연에 숨겨져 있기에 그만큼 접근도 쉽지 않았다. 한 번 관광지로 출발하면 3~4일, 아니 다시 돌아오는 위치까지는 일주일 이상이 소모된다.

모든 것이 불편함과 연관되어 쉽사리 접근 못하는 여행지가 볼리비아다. 그러나 자연과 대면하면 생각은 기우다. 다른 여행지로 이동을 많이 고민하는 곳도 볼리비아다.

빼어난 관광지들이 즐비해 발품과 고단한 심신을 조율할 수 있는 끈기를 지닌 사람이라면 남녀노소를 막론하고 평생 잊지 않을 여행지의 면모로 우리를 자연 앞에 서게 한다.

오늘도 이른 아침 사막을 달리는 투어로 시작된다. 황갈색 사막을 달리고 달린다. 볼리비아에서 사막을 지나는 투어는 절반 이상이 이런 방식이다. 사람이 목마름을 냉수로 해소하듯 차도 벌판을 달려왔으니 물을 마신다.

지프는 지붕 위에 얹고 온 기름통을 주입구로 들이킨다. 한 병 들이붓고야 재차 힘을 받은 지프는 먼지를 긴 꼬리처럼 달면서 힘차게 달려 나갔다.

몇 시간을 달려도 흙먼지만 뒤집어쓸 뿐, 한 포기의 생명을 볼 수 없다. 하지만 낙담하기에는 이르다.

벌판도, 나도 졸릴 무렵 움직이는 물체가 저 멀리서 아른거린다. 사막여우다. 안테나처럼 두 귀를 쫑긋 세우고 두 눈을 초름히 하고 보고 있다. 예리하게 귀를 올리고 바라보는 눈이 마치, 우리를 째리고 있는 모습이다. 몸은 작은 토끼 같지만 카리스마 있는 폼이다.

종종걸음으로 차를 향하여 다가오다 멈칫 서서 지나는 우리 차를 보고 있다. 삭막한 사막에 이 동물이 산다는 것은 또 다른 동물이 어딘가 산다는 증거다. 빛나는 하얀 털을 보니 우리가 흔하게 마주치는 애완용 강아지를 닮았다. 크기도 작은 데다 눈망울을 껌뻑거리는 모습이 앙증스럽다. 누구나 탐을 낼 만큼 사랑스러웠다.

희귀 동물이다. 감쪽같이 누군가의 검은 손에 사라져 버릴 만한 동물이다. 사막여우는 국제법상 보호를 받는 멸종 위기 동물이다. 사막여우와 겉모습이 비슷한 모래여우도 이곳에 살고 있다. 난 아직 모래여우는 보지 못했다.

우리는 꾀 많고 이익을 좇아가는 사람들에게 종종 '여우'라는 표현을 하지만 여우만큼 지혜롭고 정체성이 확실한 동물이 어디 있을까?

여우처럼 자기 색깔로 자기 목소리를 내고 분명하게 사는 사람들이 모호한 다중적 색깔로 변신을 일삼는 카멜레온 같은 사람보다 빛을 발한다.

우유니 소금 거울

새벽에 길을 나섰다. 하늘엔 왕대추만 한 별들이 장대로 털어내도 될 만큼 탐스럽게 빛났다. 별들이 속닥거리는 새벽에 우리는 출발했다. 달려온 버스는 잠시 열기를 식히기 위해 허름한 휴게소에 멈추었다.

기대감이랄 것도 없는 휴게소는 볼리비아에서만 접할 수 있는 소박한 광경이다. 상품이라고 보기에는 초라한 소품과 수작업으로 이루어진 소금 장식품들을 펼쳐 놓고 주인은 상품을 팔고 있었다.

아무리 소품이 허접해도 뭔가 하나를 사야 할 것 같은 현지인들의 눈빛에 나는 그냥 나올 수 없었다. 그중 눈길을 잡는 물건이 있었다. 소금으로 만들어 놓은 여러 가지 물건이다. 도구들은 생소하지만 물건을 사는 순간 짐으로 전락될 가능이 컸다.

소금을 재료로 만들어 놓은 물건의 색감에 현혹되어 그만 사고 말았다. 컵과 주사위, 보석함 상자. 매우 신기한 물건이라 몇 번을 망설이다 샀다. 소금으로 만든 불안한 물건을 배낭에 넣고 다녀야 한다는 걸 알면서도 주인장 눈빛에 살 수밖에 없었다.

볼리비아 서남부 포토 시에 자리한 우유니 소금호수다. 호수는 볼리비아 대표적 여행지다. 여행 고수들이 꼭 다녀가는 여행지다. 소금호수가 유혹하는 매력을 짜도록 몸소 절감하는 곳이다.

'하늘이 만든 지상의 거울', 소금사막은 전 세계인이 가고 싶어 하는 여행지다. 이곳은 발길과 시선이 닿는 어느 곳 하나 신비롭고 아름답지 않은 지역이 없다. 낮에는 푸른 하늘이 소금사막에 거울처럼 반사되어 하늘과 땅의 구분이 잘 드러나지 않는다.

밤에는 하늘의 별이 눈앞에 가까이 와 있다. 긴 장대 하나면 별을 털어낼 수 있다. 그 환상에 빠지는 곳이 소금호수다.

하얀 설원을 닮은 우유니 소금밭

　호수의 소금을 입에 무니 단맛이 입안을 돈다. 볼리비아에서는 소금도 달다. 이 결정체는 식품을 보관하는 수단으로도 이용하는 것을 나는 어릴 적부터 내 집에서 늘 보아 왔다.

　어린 시절, 그 집의 살림살이 규모는 장독대로 알 수 있었다. 장독대의 면적이 차지하는 넓이 상징은 지금의 아파트 평수만큼이나 마을의 관심사였다. 즐비하게 늘어놓은 장독 그릇이 집안의 안정된 경제 규모를 말해 주었다.

　정갈하게 닦인 장독대는 옆에서 보면 대·중·소가 자리를 지켰다. 맨 앞줄에는 선짓국을 담아내는 뚝배기가 햇살에 얼굴을 익혔다. 그것은 일명 '엄마표 자연 살균법'이었다.

　산 아래 장독대 맨 뒷줄에 자리 잡은 거대한 항아리 두 개에 언제나 하얀 소금과 간장을 가득 담갔다. 당신이 가시고도 항아리 바닥을 드러낸 적 없이 자리를 지켰다. 지금도 그 자리에 그대로 남아 있다. 세월을 견디느라 큰 장독이 살이 트고 곰팡이 핀 이끼만 온몸을 감고 있다. 나는 그 항아리를 지금까지 열지 못하고 있다. 열어 볼 용기도 없다. 앞으로도 열지 못할 것 같다.

아무리 세월이 지나고, 봇물처럼 쏟아지는 제품들 속에서도 소금은 우리가 섭취해야 하는 무한한 유기물이다.

내가 이미 사 버린 두 종류의 물건도 소금으로 만들었다. 다니다 파손되면 그대로 집에 가져갈 셈이다. 소금이라 재활용된다는 내 계산이었다. 꼼꼼하게 포장했으니 깨지는 건 소금 몫이다.

볼리비아의 색깔이 들어 있는 소금 주사위와 장식함, 소박한 눈요기를 끝내고 우리는 다시 출발했다. 그렇게 한 시간을 갔을까, 가장 아름다운 것들은 맨 나중에 찾아온다고 했다. 장관들이 펼쳐지고 있었다. 단 한 점의 구름도 없는 강렬한 햇살과 시린 하늘, 거울처럼 투명하게 반사되는 육각의 소금들이 눈처럼 깔려 있었다. 하늘과 땅이 한 몸을 이루며 최고의 지상 쇼를 펼친다.

수십 킬로미터가 되는 호수는 소금에 덮힌 채, 빛나는 알갱이들을 만들어 놓았다. 세계 최대의 소금사막 호수가 눈앞에 있다.

지각변동으로 솟아올랐던 바다가 빙하기를 거쳐 이만 년 전 녹기 시작하면서 이 지역에 거대한 소금호수를 만들어 놓았다.

오랜 시간이 흘러 물은 모두 사라지고 소금 결정체만 남아 오늘의 관광자원으로 이용되고 있다. 이보다 더 복 받은 나라는 없겠다. 관광자원은 물론 소금 수출, 가능할 수 없는 발전이 무한대로 이루어질 것 같은 나라, 장관을 보면서 더 이상 나아갈 수 없는 좁은 땅, 우리 국토가 생각났다.

찰랑찰랑 소금물이 발바닥을 간질이며 사각거리는 소금 감촉이 발등으로 잠길 만큼 물이 고여 있다. 얕은 염호 위로 세상의 모든 풍광을 거대한 거울로 보는 느낌이다. 거울 안에 거꾸로 호수가 들어앉아 있다. 마치, 하늘을 내가 걷는 것 같다. 소금호수 사막을 보고 있으니 블랙홀로 빨려 드는 느낌이다.

호수는 비가 적고 건조한 기후로 인해 오랜 세월 동안 물은 모두 증발하고 소금 결정만 남아 형성된 것이다. 호수의 소금양이 최소 100억 톤은 된다니 숫자에 약한 나는 아라비아 숫자의 공(0)을 세느라 혼란스럽다. 동그라미만 그려지는 어마한 숫자다.

사막호수의 소금만 팔아도 볼리비아 경제에 많은 보탬이 되겠다 싶은 생각이 들었다. 첫날 볼리비아에 들어올 때 초라한 도시에 놀랐던 첫인상 때문이었을 것이다. 예전에는 지역 주민들이 호수의 소금을 잘라 생필품과 교환했다. 소금은 중요한 교역 수단의 산실이기도 했다.

지금은 정부로부터 인가를 받은 회사에서 소금을 정제하여 국내 소비에 충당할 뿐, 지역민들은 거의 채취하지 못한다고 했다.

소금의 순도도 매우 높고, 소금의 총량이 볼리비아 국민이 수천 년을 먹고도 남을 만큼 막대한 양이라니 흡족했다. 이 맛 좋은 천연염으로 소득을 더 얻어 볼리비아도 다른 중남미 어느 나라 못지않은 풍요를 누릴 수 있기를 바라고 싶었다.

소금 결정체를 맛보았다. 생각만큼 짜지 않았다. 뒷맛이 입안을 개운하게 하는 맛이다. 소금은 내가 보았던 염전에서 받아내는 소금 맛과는 비교될 수 없는 자연적 결정체이기에 그만큼 맛도 뛰어나다. 볼리비아만이 얻을 수 있는 강점이다.

호수 체험은 감동으로 더는 언급할 수 없는 내 언어의 한계를 드러내고 말았다. 언어 해독기가 하나 있다면 좋겠다. 체험하고 본 것만을 늘어놓지 않고 해독기가 거들어 주었으면 좋겠다.

작열하는 태양 아래서 하얀 소금의 결정체들이 온갖 빛깔로 꽃을 피우고 있다. 호수에는 소금으로 만들어 놓은 호텔이 있다. 그 안을 들여다보니 건축물 자체가 소금으로 축조되어 있다. 의심 많은 나는 의자며, 침대며 각종 집기들을 정돈해 놓은 곳으로 들어가 하나씩 손톱으로 긁어 본다.

정말, 손톱에 하얗게 묻어 나오는 소금을 연신 입에 대 본다. 믿을 수 없는, 그러나 믿어야 하는 눈앞의 현실이다.

호텔의 모든 가구들이 소금으로 만들어졌다. 소금벽돌은 어떻게 만들어 쌓아 올렸는지, 아직도 한쪽에서는 건물을 짓느라 몇의 인부들은 분주하게 움직이고 있었다.

호수에서 맞는 일몰은 지상 최대의 대자연 파노라마다. 자연만이 연출하며 주인공이 될 수 있는 경이로운 시간, 장엄한 판타지는 더 이상의 감동은 무의미했다. 일몰의 여운이 길게 이어진다.

갑자기 가슴이 먹먹했다. 자연이 인간에게 주는 최대의 선물을 안은 기운이 사라지기 전에 호수를 떠나야 했다.

지프차로 호수를 달리면서 하늘을 보았다. 양편으로 나누어진 보석들의 알갱이가 갈라놓은 두 포말 사이에서 제자리로 뭉친다. 소금 알갱이가 다투다 일제히 제 집으로 돌아간다. 맑은 하늘에 날벼락이 친다. 하늘도 이 시간을 시샘했을까. 소금호수에서 만나는 번개와 하늘에 그리는 황금 햇살이 번갈아 가며 얼굴을 바꾼다.

긴 날개를 편 홍학 무리가 횡대를 지으며 머리 위로 날아간다. 그대로 그림 한 점이 하늘에 걸렸다. 이곳이 볼리비아라는 사실이 갈 곳 설은 여행자의 마음을 먹먹하게 들쑤신다. 보고 있어도 현혹되지 않는 현실이 이런 경우다. 왜 좀 더 미치지 않는 것인가. 하늘이 쾌청하더니 종잡을 수 없는 강한 비가 혼절하듯 내린다.

볼리비아는 워낙 건조한 지역이다. 우기인 12월에서 3월까지는 다행히도 비가 내리는 편이다. 나는 우연히 우기에 볼리비아를 찾은 셈이다. 이때는 소금사막이 물에 잠긴다. 이 시기에는 호수 내 10킬로미터 이상으로는 들어갈 수 없다.

다시 찬바람과 함께 소나기가 내린다. 지금까지 그래왔듯이 오늘 밤 비도 내일 아침이면 더 맑은 날을 보이기 위한 전주곡이라 믿고 싶다. 지금까지 볼리비아는 이런 날의 연속이었으니까.

우유니 사막에 살고 있는 것들은 눈물을 흘리지 않아야 한다. 눈물을 흘리면 저 소금들은 그대로 녹고 말 것이다. 자꾸만 눈물을 감추려 호수는 눈을 깜박일 것이다. 그래야 소금이 더 참하게 빛날 테니까.

끝없이 펼쳐진 수평선까지 사방으로 새하얀 눈이 내린 듯 소금밭이 들어 있다. 호수의 푸른 하늘과 소금은 자기들끼리 뽐내려 더 하얗게 더 파랗게 몸을 부벼 댔다.

잃어버린 호수

볼리비아는 상상 속에서나 접할 수 있을 것처럼 빼어난 자연경관을 가졌다. 그뿐 아니라 호수가 유독 많은 나라다. 호숫빛도 다양하다. 빨강, 주황, 파랑, 코발트빛, 옥빛 그리고 에메랄드빛 호수까지.

나는 한동안 호수를 잊고 살았다. 잊고 살다 볼리비아에 와서야 별별 호수를 다 보는 셈이다. 누구나 마음에 호수가 살고 있다. 단지 잊고 지냈을 뿐이다. 호수는 플랑크톤의 개체에 따라 색을 바꾸어 놓는다.

새벽 5시부터 시작된 투어는 저녁 늦게야 짙게 황톳빛으로 물든 사막 가운데 초라한 게스트 하우스에 우리를 내렸다.

허허벌판과 황토 땅, 주위에 지어 놓은 생뚱맞은 슬레이트 지붕의 게스트 하우스는 오지의 여행자를 받는 곳으로 더 이상 초라할 수 없는 집이다. 전기는 물론 물도 아기가 오줌 누는 정도로 떨어지는 식수다. 겨우 양치질과 선블록을 닦아내는 것으로 씻는 건 만족해야 하는 시설이다.

시설이랄 것도 없는 밤이슬만 피할 수 있는 공간에서 헤드랜턴을 켜고 싸늘한 침낭 속으로 몸을 들이민다. 그나마 고양이 세수를 한 것도 이곳의 여건을 살펴보면 감지덕지다. 이처럼 거품을 걷어내면 보이는 것들이 있다. 여행에서 초라한 잠자리일수록 의외의 보상은 배로 돌아오는 법이다.

누워 천장을 보는 순간, 놀랐다. 천장을 뚫어놓은 사이로 별이 쏟아져 내린다. 별이 얼굴과 가슴으로 떨어진다. 별을 가슴에 담고 잠을 청했다. 아마도 눈 뜨면 별들이 내 가슴으로 박힐 것이다.

별로 옷을 만들어 입고, 침낭에 별을 넣어 잠들어 별을 보면서 일어났다. 새벽 출발이다. 오늘도 별별 일이 많이 생길 것이란 기대를 안고 출발했다.

가도 끝이 없는 사막의 모래바람을 맞으며 차는 달리고 또 달렸다. 주위는 어둠과 삭막한 흙먼지 바람, 그리고 흙으로 산을 이루는 거친 땅이다.

메마른 언덕엔 키 작은 덤불들이 바람에 날린다. 커다란 고슴도치가 몸을 사리고 사막의 벌판에 누워 있는 모습의 진풍경이다. 사막의 억센 풀포기는 언뜻 보면 탐스러운 털을 가진 여우가 똬리를 틀고 누워 있는 자세다. 그런 풍광이 가도 가도 끝이 보이지 않는다. 덤불도 땅과 같은 색이라 온통 세상이 황톳빛이다.

고슴도치와 여우를 닮은 풀, 꼬이로아 풀은 산소를 만들어 주기 때문에 고산의 억센 바람을 다 이기고 이곳을 찾는 이들에게 공기를 나누어 주는 고마운 풀이라는 것도 벌판을 한참 지나온 후에야 알았다.

꼬이로아의 누런색이 아침빛을 받으니 벌판은 황금빛으로 살아났다. 앞서 간 차들과의 거리가 좁혀질 때마다 흙먼지가 차를 덮는다. 시야가 가려 그만, 먼지 속에 갇혀 꼼짝 못하고 만다. 한참씩 서 있다 출발했다.

멀리 떨어져 가는 앞차를 보노라면 잔뜩 품어 내는 흙먼지 속으로 차량이 멀어지다 갇히기를 반복한다. 그렇게 몇 시간을 달렸다.

한여름 서늘함이 몸을 감싼다. 콩보다 큰 우박과 비바람, 몇 시간을 달리는 동안에도 사계절이 오고갔다. 이런 자연 분방함은 사막에서 또는 자연으로 밀착되어 갈수록 만날 수 있는 변심의 진풍경임을 안다.

흙먼지 속에서 움직임이 감지된다 싶으면 그것은 꼭 야생동물로 보호받는 '아나코'라는 사슴처럼 생긴 동물이다. 이 삭막함에서 그나마 야생동물이 없었다면 달리는 동안 움직이는 생명체를 만나지 못했을 것이다.

헉헉거리는 크루저의 인내로 크고 작은 호수를 거치면서 홍학들이 놀고 있는 핑크빛의 호수에 도착했다. 긴 다리를 스윽 앞으로 차내며 도도하게 걸어가는 자태는 마치 곳곳한 선비의 모습을 연상시켰다. 부리가 핑크빛을 띤 홍학들이었다. 때마침 쏟아지는 비를 맞으며 유유자적하고 있다.

눈앞에 홍학 떼는 비를 맞으며 먹이를 찾고 있었다. 멀리 떨어져 있던 나는 비를 맞으며 홍학 쪽으로 가깝게 다가갔다.

내가 홍학들 무리를 보았고, 저 넓은 호수와 산은 빙 두른 채, 나를 보았다. 아찔한 풍경 속이 꿈이라 생각했다.

무리지어 바쁘게 움직이는 홍학들은 내가 가까이 접근해도 동요하지 않고 유유히 먹이를 찾아 긴 다리를 떼고 있었다. 청정한 모습이다.

홍학 깃털 분홍색은 호숫물 속 세균으로 인해 이처럼 아름다운 색을 가질 수 있다. 홍학들은 주로 호수에서 먹이를 찾는다. 호숫물의 염분에 잘 견디는 세균에는 유독 붉은 색을 내는 색소가 들어 있다.

막연하게 홍학 깃털에 붉은 색소가 축적된다고 믿었던 나는 생각을 바꾸어야 했다. 홍학이 잘 먹는 해조류나 새우에도 이 성분이 풍부하다니. 붉은 살이 통통한 새우를 구워 먹을 때마다 나도 입안이 붉어졌기에 홍학이 그런 색을 띠는 이유가 설득력 있게 들렸다.

'카로티노이드'가 들어 있는 먹이를 먹지 못하면 분홍색을 띠는 깃털이 빠지고 색이 희미한 깃털이 새로 난다. 화려함으로 홍학의 본분을 지키려면 부지런하게 우아한 걸음을 옮기며 먹이를 찾아야 할 것 같다.

사람이나 조류나 노력하는 것은 같은 맥락인 것 같다. 자기계발을 끊임없이 하는 이들은 그만의 아우라가 있다. 홍학도 아름다운 색을 지속적으로 잃지 않으려면 쉼 없이 플랑크톤을 찾아야 하는 것이다.

호수에서 호수를 본다

새벽별들의 배웅을 받으며 5시 30분, 우리는 숙소를 떠났다. 싸늘하게 식어 버린 벌판의 냉기는 우리를 엄습해 왔다. 지프차로 추위를 가르며 차는 달렸다.

차는 황토색 벌판을 지나고 바위산을 지나 연신 꼬리에 흙먼지를 날렸다. 오늘까지 삼 일째 호수를 찾아다니고 있다. 마지막 호수인 푸른 호수를 찾아왔다.

푸른 호수 끝에 하늘이 닿아 있다. 젖무덤 같은 산의 능선이 호수와 하늘 사이의 경계가 또렷하지 않다. 어떤 물감을 풀어 놓은들 이 빛을 흉내라도 낼까. 자연만이 창작할 수 있는 색과 빛이다. 내가 저 호수에 몸을 담그고 나온다면 나도 파란 마음으로 파랗게 살 수 있을까?

호수 위로 바람이 지나간다. 물 위에 둥그런 파장을 그렸다. 호수에서는 바람도 색을 입는다. 파란색이다. 호수 뒤로는 바람에 깎이고 세월에 닳아진 산이 버티고 있다. 산이라고 말하기에 미안한 언덕이다. 이 지역은 분지 벌판이다. 분지를 닮아 있는 형태가 볼리비아만이 지니고 있는 특색 있는 오지다.

많은 호수들은 다양한 형태다. 바다를 옮겨 놓은 거대 면적의 호수가 있는가 하면 마치 우리의 저수지나 방죽을 닮은 호수도 있다. 색감은 특이해 무지개 색깔 중 어느 한 색의 빛을 낸다.

도로나 벌판을 달리다 보면 신기루처럼 반짝이는 움직임이 눈에 잡힌다. 모두 호수다. 신비하고 다양한 호수들이 있어 그 호수를 다 보려면 볼리비아에서 눌러앉아 적어도 한 달은 살아야 한다.

에메랄드빛 호수에서

어두운 새벽부터 달려온 지프가 창밖의 사물들이 모습을 살포시 드러낼 무렵 우리는 내렸다. 사막만을 달려왔기에 차도 기운이 빠져 갈 무렵 내린 곳은 하얀 수증기 기둥을 하늘로 뿜어 올리는 온천이다.

가마솥처럼 부글부글 끓고 있는 온천은 역겨운 유황 냄새를 사막에 쏟아 내며 화마처럼 하늘을 타고 올랐다.

척박한 사막에서 끓고 있는 온천을 난생 처음 접하니 공포다. 지옥이 있다면 이런 형상일 것이다. 끓어오르는 유황. 간간이 괴물처럼 솟구쳐 오르는 유황돌기, 그 거품 속으로 빨려들 것 같다. 지옥이 저 형국이라면 나는 진솔하게 삶을 살아야겠다.

살짝 온천에 스쳐도 그대로 쩌질 것이다. 저 끓는 가마솥에 떨어진다면 내 육신은…. 갑자기 오금이 저려 왔다.

쉽사리 볼 수 없는 광경에 연신 셔터 누르기도 바쁘다. 떨어져 나갈 것처럼 시린 손가락은 감각이 없다.

온천은 거친 바람 속으로 하얀 머리칼을 산발한 채, 거대한 악마가 되어 하늘로 올라간다. 뽀글뽀글 끓어 오르는 유황소리를 들으면서 시린 두 손을 마주잡고 비볐다. 멍하다. 보이는 것은 수증기 기둥이며 들리는 것은 지옥 간의 다툼 소리뿐이다.

볼리비아의 속살들을 돌아보는 사이 4박 5일의 일정이 끝나가고 있다. 이제 우리는 다음 여정을 밟기 위해 칠레 국경을 넘어야 한다. 5일 동안 함께 해 준 크루저 가이드와 정을 떼야 한다는 것이 아프다. 운전해 주고 식사를 챙기면서 한 식구처럼 돌봐 준 가이드와의 작별도 남아 있다. 그는 6남매를 둔 가장으로 성실한 사람이다. 가끔 우리에게 배운 한국말로 여행이 즐겁도록 안내해 주었다. 힘든 내색 없이 최선을 다하는 모습이 늙은 미소년을 보는 것 같았다. 부족한 여건에도 진정을 다해 자기 일에 임하는 그를 내가 닮고 싶었다.

그는 호수 하나라도 더 보여 주려고 했다. 호수를 접하는 각자는 다르다. 강이나 바다에 비하면 한눈에 그 모양을 다 볼 수 있어 좋다. 가만히 한자리에 서서 전체를 통일성 있게 바라 볼 수 있는 아름다움이 있다. 반면에 강이나 바다는 한 시야로 조망하기에는 너무 방대하다.

우리는 다음 나라인 칠레 입국을 위해 사막을 달려와 볼리비아의 국경에 와 있다. 붉은 흙먼지만 날리는 광활한 국경 입국장에 우리를 내려놓은 가이드는 우리가 5일 동안 달려온 코스의 관광지들을 반대로 다시 되짚어 간다고 했다. 칠레에서 들어온 입국자들을 태우고 달려온 그 길을 반대로 거치며 반가운 가족을 만날 것이다.

　볼리비아 여행이 아쉬움 속에서 저문다. 이제 다시 칠레다.

칠레

볼리비아에서 칠레로

붉은 흙, 모래사막, 황량한 벌판이다. 국경은 볼리비아와 칠레 건물이 마주보고 있지만 양국을 가르는 장소다. 두 번째 국경을 넘을 차례다. 몇 번 경험이 있지만 잔뜩 긴장되는 순간이다. 지은 죄도 없는데 가슴이 떨리며 호흡이 빨라진다. 페루에서 볼리비아로 넘어올 때의 경험과는 또 다른 긴장 감이다.

많은 국경을 넘어 보았지만 사막에서의 국경 넘기는 처음이다. 허허벌판을 달려오다 멈춘 주위는 사막에서 만나는 오아시스 같은 곳이다. 워낙 척박한 곳을 5일 동안 다녀서인지 보잘것없이 그저 땡볕만 가릴 정도의 건물인데도 마치 고급 호텔을 만난 기분이 든다.

칠레와 볼리비아의 국경 넘기는 주위만큼이나 삭막하고 아득하게 걸린 사막의 섬에서 이루어지는 수속 같다. 초라한 건물이 벌판 한가운데 있다. 건물 한 동을 반으로 나누어 두 나라가 사용하고 있었다.

달랑 세워 놓은 쇠파이프 기둥 위에 양국의 국기만이 상징적으로 펄럭인다. 그것은 좌우 두 지역이 각자의 한 국가라는 사실을 표시해 주는 증표일 뿐, 구별 없는 사무실 반쪽씩을 정겹게 나누어 쓰고 있는 현장이다.

할 일 없이 시간 보내는 곳이 입출국장이다. 이 공간에서 할 수 있는 것은 없다. 황량한 모래를 바라보거나 땡볕에서 몸을 굽는 것이 일이다.

국경을 지나 칠레의 산 페트로 아타카마 마을로 들어가야 한다. 여권과 비자를 확인하고, 사진과 사람을 대조하면서 입출국 카드의 작성칸의 기록을 확인하고 스탬프를 찍어 주면 끝나는 수속이다. 매번 해도 혹시나 문제가 생길까 관광객들 모두 마음 졸이며 기다리고 있다.

페루에서 볼리비아로 국경을 넘어갈 때도 그랬다. 국경 넘는 일은 기다림의 연속이다. 낙후되고 생활 여건이 열악한 곳일수록 세계에서 속속 몰려드는 관광객들의 줄이 이어져 그만큼 시간도 더 소비된다.

여행자들로 긴 꼬리 뒤에 우리도 줄을 서 기다리는 동안, 나는 잠시 줄을 이탈해 주위를 돌아보았다. 벌판에서 흔들리는 칠레 쪽의 국기가 바람에 함성을 지르며 나풀거린다. 땅 위의 모든 생물을 말려 버릴 듯 타는 벌판에서 몇 시간을 흙먼지 속을 달려오느라 생리작용을 견디던 나는 급해졌다.

사방을 기웃거려 보지만 모두 허사다. 이쯤 되면 안면이고 체면이고 모두 던져 버려야 한다. 그래도 사방으로 탁 트인 벌판이라 이 한 몸 가릴 곳이 없었다. 배고픈 짐승은 먹이를 찾아야 하는 법이다. 사방을 훑어보니 저만치 덩그러니 놓인 폐차가 보였다.

그곳으로 달음질쳤다. 폐차 뒤로 돌아가는 순간, 맙소사! 폐차로 위장한 화장실이었다.

출입국 관리소와 폐차, 어쩐지 이곳에 도착할 때부터 황토색 사막의 한가운데 생뚱맞게 서 있는 폐차가 뭔지 궁금했었다. 워낙 이곳은 벌판 외곽에 위치하고 있어 차량이 들어와 고장난다면 크게 파손된 차량을 되가져 가는 것보다 방치하는 것이 더 경제적인 선택이라 생각했다.

차량은 태양이 삼켜 버렸다. 건들면 바스러지는 먼지처럼 형태만 유지하고 있었다. 그래도 이색적인 연출로 보여 이마저 없었다면 나는 민낯으로 용무 해결을 할 처지였을지도 모르는 일이었다. 폐차는 생리적 해결을 위한 장소로 다국적 사람들의 흔적들이 흉물스럽게 널려 있었다.

볼일은 폐차 뒤에서 모두 해결한 모양이다. 그렇다고 우리가 사용하는 공중 재래식 화장실처럼 고약한 냄새가 나는 것도 아니었다. 여러 곳에 용무를 해결하고 나면 그 뒤처리는 자연과 태양이 알아서 책임진다. 워낙 강한 볕과 노천에 방사하는 상태라 냄새는 나지 않았다.

그렇게 혼자서 진한 이야기를 안고 제자리로 돌아온 나는 아무 일도 없던 것처럼 그곳으로 갈 때와 올 때가 다른 표정으로 태연하게 수속을 끝내고 국경을 지났다.

쏟아진 와인, 그리고 해산물

세 번째 나라 칠레로 들어왔다. 우리를 픽업한 차가 채 5분도 가지 않았는데 잘 닦인 도로가 사막 한가운데로 나왔다. 오랜만에, 뛰지 않고 포장도로를 달리니 버스가 도로 위를 미끄러지는 것 같다. 달라도 너무 다른 두 나라가 이마를 맞대어 살고 있었다.

현지인 또한 볼리비아 사람들과는 매우 달랐다. 입은 옷차림부터 달랐다. 볼리비아 사람은 순박하고 때 묻지 않은 모습이라면, 칠레 사람들은 서구의 모습을 보이고 있다. 세련미를 풍긴다. 게다가 건물들도 유럽식이다.

역시, 빠르게 몸에 와 닿는 것은 장바구니 물가였다. 내가 주로 접하는 장소들이 관광지이기도 하지만, 물가가 높아 음식 값이 비싸다는 것은 여행자에겐 큰 부담이다. 아니나 다를까, 도착하자마자 점심을 해결할 때부터 부담스러운 물가가 피부로 느껴졌다.

장거리에 지친 심신을 달래기 위해 큰맘 먹고 레스토랑에서 점심을 먹었다. 계산해 보니 볼리비아에서 하루 지낼 경비를 한 끼니 식사비로 지출한 셈이 됐다. 그러나 훤칠한 남자 둘이 무대에서 열정적으로 연주하며 불러 준 노래 덕분에 귀가 즐거웠고 피곤이 사라졌으니 꼭 아쉬워할 일도 아니다.

살며 얻는 것이 있으면 잃는 것도 있는 법, 높은 물가로 인한 시름도 있지만 칠레에서는 맛 좋은 와인을 우리 화폐 5천 원이면 맛보는 호사도 누릴 수 있다. 음료수 값보다 와인 값이 더 싼 나라가 칠레다.

그렇다고 이들이 술을 많이 먹어 생기는 사건, 사고도 많으리라고 생각한 건 주도를 모르는 내 오해였다. '주(酒)'라면 자다가도 벌떡 일어나는 남편 덕분에 칠레 현지인들의 술 문화를 제일 먼저 알게 되었다. 칠레는 술로 인한 사건, 사고가 많지 않다.

술과 와인이 가게마다 지천으로 진열돼 있으리라는 것은 내 생각, 오늘도 남편은 더운 날씨에 지쳐 맥주 상점을 찾느라 진땀을 흘리고 있었다. 그도 그럴 것이 칠레의 술 문화를 알 수 없던 남편은 상점을 십여 군데 이상 찾아다녔다. 상점마다 맥주는 없다는 것이 그들의 대답이었다.

이상했다. 아무리 생각해 봐도 이곳은 와인의 나라요, 술이 많은 나라인데 상점에 술이 없다니. 남편은 투덜대면서 겨우 맥주 한 병을 상점에서 들고 나왔다.

그렇게 시행착오를 겪고 나서야 칠레는 허가된 상점에서만 술을 구입할 수 있다는 걸 알았다. 겨우 맥주를 산 남편은 갈증에 술병을 입에 대고 벌컥벌컥 들이켰다.

맥주를 마시고, 채 트림이 나오기도 전에 저만치에서 보고 있던 현지인이

슬그머니 남편 곁으로 다가왔다. 그는 남편에게 가더니 고개를 좌우로 흔들었다. 먹지 말라는 뜻이었다. 그사이 여행자가 지나다 남편에게 전한다. 술을 밖에서 마시다 경찰에 체포될 수 있다는 것이다.

와인이 지천인 나라의 술 문화와 남편의 술 문화가 대비되는 순간이었다. 그제야 이곳에서 맥주 사는 일이 왜 그리 어려웠던가를 알 수 있었다. 참 아이러니한 순간이었다.

허가 없이 술을 팔지 않는 나라, 술과 와인의 천국인 나라, 주류만 취급하는 곳에서 주류는 살 수 있으며 술이 먹고 싶다면 반드시 주점에 들어가서 마셔야 하는 나라. 그렇다고 주점에서 막무가내로 마셔 대는 술 문화가 아니다. 주점에 가 보면 곧 알게 된다.

술 한 병 앞에 놓고 거의 30분에서 1시간을 보낸다. 술은 마시기보다 마음으로 즐기는 나라가 칠레다. 술은 누구나 마실 수 있지만 엄격한 제도 안에서 마셔야 한다.

내가 생각했던 주점은 칠레에서는 카페의 개념이었다. 이렇듯 좋은 분위기라면 내 그리 싫어하는 술 냄새도 기우에 그치겠다. 술 문화에 흠뻑 빠져도 될 것 같다.

칠레는 해산물도 넘쳐나는 나라다. 조금만 바지런하게 발품을 팔면 방금 잡아 올린 다양한 해산물들을 맛볼 수 있다. 여행자 입장에서는 경비를 절감한다. 바다에서 건져 내는 고기도 볼 겸 시장에 갔다. 색다른 체험이라서 즐겨하는 내 여행 방식이다.

재미로 치자면 첫손 드는 시장은 사람과 소비와 생산을 위해 모여 드는 곳이다. 딱히 살 게 없어도 그 나라 시장을 둘러보고 나야 여행의 종지부를 찍을 수 있다.

칠레 시장에도 얇게 저민 해산물을 새콤한 레몬이나 라임즙에 절이고, 다진 양파나 고추를 얹어 먹는 세비체가 있었다.

시장 통에 만들어 놓은 세비체를 맛있게 먹고 있는 사람들 속에서 나도 한 접시 사서 먹어 보았다.

시고 단 것까지는 좋았다. 짠맛에는 도저히 적응하지 못하고 뱉어야 했다. 나라마다 식습관은 다르다. 다만, 내게 세비체는 적응하지 못하는 음식으로 남았다.

칠레 사람들은 바다에 가깝게 살고 있다. 이른 아침 시장 어귀의 삶은 우리나 이들이 다르지 않았다. 싱싱한 생선을 늘어놓은 것도 닮았다. 호객의 몸짓도 같으며 더 에누리하려는 사람들로 북적거리는 시장도 닮았다.

좌판에 올려놓은 이름 모를 생선과 조개류, 그중에는 과장하면 한 마리 사면 며칠을 먹을 만큼 큰 생선도 배를 뒤집고 좌판에 누워 있다. 홍합은 또 어찌나 큰지 한국에서 보던 홍합이 아니다.

홍합 몇 개만 취하면 며칠 동안은 배고프지 않아도 되겠다는 생각이 문득 들었다. 여행 기간의 허기는 왜 그리 잦은지.

홍합 맛이 궁금했다. 1킬로그램을 담으니 가격은 이천 원. 바구니에 들어있는 살아 있는 게다. 생긴 것을 보니 그간 많이 보아 왔던 게가 아니다. 크기도 세 배다. 진한 회색을 띠고 화려한 뿔도 달았다.

주인의 허풍에 끌려 일곱 마리를 샀다. 두 손으로 들기도 힘들다. 숙소로 와 큰 냄비에 차곡차곡 게를 넣으니 뚜껑이 들릴 정도다. 내가 머무는 숙소는 외국 여행자들과 함께 쓰는 게스트 하우스다. 주로 먹고 싶은 것을 그때그때 현지에서 조달해 만들어 먹을 수 있다.

이제 이 행위들은 익숙할 만큼 편하고 또 그 나라의 생물을 골라 먹는 재미 또한 있어 나는 이런 숙소를 만나면 날개를 단다. 처음 배낭여행 시작할 때는 무척 번거로운 일 같았지만 지금은 이런 숙소에 찾아들 때가 많다.

가스 불 위에서 이십여 분을 훈증한 회색의 징그럽던 게가 뚜껑을 열어 보니, '앗' 구미가 당기는 붉은색으로 만족스러운 식감이다. 게다가 냄새는 또 얼마나 구수한지 나는 큰 쟁반을 찾아 게를 담은 뒤 남편과 함께 마주 앉았다.

남편에게 낙원이 있다면 아마도 이곳일 게다. 지천에 널려 있는 술과 와인, 거기에 싸고도 푸짐한 해산물을 하나씩 맛볼 수 있으니 할 수만 있다면 칠레에 일 년쯤 눌러 살아야 할 것 같다며 우리는 폭소를 터트렸다.

게 맛을 보았으니 남편은 이제부터 배낭 무게가 더 무거울 것이다. 힘을 얻어 내 짐까지 책임지려면. 오늘은 입이 즐거웠으니 힘도 얻었을 것이다.

달과 죽음의 계곡

칠레 북서부에 위치한 아따까마 사막은 양파 속을 닮은 곳이다. 사막은

벗길수록 다양한 모습을 간직하고 있다.

지구상에서 가장 건조한 지역이 있다면 아따카마다. 40년 동안 단 한 방울의 비도 내리지 않은 곳이 있을 정도로 건조해서 '죽음의 땅'으로 불린다.

바위, 깊은 모래언덕, 운석으로 형성된 숭숭 뚫린 구멍들, 오래전에 말라붙은 호수의 흔적으로 이루어진 풍경은 달이나 화성을 연상시켰다. 웅장하면서도 황량한 풍광이 아따카마 사막의 내력을 함축해주는 것 같다.

달의 계곡 '죽음의 사막'을 가기 위해 대여한 차에 올랐다.

차에서 내리자 제일 먼저 사막의 뜨거운 열기가 얼굴에 확 닿았다. 전 세계 10분의 1을 차지하는 사막, 그중에서도 가장 건조한 땅에 섰다.

사막을 가장 덥고 메마른 곳이라고 정의한다면 딱 이곳을 말하겠다. 보고 있어도 믿기지 않는 생명과 죽음의 얼굴이 번갈아 나온다. 마치 지구의 표면 속으로 들어와 있는 느낌이다.

죽음의 계곡 깊은 곳으로 내려간다면 나는 채 한 시간도 되지 않아 맥반석 위에 올라앉은 오징어 꼴이 될 게다. 얕은 모래 쪽으로 몇 발을 떼어 본다. 모래 길을 걸어 본 사람은 안다. 모래 위를 걷는 것이 얼마나 지구력을 요구하는 것인지. 모래 속으로 걸음을 옮길 때마다 모래는 무너지고 발은 모래 속으로 깊게 빠진다.

두 걸음을 떼야 한걸음 폭이나 될까, 자꾸만 제자리에서 헛발을 뗄 뿐 앞으로 나아가지질 않는다. 구름 한 점 없는 하늘은 내리쬐는 빛으로 뜨겁다. 한 발짝 옮길 때마다 입 속으로, 눈으로 날아 드는 모래먼지에 연신 침을 뱉어 낸다.

아무리 험한 사막에도 생명의 흔적이 있다. 독성이 섞인 호수에도 생명이 꿈틀대고 있었다. 그러나 이 죽음의 계곡에서는 새조차 날지 않았다.

움직이는 것은 오직, 모래바람과 모래먼지 그리고 헉헉 내뱉는 내 가쁜 숨소리뿐이다. 계곡에 찾아든 여행자들의 모습만 보인다. 진정 죽음이 여기에 도사리고 있다.

사방으로 죽은 언덕이 둘러 쳐진 죽음의 계곡, 사막은 그대로 불을 지펴도 활활 타오를 만큼 말랐다. 끝없이 달의 계곡은 이어졌다.

언뜻 달의 계곡이라면 아름다운 낭만을 떠올린다. 옥토끼가 방아를 찧는 걸 연상하며 시상을 떠올릴 수도 있을 테지만 달의 계곡은 죽음의 사막보다 더 메말라 있다. 달의 표면 환경과 가장 비슷해 우주비행사들이 이 계곡에서 훈련을 받기도 했다니 오죽했으랴. 보고 있어도 믿기지 않는 장관이다.

내가 우주선을 타고 사뿐히 달나라에 내려앉은 기분이다. 작은 흙기둥들이 언덕을 이루고 석회를 뿌려 놓은 것 같은 하얀 분말이 신비로운 형상으로 크고 작은 주름을 만들어 놓았다. 계곡은 자연이 만들어 놓은 작품이다. 흙기둥마다 눈이 쌓인 듯 하얀 소금에 덮히어 세상 어느 조각도 이처럼 척박한 느낌의 작품을 만들어 내지는 못할 것 같다.

소금과 비석과 주름치마 같은 창조물은 비와 해와 바람이 만들어 낸 피조물이다. 몇십 년 만에 비가 내리면 그 비는 땅속으로 스미고 다시 몇 해동안 태양이 내리쬐면서 땅 밑의 물이 소금과 함께 올라와 굳는다.

시간은 황토색 사막에 하얀 소금 옷을 입히고, 바람은 흙기둥 사이를 헤치고 돌아다니다 기이한 모양을 만든다. 수천 년을 걸쳐 만들어내는 걸작이리라.

계곡과 동굴을 설명하는 가이드는 직업 정신이 투철하여 우리에게 하나라도 더 알리려 비지땀을 쏟아 낸다. 큰 키를 구부려 동굴을 설명해 주는 활달한 성격에 예쁜 얼굴까지 가진 그녀는 직업 긍지를 지니고 있어 보는 나도 부럽다.

동굴은 물방울이 굳어 돌이 된 것 같은 모양의 바위, 사람의 얼굴 모양을 닮았다. 아따까마 마을을 바라보는 모래산, 소낙비의 흔적이 그대로 굳은 흙벽. 마침 계곡에서는 울음소리 같은 게 들렸다.

거대한 국자로 퍼낸 듯 둥그렇게 파인 날카로운 모래능선에 바람이 일고 있다. 헤아릴 수 없는 많은 돌기 무덤들이 하얀 분가루를 바르고 죽은 듯이 누워 있다.

아따까마의 일몰을 보기 위해 나는 언덕을 오른다. 사막 저쪽으로는 하얀 소금벌판이 펼쳐졌다. 해가 기울자 계곡은 검고 거대한 사자괴물처럼 어둠을 드리운다. 아마도 죽음의 그림자일 것이다. 모래언덕이 붉어지고 산과 흰 들판이 서서히 빛을 키우며 들판이 물든다. 세상이 붉게 탄다. 태양은 능선 너머로 완전히 사라지고 온 세상이 잿빛으로 변해 갈 무렵이 되었는데도 내 발길이 떨어지지 않는다.

빛의 마법을 보는 것 같다. 빛의 예술을 감상하고 있는 것 같다. 석양이 기우는 각도에 따라 붉은 벽면을 보이는가 하면 석양빛이 많이 닿는 부분은 순간, 검었다가 다시 보랏빛을 보이기도 한다.

이제 뒤로 남는 것은 그림자가 되어 버린 세상과 검게 드리운 죽음의 하늘이다. 쇠진한 태양이 만들어 내는 아따까마의 다양한 하늘 쇼가 벌어진다.

1,000킬로미터나 뻗어 있는 아따까마 사막 한가운데 난 아주 작은 티로 서 있다. 그리고 내가 본 것은 계곡의 점만을 보았다. 이 사막 어느 곳에 생명이 있을까? 비와 바람과 태양은 어느 곳에 또 이처럼 신비로움을 건설했을까?

일상이 권태로울 때마다 이곳의 다양한 얼굴을 생각하다 보면 마음으로 죽음의 사막을 건너 보고 싶을 것이다.

칠레는 숨 쉬는 화산도 많다. 언제든 그 화산들은 폭발할 수 있다. 활화산을 90여 개나 가지고 있는 나라가 칠레. 언제 어디서든 폭발할 요인을 지니고 살아간대도 과언이 아니니 그만큼 자연적인 절경을 많이 가지고 있다는 역설로 풀이할 수 있다.

심심찮게 우리가 소식으로 듣고 있던 화산 폭발의 아픔들은 이곳을 돌아보는 순간, 조금이나마 체험할 수 있었다.

이곳은 칠레 산 페드로 아따까마 마을이다. 볼리비아 국경에서 몇십 킬로미터 떨어진 곳으로 우리의 읍 정도 되는 조용한 마을이지만 여행객들 수가 주민 수보다 많다. 그 정도로 여행자들이 모여 드는 곳이다.

미국 나사에서 우주선 달 착륙에 앞서 롤 모델로 적용해 본 곳으로도 유명한 관광지이다.

오후에 장거리 이동을 앞두고 있어 오랜만에 편히 쉬고 있다. 중남미 여행은 장거리 이동이 참 많다. 워낙 땅도 넓지만 유적들이 나라마다 산재해 있고 그대로 간과할 수 없는 유적들은 거의 인적이 없는 오지로 가는 여행이 많았다. 그러다 보니 대중교통을 이용해야 하므로 조금 간다 싶으면 10시간이요, 바로 이동한다고 하더라도 5시간이다. 7~8시간 이동은 조금 소요된다 싶은 시간이다.

가도 가도 끝이 보이지 않는 땅도 흔한 길이다. 볼리비아에서의 이동은 거의 비포장도로로 했기 때문에 잘 닦아진 칠레의 교통은 그래도 격 있는 움직임이다.

'체리', 그 이름

칠레는 내가 떠나오기 전부터 막연하게 동경하는 나라였다. '언젠가'라는 가능성을 늘 가슴에 열어 놓고 살았다.

칠레에 들어와 제일 반가웠던 것도 풍부한 과일과 해산물이었다. 칠레에 머무는 동안, 내 장바구니에는 체리가 늘 채워졌다. 우리나라에서는 만지작거리다 포기했던 과일이 칠레산 체리였다.

그랬다. 장화처럼 길게 이어지는 바다와 풍부한 토양에 즐비한 포도밭, 어느 것 하나 동경하지 않을 것이 없다.

시내마다 그득 쌓인 과일이 나를 유혹하고 꿈에 그리던 체리는 비로소 칠레에 와서야 마음 놓고 사 먹는다.

내가 장거리를 이동할 때는 첫 순위로 하는 것이 체리 챙기기다. 국내에서는 손에 들었다 놓았던 탐스러운 청포도도 마음 놓고 먹을 수 있다는 것에 만족한 비명을 지른다.

이 과일들을 농약 성분 의심 없이 먹을 수 있다는 것이 얼마나 다행인가. 게다가 체리는 열매만 예쁜 것이 아니다. 체리나무가 그득한 농가를 들여다보면 나무 색마저 연한 와인색을 띠고 질서 있게 서 있는 묘목들이 있다. 자연 속에 존재하는 사물들의 이름이나 지명들이 어쩌면 그에 걸맞게 붙여지는지 신이하다.

적당하게 자란 열매는 유년 적 뛰어놀다 배고프면 앵두나무 밑으로 달려가 까치발을 딛고 따 먹던 앵두 생각이 나게 했다.

현지에서 먹는 체리 맛은 당도는 물론 신선함까지 갖추어 과일 탐이 있는 나는 체리 봉지가 항상 손에 들려 있다.

최근 웰빙(Well-being)바람에 좀처럼 맛볼 수 없는 비싼 체리를 칠레에서 떠날 때까지 수십 킬로그램은 거뜬하게 먹을 것 같다.

체리는 열 개만 먹어도 항산화 물질인 '안토시아닌'의 하루 권장량 12밀리그램을 섭취할 수 있다는데 나는 열 개가 아닌 킬로그램으로 먹고 있으니 이러다간 다량 섭취로 내 속에 체리나무가 자랄 것이다. 넘치는 건 모자람만 못하다는데 칠레에서 체리 욕심은 멈출 수 없다.

그간 얼마나 과일이 고팠나? 고기 값보다 비싼 과일들, 그리고 볼리비아에서 통 먹지 못해 부족했던 채소 섭취가 칠레로 들어와서야 과일로 채워지기 시작했다. 농약 걱정하지 않고 먹을 수 있는 체리와 포도를 칠레가 아닌 다른 나라에서는 섭취하지 못할 것 같아서다.

국내와 비교할 수도 없는 농염한 체리를 입에 넣고 '탁' 누르는 순간, 입안으로 번지는 맛은 힘든 여행이 몸속으로 눈 녹듯 사르르 배어들게 한다.

산티아고 가는 길

사람마다의 체력이 있다. 친한 내 친구는 나와 같은 여행을 해 보는 것이 꿈이라고 늘 말했다. 하지만 그 친구는 체력이 약하다. 그녀는 편하고 쉬운 관광을 해야 한다. 건강이 허락하지 않는데 무모한 여행을 할 수는 없다.

피부를 태우는 더위와 긴 일정을 소화하면서 힘들지 않다는 건 거짓이다. 어렵고 지친 가운데 해냈다는 그 희열에 나도 모르게 중독되었다. 다시 시작하고 매듭을 짓는다. 내 스스로의 만족일 게다.

항구에서 막 잡은 게 한 봉지를 사 가지고 돌아오는 길에 슈퍼에 들렀다. 식재료들을 선택해 배불리 먹는 행위도 배낭여행에서만 가질 수 있는 즐거움이다. 힘든 일정을 견디고 새로운 세계로 나를 데려다 주는 원동력은 먹는 힘이다.

조금 늦었지만 배낭여행을 시작하지 않았다면 나는 아마도 가슴앓이를 많이 했으리라. 더 나이 들어서도 후회의 끈을 놓지 못했을 것이다.

익숙하지 않은 지도를 보면서 미지의 세계를 찾아다니는 경험은 눈을 감고 숨은 상대를 향해 불안한 걸음을 내딛는 숨바꼭질 같은 것이다.

어느 도시에 도착하든, 나는 맨 처음 맞게 되는 그곳만의 체취를 더듬는다. 그곳의 공기와 그 도시의 박동을 느껴 왔다. 칠레에 들어와서는 눈이 피곤하지 않다. 녹색의 그림이 펼쳐지는 가운데 칠레의 수도 산티아고로 달리는 길은 이제 막 황량함을 벗어내고 녹색으로 옷을 입기 시작했다. 목초지마다 배어 나오는 소여물 냄새가 고향에 온 느낌이다.

바람개비처럼 돌아가는 풍력계가 늘어진 긴 팔로 손 흔들어 주는 그 옆을 지나고 있다. 여행이란 뜻밖의 풍경 안에서 나 자신과 정면으로 만나는 과정인지도 모른다. 우연은 항상 우리 주위를 배회하는 그림자일 테니까.

국내선으로 한 시간 반을 날아왔다. 비행기가 칠레 상공을 들어서자 지상의 정경과 경관들이 순식간에 바뀌었다. 공항을 빠져나와 다시 또 버스로 4시간을 이동해 칠레의 국립공원에 들어왔다.

9시부터 출발한 투어 차량은 야생화들이 터질 듯 피어 있는 길을 따라 설산자락의 품에 가깝게 파고들었다.

장대하게 펼쳐지는 대자연의 드라마를 감상하며 코발트색의 크고 작은 호수를 지나 언덕을 오르고 또 올랐다. 공원은 끝없이 펼쳐지는 산악 지대로 바뀌었고 뭉텅뭉텅 하늘을 지나가는 구름과 백두대간을 연상시키는 거인의 주름살처럼 펼쳐진 험준한 산맥이 길게 이어졌다.

물이 고일 수 있는 낮은 지대에 설산이 녹아 다양한 호수의 풍경을 만들어 놓았다. 마치 무지개를 호수에 담아 놓은 듯이 자연의 대서사시가 끝없이 펼쳐졌다.

호수에서 놀고 있는 오리, 너구리, 부엉이, 양, 타조 그리고 과나코까지, 자연의 보물창고는 바로 이곳을 지칭한 것이겠다. 모든 형태를 갖추어 놓은 자연에서 사는 칠레는 참으로 복 받은 나라다. 하늘과 땅에서 이루어지는 가공되지 않은 순수함을 이렇게도 골고루 갖추고 있는 나라도 드물 것이다.

칠레에서는 길을 잃으면 동쪽을 따라가면 모든 길이 해결된다. 그만큼 한 면을 길게 바다가 이어 주고 있다. 이제 칠레에서 투어도 끝나가고 있다. 참 많이 돌아본 자연의 청정한 속살들, 칠레의 자연을 다 언급하기란 쉽지 않다.

이제 우리는 칠레에서의 아쉬움을 잠시 덮고 국경을 마주보는 아르헨티나를 향하여 국경을 넘어야 한다.

네루다 그리고 마르케스

중남미 여행을 결심하면서 내 마음속을 흔드는 두 인물이 있었다. 칠레를 여행하는 동안 떠올린 그 이름 파블로 네루다(Pablo Neruda), 그리고 내가 의미심장하게 읽었던 『백년 동안의 고독』의 저자 가브리엘 마르케스(Gabriel Marquez)다.

늘 약자의 편에서 언어와 시를 무기로 항거했던 네루다. 그는 갔어도 영원한 시는 남아서 현시대를 지켜보고 있다.

시간에 쫓겨 목적한 여행지를 포기하고 돌아서야 하는 실정은 아프다. 아니 고통스럽다. 꼭 가 보고 싶던 여행지에 또 올 수 있을까 하는 물음들이 늘 따라다닌다. 네루다의 고향 테무코(Temuco)를 칠레 여행에서 제외시켜야 한다는 것이 아쉬웠다.

갈 곳은 많고 시간이 부족한 여행자들은 가고자 하는 곳의 이동 거리와 먼 구간이 얼마나 있는지를 계산해야 한다.

떠나오기 전 여행 계획은 세웠지만 실행할 수 없는 절망감이 크다. 발파라이소 언덕에서 네루다는 산동네를 바라보면서 "민중들의 가난이 폭포수처럼 흘러내리고 빈곤이 만발하다"고 표현했다.

지금도 그곳이 그럴까? 궁금하고 돌아보고 싶은 충동을 꾹꾹 구겨 눌러야만 했다. 마음 안정을 찾으니 가는 길이 배로 바빠진다.

볼리비아를 돌아보는 동안 나는 거대한 안데스 산맥처럼 느껴지는 두 작가를 그렇게 생각했다. 거친 땅을 헤치고 앞으로 나아가는 네 바퀴의 지프를 타고 벌판을 달릴 때는 전쟁을 36번이나 치르고도 살아남은 콜롬비아

작가 마르케스의『백년 동안의 고독』에 나오는 아우렐리아노 부엔디아 대령의 모습을 떠올렸다.

스페인어 문학 거장으로 꼽히는 작가는 2014년 4월에 내가 돌아본 멕시코의 수도 멕시코시티 외곽의 야시장이 유명한 코요아칸에서 87세로 생을 마감했다. 마르케스는 중남미권에서 존경받는 작가였다.

최고의 지성이었던 작가는 1982년 노벨 문학상을 받았다. 470여 페이지가 넘는 장편 소설은 치열하게 전개되는 장면들에 몰입되어 지루하지 않게 읽었던 작품이었다.

그 생생한 장면들은 내가 벌판을 달릴 때마다 붉은 사암과 긴 꼬리로 물리는 흙먼지가 마치 승전고를 울리면서 부엔디아 대령이 부하들을 이끌고 벌판의 어디쯤인가를 달리는 모습으로 여행하는 내내 나를 따라 다녔다.

치열한 삶과 기구한 운명으로 살아가는 '마술적 리얼리즘 소설'은 지금까지 내가 접해 보지 않은 소설로 서구 제국주의의 식민지 수탈행위를 실감나게 폭로하고 있어서 공감대를 형성할 수 있는 박진감 있는 작품이었다.

남미의 여러 지역을 다니다 보면 역사의 기운들을 곳곳에서 느끼게 된다. 선인장 농장에서, 포도밭 농장에서, 그리고『백년 동안의 고독』배경이 탄생한 바나나 농장에서 족적을 느낄 수 있었다.

여행하면서 20세기의 거대한 흔적을 남긴 두 작가의 기운을 느껴본 것이 나에게는 더할 수 없는 만족으로 다가온다.

콜롬비아에서 태어났지만 중남미 여러 나라를 떠돌아다니면서 살았던 그의 고독 또한 부엔디아 가문의 비극만큼이나 컸을 것이다.

아우렐리아노, 그러니까 조카인 자신이 그토록 사랑한 여인이 엄마와 피를 나눈 이모였다는 사실과, 그 사랑의 분신으로 낳은 아이가 돼지 꼬리를 엉덩이에 달고 나오는 것으로 인한 충격으로 소설은 끝난다. 근친상간이 남긴 여운으로 오랜 시간 내 가슴이 먹먹했던, 조금은 충격적인 소설이었다.

18개월 동안 그가 멕시코에 칩거하면서 하루에 8시간씩 써 내려간『백년 동안의 고독』은 앞으로 백 년이 지나도 사람들의 가슴에 남을 것이다.

아메리카의 거대한 대륙이 겪은 역사와 토착신화의 상상력에서 나온 새로움이 묻어난 작품의 마지막 부분을 여행 내내 긴장감으로 읽어 나가지 못하고 제자리만 맴돌았던 순간을 떠올렸다.

차가 잠시 신호 대기하는 동안 바쁘게 보도 위를 오가는 사람들 사이로 몇 명의 청년들이 나와 섰다.

신호 대기하는 그 짧은 시간, 손에는 체조선수들이 곤봉을 쥐고 묘기를 부리는 자세로 하늘로 욕망을 던져 올리고 다시 손에 잡아 가랑이 사이로 마루운동을 하듯 묘기를 선보인다. 잡동사니 물건을 늘어놓고 호객행위를 하는 것도 아니었다.

여행하며 새롭게 본 생소한 광경은 이른바 막간의 '거리 예술' 공연이라 내 스스로 이름 붙여 보았다. 봉을 던지고 받는 수준의 묘기였으나 진지한 자기 창작표현에 몰입하는 모습만은 높은 점수를 주고 싶었다.

도로 위에 차가 있건 없건 신호대기 중에 벌어지는 공연은 신선함을 주었다. 비록 매연이 있는 거리지만 횡단보도 모습과는 색다른 차이를 경험했다.

그들은 자신의 실력을 남들 앞에서 보여 주는 그 자체에 더 큰 의미를 두고 있는 것 같았다. 자기만족의 예술행위다. 누가 알겠는가. 그렇게 갈고 닦은 실력이 누적되어 언젠가는 훌륭한 행위 예술가로 거듭날지 모르는 일이다.

발파라이소의 아쉬움을 거리의 예술로 채우고 나니 한결 마음이 편해졌다. 인간은 상황에 적응하는 데 편리하도록 타고난 이중적 동물이다. 적응하기 위해 잊는 것이다.

토레스 델파이네 국립공원의 바람

토레스 델파이네 공원으로 출발했다. 숙소에서 공원까지는 네 시간이 소요된다. 세계 자연 10대 비경 중 하나를 차지하는 토레스 델파이네 공원으로 가는 동안, 카메라에 담고 싶지 않은 풍경은 없었다. 차가 고개굽이를 돌 때마다 이구동성으로 터져 나오는 감탄사와 황홀경에 혼이 빠진다.

오늘 감탄사 난발로 끝내는 기운이 다 빠질 것 같다. 그나마 정해진 장소 외에는 차를 세울 수 없다는 규칙이 있어 관광객들이 내려서 놀다 가자는 말은 하지 않는다.

공원에는 빙하와 지각변동으로 만들어진 독특한 풍경으로 어디에서도 볼 수 없는 경이로운 비경이 숨어 있다. 이 풍경을 보기 위해 나는 지구 반대편에서, 30시간이 넘는 긴 비행 시간을 거쳐, 한국에서 나올 수 있는 가장 먼 곳까지 나온 셈이다.

남미 남부는 긴 여정을 감수하고도 꼭 방문할 만한 가치가 있다. 환상적 몽환의 풍경들이 힘든 접근만큼 대가를 준다.

남미에서 가장 아름다운 자연을 간직한 칠레 남부 파타고니아에 있는 토레스 델파이네 공원은 황량하고 척박해 사람이 살 수 없어 1930년대 들어서야 지도에 제 이름을 올릴 수 있었다.

지금은 공원이 녹색으로 옷을 입고 우리를 반겨 준다. 지구상에 태곳적 모습이 남아 있는 비경으로 좀처럼 산은 전부를 드러내지 않는다.

자연이 허락하는 풍경을 보려면 공덕을 많이 쌓아야 한다는데 난 아직 부족함이 많나 보다. 한참을 기다리다 바람이 구름을 잠깐 거두어 간 사이 공원의 윤곽을 흠모하는 이를 훔쳐보듯 보았다.

1978년 유네스코 세계 자연 문화유산으로 등재된 산은 아직 인간의 흔적이나 잡다한 시설들이 없는 청정지역으로 남아 있다. 내가 오른 많은 한국의 산들이 넘치는 구조물들에 치여 몸살을 앓고 있는 모습에 익숙한 내 두 눈이 백태를 걷어 낸 것처럼 청정해 보였다. 무릇 산은 이래야 된다고 소리쳤다.

국립공원, 모든 길이 잘 닦여지고 편리한 시설을 떠올리겠지만 어디까지 그건 내 생각이다. 차는 비포장도로를 거북이처럼 달렸다. 간간이 공원관리소가 있을 뿐, 그 흔한 휴게소도 없다.

개발을 못하는 것이 아니다. 하지 않는다. 자연은 자연 그대로 방치해 놓을 때 가장 아름답다. 방치한 그대로에 태곳적 모습이 숨어 있기에 인간은 감동을 얻고 돌아간다.

호수의 빛깔은 난생 처음 보는 호수색이다. 내가 눈이 시리게 보았던 볼리비아에서의 그 많던 호수와는 물빛이 또 다르다. 어떻게 설명을 해야 하나.

물빛이 펼쳐내는 색이 맞을까 의심하고 있다. 눈앞에 나타나는 코발트색의 호수, 감동이 무디어진다면 그도 걱정 없다. 푸른 초원 위로 지나가는 과나코 무리는 우리가 자기들의 영역에 들어왔으니 알아서 피해 가라는 듯 늘씬한 다리를 도도하게 옮기면서 맑은 눈으로 우리를 연신 바라보며 지난다.

그 풍경 뒤로 검은 바위산이 과나코 무리를 바라보고 있다. 멀리서 보아도 산의 규모는 가늠조차 어렵다. 만년설과 서슬 퍼런 푸른빛의 빙하를 머리에 얹고 벽을 드리운 각진 수직들이 보는 이를 압도한다.

덜컹거리며 차는 좌우로 심한 용트림을 했다. 그때마다 산과 들도 흔들렸다. 여행자들은 긴장한 채로 창밖을 주시하고 있다. 갑자기 차 안이 술렁댄다. 창밖으로 다시 펼쳐진 호수, 그 물빛에 홀리어 숨죽이고 있다.

맑은 옥빛 페오에 호수가 치솟은 산 가까이까지 이어져 있다. 호수는 투명했다. 호수는 초록이거나 파랗거나 해야 한다는 상식이 산산이 부서지는 순간이다. 호수에 홀린 채 멍하니 바라본다. 호수 앞에 서 있다는 것이 이렇게도 무감각할 수 있는지.

옥빛의 그레이 강을 지나 그레이 호수로 이어지는 대자연의 파노라마다.

지독한 바람과 검은빛의 산이 우는 소리를 낸다. 뒤에서 부르는 악마의 부르짖음 같다. 날카롭게 솟은 봉우리와 능선은 태평양의 나스카 판에 밀려 거대한 신들만이 넘나들 수 있는 제단을 만들었다. 산이지만 공포다.

나는 2007년 신들의 거처인 네팔 히말라야 베이스캠프(4,130미터)를 밟았다. 그때도 공포 분위기로 전율했었다. 저 거봉을 바라보면서 그날이 떠올랐다. 토레스 델파이네 계곡의 빙하는 강물이 흐르다 말고 얼어버린 형태로 그 자리에 굳어 빙하를 이루고 있다. 빙하 위에 다시 빙하, 경외감으로 흐르다 멈추었다.

몰아치는 바람, 날리는 흙먼지 입자들, 수없이 반복하는 걸음, 겨우 하얀 설산과 빙벽이 어서 가라 등을 민다. 나는 오늘도 외경에서 시작한 하루를 보내며 내 자신을 확장해 나갈 수 있는 여행이 되도록 온종일 돌아다녔다.

자연에서 태어나 자연에서 살고, 자연에 있을 때가 행복하다고 공원은 말하고 있다.

부에노스아이레스로

산티아고에서 삼일 동안 지냈다. 국내선을 이용해 부에노스아이레스로 가기 위해 공항으로 출발한다. 아침부터 바람이 세차다 싶더니 먹구름을 동반해 비를 쏟았다. 길 위의 모든 오물을 쓸어 담는다. 산발적으로 뿌리던 빗방울이 공항에 도착하자 굵어졌다.

비행기는 굉음을 내며 빗속을 뚫고 하늘로 올랐다. 딴 세상이다. 지상의 얼굴을 감추고 솜털 위에 환상의 무지개를 그려 준다. 여행하는 동안 셀 수 없이 무지개를 보았지만 하늘에서 보는 무지개는 묘한 울림이다. 이번 여행은 무지개 여행이라 말할까.

날씨의 변화가 심한 지역에서 자주 만나는 현상이다. 산행하면서 산등에 걸린 무지개, 시내를 걸으면서 본 빌딩에 걸려 있는 무지개, 계곡에 들어앉은 무지개, 빙하에 걸려 있는 무지개 그리고 호수에서 본 무지개까지 내 평생 볼 무지개를 보았는데 오늘 다시 하늘이 무지개를 피웠다.

여행이 길어지면서 지쳐 갈 때 나타나는 무지개는 내게 힘을 준다. 한동안 잊고 살았던 무지개. 아직 막연한 꿈을 지닐 수 있다는 희망을 내게 주는 것이라 믿고 싶다.

부에노스아이레스는 대도시인 만큼 다양한 문화를 가지고 있다. 거대 도시이지만 깊이 들어가 보면 유흥가와 할렘가의 지역들도 많아 매우 대조적인 양면을 볼 수 있다.

사람 사는 곳이 다 그렇지만 상반된 지역들의 모습을 보고 나면 마음 불안해지는 건 여행자다. 시내를 돌아보는 동안 보이는 위화감을 주기에 충분한 상점마다엔 어른 주먹보다 더 큰 자물쇠를 채워 놓고 있다.

영화 속 장면에서나 봄직한 철조망으로 된 철문을 내려놓고 그 안에서 주인은 얼굴만 빠끔히 내보이는 상점이 있는가 하면 철문을 내리고 손님이 찾아왔을 때 믿을 만한 사람인가 아닌가를 확인하여 쪽문으로 손님을 들이는 상점들이 많았다. 상호 불신의 날을 보내는 이들의 생활이 이해되지 않았다.

내가 이 도시를 여행하는 동안 번화가를 제외한 재래시장, 심지어 대형마트도 불규칙한 시간에 문 닫는 경우를 많이 보았다. 아르헨티나는 불안한 분위기였다. 비록 위험하고 힘들어도 두 다리를 움직여 목적지로 들어가야 비로소 내 체험이 될 수 있다.

여행지가 생소하고, 안전이 불안한 곳으로 들어갈 때는 나 또한 겁난다. 하지만 그럴수록 이들에게 조심스럽게 다가가면 우리가 생각하는 것처럼 이들도 이유 없이 상대에게 반감을 갖지 않는다.

시내를 돌다 재래시장이 궁금했다. 오후 시간이지만 상점들이 문을 닫는다. 이유를 물으니 우범 지역이라 빨리 문을 닫는다고 했다. 치안이 불안하다는 말이다. 나도 썰렁한 거리를 다닐 수는 없었다.

가던 길을 돌아 나왔다.

돌아보니 내 배낭여행은 2007년 인도 여행부터 시작되었다. 인도로 떠나기 전과 돌아온 후의 전혀 다른 나, 그 한 달의 여행이 지금의 나를 만들었다. 여행이 내 삶과 세상을 바라볼 수 있는 나만의 눈을 갖게 했다. 내가 편한 여행을 접고, 배낭으로 여행을 시작한 이유다.

늦었지만, 배낭여행을 통해 내가 무엇이든 할 수 있다는 담력과 자신감을 키운 것이 큰 보람이었다. 스스로에 대한 믿음이 부족했고, 늘 소심함으로 일관하던 삶의 긴 터널에서 빠져나올 수 있던 계기도 여행이었다.

엘 칼라파테 '페리토 모레노 빙하'

남미 대륙 끝의 땅, 파타고니아에는 대자연이 펼치는 서사시가 있다. 독특한 모양의 화강암 봉우리들이 겹겹이 펼쳐지는 그림 같은 산세와 그사이에 자리한 거대한 빙하, 그 빙하가 녹아내린 투명한 호수들은 글로는 표현이 불가능하다.

멀리 보이는 설산이 신의 축복을 받은 듯 사계절을 넘나들며 신비로운 세계로 겁 없이 안내해 준다.

공원에는 노란 꽃이 피었고, 블루베리 컬러의 열매가 맺는 가시가 난 작은 나무가 있는데 이를 '칼라파테'라 한다. 칼라파테가 많이 자라는 이 지역의 명칭을 나무 이름에서 가져왔다. 이 열매를 먹으면 파타고니아에 다시 돌아온다는 전설이 있으니 그 전설을 믿는다 해도 내가 다시 이곳에 온다는 생각은 하지 않을 것이다.

아마도 다시 내가 파타고니아에 온다면 나는 매우 쇠잔해서 감탄조차 내기에도 힘든 나이에 이를 것이다.

산맥은 거대함을 사이에 두고 동서 양쪽은 상반되는 모습을 보인다. 안데스의 서쪽 칠레 파타고니아에는 피오르드와 복잡한 해안선이 만들어져 산과 호수, 빙하로 다양한 풍광을 연출해 내고 있다.

아르헨티나 쪽은 태평양에서 불어오는 서풍이 안데스를 만나 비를 다 뿌리고 힘을 소진한 탓으로 건조한 바람이 칠레로 넘어와 키 작은 풀이 무성한 초원 팜파스를 만들어 놓았다.

이런 초원들이 칠레를 이동하다 보면 열 시간씩 이어지기도 한다. 산맥이 수그러드는 남쪽으로 이동하다 보면 황폐한 들판이 끝도 없이 이어진다. 보는 이의 마음은 한결 피곤해진다. 자연은 철저한 것 같다. 차가움과 뜨거움을 골고루 배합시킨다.

이 넓은 벌판은 일 년 내내 세찬 바람이 휘몰아친다. 높은 산맥에 생성된 빙하와 얼음 바닥에서 만들어진 찬 공기가 만난 바람은 수백 킬로미터 평원으로 나들이 한다.

마치 목이 마려워 물을 꺼내기 위해 냉장고를 열면 확 찬바람이 얼굴에 닿는 이치라고나 할까, 그런 자연의 거대한 냉장고를 나는 경험하고 있다.

파타고니아가 품고 있는 세계문화유산으로 지정된 페리토 모레노 빙하를 보기 위해 가는 길은 홍분 그 자체다.

빙하는 국립공원에 있는 360여 곳의 빙하 중 가장 아름답고 가까이서 볼 수 있는 빙하다. 빙하는 거대한 크기만이 아니다. 지구의 온난화와 많은 양의 강설량 때문에 하루에도 중앙부에서 2미터의 규모로 빙하 양쪽 끝이 전진하고 있다.

코발트의 절색인 페레토 모레노 빙하는 세계에서 세 번째로 큰 빙다. 단지 다른 특색이라면 모레노 빙하는 생물이라는 점이다. 살아 있는 빙하를 빙하 앞 전망대에서 잠시 기다려 보면 안다. 날카롭게 뻗어 있던 빙하 봉우리가 떨어지며 내는 거대한 물기둥 소리에 빙하를 덮고 있는 산이 떨렸다.

천지를 울리는 깊은 마찰이 고막을 찢을 듯 나를 쓸어 담을 바람을 일으켰다. 그리고 작은 해일이 일었다. 빙하는 호수를 향해 언제 그랬냐는 듯 고요하게 다시 물에서 움직인다. 호수를 향해 가고 있다.

성벽처럼 우뚝 솟은 빙하 기둥들이 산 정상부터 호수까지 밀려나온 빙하로 하얀 신선 몸을 하고 있다.

때로는 비경이 환상을 뛰어넘을 때가 있나 보다.

내가 빙하 앞에 서 있는 동안, 천둥 치는 굉음을 내며 빌딩 한 채가 다시 무너져 내렸다. 마치 큰 산 하나가 무너지는 것 같은 광경이다. 얼음덩이를 바다는 쓸어 담는다. 간담이 서늘하다.

희디흰 산의 투명하고 눈부시게 시린 한을 보는 순간, 서슬 퍼런 얼음에서 푸른 광이 반사됐다. 빙하는 눈부신데 날은 무심하게 따뜻하다.

주위로는 야생화가 만발해 있지만 이곳도 10월 이후부터는 눈도 아주 많이 내리고 기온이 매우 낮아 여행객 발길이 끊어진다. 잠시 내어준 자연의 걸작들은 다시 자연이 거두어들이듯 모든 것이 정적에 묻힐 것이다.

예전에 비해 사분의 일 정도의 빙하가 사라졌다는 설명을 들었다. 사람이 접근하여 볼 수 있는 빙하를 배를 타고 돌아본다.

불과 몇 미터 앞에서 바라보는 빙하는 마치 예리한 도끼로 벽을 잘라낸 듯 하늘을 보며 거대한 수직의 산처럼 서 있다. 물빛은 회색과 파란색을 혼합해 풀어 놓은 색으로 강한 바람이 불 때마다 파도가 겹겹의 큰 주름을 만든다. 그때마다 배가 심하게 요동친다.

배에서 내려 더 가까이 빙하 쪽으로 가 본다. 바로 눈앞에서 벼락같은 굉음을 내며 다시 집 한 채만 한 얼음덩이가 호수로 떨어졌다. 보고 있어도 믿기지 않는다.

수직으로 무너지는 페리토 모레노 빙하

모레노 빙하는 사람이 직접 그 위로 접근할 수 있다. 물론 전문가이드의 안내에 따라서다. 피부는 태양에 익고 있지만 빙하가 더 가까워질수록 시원한 찬기가 피부에 닿았다. 가이드의 주의 사항을 듣고 빙하로 갔다. 금방이라도 무너져 내릴 듯 위태롭게 하늘로 치솟아 있는 빙하의 높이. 세상에는 믿기지 않는 일이 많다. 이 순간이 그렇다.

시리도록 누워 있는 빙하는 차라리 편해 보였다. 빙하 위를 걸어 보는 체험 시간이다. 마치 달의 표면에 우주인이 내릴 때나 신었을 법한 아주 큰 아이젠을 가이드는 내게 신겨 주었다.

달에 착륙하는 기분으로 우주인처럼 조심스럽게 한 발씩을 내어 딛는다. 쇳덩이를 쌓아 놓은 많은 아이젠 속에서 제일 작은 것을 찾아 신었지만 둔한 감각과 쇠 무게로 쉽게 발이 떼어지질 않았다. 아이젠의 무게로 다리 힘이 빠진다.

우리가 겨울 산행에 착용하는 아이젠을 떠올리면 안 된다. 날카로운 쇳덩어리에 끈을 달아 놓은 상태다. 모양은 매우 조악하지만 빙하 위를 걸으려면 착용해야 했다. 겨우 아이젠을 신고 빙하 위로 오른다.

오금이 저린다. 다리를 질금질금 떼지 못할 만큼 두렵다. 빙하가 빛을 내며 나를 보고 있다. 그냥 몸을 오그리고 앉아 본다.

평생에 한 번인 빙하 체험을 망칠 수는 없다. 발을 뗄 때마다 경쾌한 울림과 태양빛이 빙하에 반사되어 투명한 물소리를 낸다. 빙하의 목소리를 들으며 힘을 냈다.

걷는 방향의 움직임 따라 빙하의 속살이 다르다. 바라보기만 해도 내 안의 오물들이 다 투영될 것 같은 두려움에 빠진다. 빙하가 용기를 불러 주는 목소리를 들으며 빙하수를 양손에 한 움큼 떠 입에 넣었다.

목울대를 지나 몸으로 들어가던 빙하수가 내 장으로 들었다. 늘어져 있던 내 몸 안의 신경세포들이 빙하 물에 찰싹 올라붙었다. 감각들이 화들짝 깨어났다.

마법수다. 보석 같은 빙하 한 조각을 떼어 다시 입에 넣어본다. 빙하 형성보다는 빙하의 손실이 더 빠르다는 모레노 빙하.

한 발씩 옮길 때마다 간담이 서늘해진다. 발을 떼어 놓지 못하는데 탐방을 안내하는 가이드는 빙하 위 이곳저곳으로 안방을 드나들 듯 잘도 걷는다. 부주의로 떡 벌린 크레바스에 떨어질 수도 있는데.

나도 평생에 한 번인 빙하 체험을 망칠 수는 없다. 발을 뗄 때마다 경쾌한 울림과 함께 태양빛이 빙하에 반사되어 투명한 물소리를 낸다. 빙하 목소리를 들으며 힘을 냈다.

수없는 경험을 통해 가이드는 빙하의 두려움을 넘어선 동작을 보인다. 떨고 있는 내 손을 잡아 빙하 위로 올려 주었다. 심장이 얼어붙는 경험이다.

빙하 위에서 잠시 축배하는 시간이다. 시퍼런 얼음 위에서 가이드는 빙하 얼음 한 조각을 깼다. 유리잔에 조각을 넣어 '위스키 온 더 록(Whisky on the rocks)'을 마시는 순간이다.

빙하를 무사히 내려온 체험도 축배하고 인생의 신선한 환희의 순간도 기념해서 빙하의 얼음과 위스키를 섞어 우리는 '축배'했다.

술이라면 거부감이 있는 나이지만 빙하에서 입에 댄 위스키의 맛은 달콤했다기보다 살얼음 맛으로 내 위를 자극했다. 위스키가 목구멍 아래로 미끄럼 탔다. 마시는 기분이야 좋았지만 그 대가로 나는 빙하 위를 기면서 내려왔다.

카프리 호수

엘 찰 텐 숙소를 떠나 피츠로이 산을 향해 올랐다. 바람만 적당히 불어 준다면 산행하기 더없이 좋은 기후다. 하지만 시작부터 바람의 세기가 만만치 않다. 오늘도 호수를 향하여 산으로 오른다.

그 이름도 예쁜 '카프리' 호수를 오르는 4시간의 가벼운 산행이다. 피츠로이 산은 세계적인 산이다. 많은 다국적 트레킹 족들이 모여드는 곳이다. 각자마다 자기의 체력에 맞추어 장거리 아니면 단거리의 산행을 즐긴다. 나는 연일 이어진 장거리 이동과 많은 곳의 투어로 체력을 소진한 상태다.

어제는 피츠로이 산을 조망하면서 트레킹을 즐겼지만, 또레 호수까지 다녀오지 못했다. 떠난다면 큰 아쉬움으로 남겠지만 악천후 속에서 최선을 다했다. 또레 호수는 가지 못했지만 빙하 호수를 보았다.

그간 호수들을 수없이 보았다. 오늘 다시 피츠로이 산을 감싸고 형성된 호수는 또 얼마나 아름다운 경관을 펼쳐 보일까. 나는 이름만도 예쁜 카프리 호수를 향하여 발길을 옮겼다.

　이곳은 바람을 빼면 할 말이 없다. 산을 오르는 동안 계절이 수차례 바뀌어 지나갔다. 심한 날씨의 변화와 번갈아 내리는 눈발과 비바람은 카프리 호수를 가는 길을 막았다. 날씨와 싸움이었다.

　길을 내주지 않겠다는 듯, 심하게 불어 대는 바람, 눈발을 몸으로 맞아 내며 산을 오른다. 고통스럽게 오르는 산길에서 나는 잠시 쉴 때 빨주노초 무지개를 보았다. 눈바람이 주춤하는 사이 산이 내게 보여 준 선물이었다.

　햇살 아래 무지개가 걸렸다. 그 환상을 보면서 얼마를 올랐을까. 바람이 쉬어 가는 잠잠한 언덕에 노랑, 주황의 텐트들이 보였다. 이 추운 날에 곳곳에 텐트를 치고 야영하는 캠핑족이 있었다. 자연의 깊은 멋을 아는 이들은 추위도 잊는다. 나는 텐트 주위를 기웃거려 보았나.

　대자연의 품에서 추위는 아랑곳없다. 텐트를 치고 산과 한 몸으로 지내고 있는 이들이 행복해 보였다. 그렇게 텐트촌을 지났다.

　카프리 호수는 쓸쓸히 나를 맞아 주었다. 회색 구름으로 잔뜩 찌푸린 피츠로이 산의 미봉들이 바라보이는 너머에 빙하를 쌓아 놓은 하얀 절벽과 폭포들이 흔적을 밟고 누워 있다.

구름으로 가려진 산등을 한동안 서서 보고 있다. 추웠다. 그래도 우리는 서로가 먼저 가자는 말을 아끼고 있다. 누가 먼저 정적을 깼는지 기억나지 않았다. 그냥 "내려가자"라는 말만 되풀이한 채 보고 또 보고 있다. 한 번만 설산의 전체를 보여 달라고 애원해 본다. 산은 끝내 우리에게 돌아가라고 했다.

야속했다. 하지만, 내가 감내해야 하는 몫이다. 산은 처음부터 그랬다. 보일 듯 말듯 한 설산 자락만 바라보다 나는 발을 옮겨야 했다. 뒤에서 밀어 주는 바람과 앞에서 달려드는 바람의 혼선에 몸은 자꾸만 휘청댔다.

설산 바람의 힘을 다시 실감하는 순간이다. 아무리 말을 크게 해도 말소리는 바람이 집어삼켰다. 입을 꼭 다물고 걸어 온 곳을 한 번씩 다시 보았다. 행동만으로 쉬고 걷고를 반복하며 산길을 내려왔다.

산 아래로 내려왔어도 바람은 마찬가지다. 모든 것을 날려 버릴 기세다. 자그만 마을은 다니는 사람도 없다. 이따금 거리를 지나는 이들은 산에서 내려 온 여행객들뿐이다. 불어 대는 바람 앞에 모자를 잡고, 잠바를 잡고 걷지만 바짓가랑이는 문풍지처럼 떨어 대고 있다. 입으로 들어오는 모래 먼지를 연신 뱉어 내기에 급급하다. 앞으로 살아가며 맞을 바람을 엘 찰 텐에서 다 맞고 간다.

엘 찰 텐의 산은 방치해 두었다. 우리의 산들을 많이 접해 온 나는 이곳의 자연들이 매번 부럽기만 했다. 마치 태초의 산을 방금 내 앞으로 내어 놓은 것 같은 청정함을 가지고 있어 산행 동안 놀라운 광경들이 눈에 들어왔다.

많은 여행객들이 찾아오는 공원이지만, 믿기지 않을 만큼 훼손되지 않은 산, 놀랍도록 깨끗한 산이었다.

세계에서 찾아오는 여행객들이 다녀가는 국립공원에 단 한 곳의 화장실도 만들지 않았다는 사실을 알았을 때 황당하기도 했다.

여행하면서 제일 불편한 것이 생리작용이다. 어느 곳을 가든 화장실을 먼저 눈에 익혀 두는 게 내 버릇이다. 오죽하면 남편이 "당신은 화장실을 들고 다녀야 한다"라고 할 만큼.

피츠로이 국립공원에서 화장실을 찾으면 안 된다. 군데군데 한정된 간이 천막으로 살짝 가려 놓은 곳을 눈여겨봐야 한다. 그 공간을 찾아내 생리작용을 해결하면 된다. 한 가지 주의 사항은 계곡이나 흐르는 물로부터 100미터 이상 떨어진 곳에서 용무를 해결하라는 것이다. 이 지시만 따르면 모든 것은 무죄다. 이마저도 자연에게 돌려주는 이들의 하나 됨이 원칙이었다.

산을 찾는 이들에게서 종이 하나 찾아볼 수 없는 산행, 더구나 쓰레기통 하나 국립공원에 놓아 두지 않은 이들의 믿음과 실천이 얼마나 부러운지 쓰레기로 몸살을 앓는 우리나라의 산들이 떠올랐다.

불편함은 강수량이 많지 않아 매우 건조하기에 바람이 불면 흙먼지가 홍수처럼 날린다는 것이다. 한 발 떼어 놓을 적마다 날리는 먼지가 시야를 가린다. 그 불편만 참아 내면 깨끗한 청정 속에서 향기로 샤워하고 나온 카프리 호수를 만나게 된다. 이 산행은 잊을 수 없는 또 하나의 소중한 추억이 될 것이다.

구름에 덮인 피츠로이 산은 바라보는 나를 애태우며 일부의 폭포만을 보여 주었지만 나머지 조각을 상상으로 맞추어 갈 그림을 남겨 주었다.

여행을 하다 보면 시시각각 예상치 못한 일이, 아니 예상했던 것들에서도 변수들이 툭툭 불거져 나온다.

산이면 산, 바다면 바다. 남미 어디를 가나 환상적인 분위기 속에 빠진다. 이색적인 체험과 독특한 문화를 접하면서 자연경관에 심취해 매일이 축제 같은 기운을 받는다. 혹자들은 말한다. "자연을 보려면 중남미를 가야 하고 예술을 보려면 유럽으로 떠나라" 한다.

아니다. 내가 체험하고 느낀 중남미 여행은 자연과 예술이 함께 어우러진 여행지다. 여행을 떠나오지 않았다면 내 상상의 나래는 언제까지나 중남미를 힘든 오지의 나라, 변방쯤으로 생각했을지도 모른다.

나는 꿈꾼다. 하늘에 뭉텅뭉텅 떠 있는 바람을 타고 구름을 타고 흘러간다. 인생도 떠도는 구름 조각 바람을 타고 떠나는 섬으로 가는 여행길이다.

'엘 찰 텐' 산길에서

엘 깔라파테의 모레노 빙하는 쉽게 접할 수 없는 투어였지만 세계 5대 미봉 중 하나인 피츠로이 산도 마음을 설레게 했다. 어제 이곳으로 들어오며 보았던 설산 모습은 자연의 거대 작품이었다.

피츠로이 산은 광활한 팜파 너머로 예리한 봉우리들이 나타났다. 그중 가장 높은 주봉이 피츠로이 산이다(3405미터). 세찬 기류가 정상에서 충돌하여 공기가 응결되면서 만들어 놓은 산 정상이 하얀 연기를 뿜어내는 것 같아 원주민들이 이 산을 '엘 찰 텐(연기를 뿜어내는 산)'이라 했다.

사방을 둘러보아도 보이는 건 평원뿐인 설산은 우리 앞에 불쑥 나타난 수직의 '블록버스터'다. 구름이 산 몸통 전부를 차지하여 간간히 형상만 보여 줄 뿐, 설산의 전체를 확인할 수 없었다.

멀리서 보아도 아름다운 산은 가까이서 보면 더 예쁘다. 시작부터 산에 압도당하지만, 기죽을 이유는 없다. 난이도가 높지 않으니 설산을 보면서 트레킹하면 되는 거다.

요정이 나타날 것 같다. 푸른 촉촉함을 머금은 숲속의 이끼, 여기저기 널브러진 채 그대로 방치해 놓은 크고 작은 나무들, 몸이 휘청거리는 바람 속에서 길들여지지 않은 자연을 고스란히 느끼며 산길을 걷는다.

인간이 개입하지 않은 자연을 있는 그대로 누리는 것은 자연이 인간에게 베푸는 특혜다. 누구의 방해도 받지 않고, 온전히 온 산을 만끽할 수 있는 조물주만이 간섭하는 산을 내가 밟아 볼 수 있다는 이 기쁨, 벅찬 사실을 영원히 기억해 주길 나는 산과 조물주에 크게 외쳐 본다.

키 낮은 분재를 만들어 놓은 어느 정원을 돌아보는 기분으로 트레킹을 시작했다. 폭신한 흙길이 이어지는 산, 자연과 어우러진 다종의 식물과 발랄한 자태로 누워 있는 나목들, 예사롭지 않은 산이다. 내가 지금껏 무수히 걸었던 산길, 그 경험했던 산길들이 이렇지 않았다. 생소한 영화 속 세트장을 걷는 기분이다.

산길이 아름다운 이유를 알았다. 잦은 기후의 변화, 하루에도 수십 차례 바뀌는 사계절 변심의 바람은 이곳의 토양과 환경을 바꾸어 놓았다. 내가 걷고 있는 동안에도 빗방울이 떨어졌다. 그러다 다시 땡볕이다.

멈추지 않는 바람은 내 바짓가랑이와 잠바를 깃발처럼 날렸다. 모든 대상을 날려 버릴 엄청난 바람이 몰아친다. 발에 잔뜩 힘을 주고 있어도 몸이 흔들렸다. 칼바람이 큰 비명을 지르며 몸으로 파고든다. 서 있기도 힘들었다.

내 육중한 몸도 가누기 힘들어 자꾸 넘어진다. 바람은 우리를 거부하는 것 같았다. '내려가라'고 하며 내 몸을 밀어낸다. 마음은 마음대로 몸은 몸대로 분리되었다. 이대로 가면 미치게 될 것이다. 발길을 돌렸다. 돌아서 몇 발짝 걷다 그래도 여기까지 왔으니 다시 힘을 냈다.

바람, 먼지, 악천후 속에서의 트레킹

　종잡을 수 없는 날씨는 독특한 산세의 지형을 만들고 파타고니아 안데스 특유의 기후가 시시각각 변하며 신비한 비경을 만들어 놓았다. 뭐라 형용할 수 없는 이 산행을 포기할 수 없어 허리춤에 닿는 나무들을 잡고 바람이 잠잠해지기를 기다렸다.

　힘든 고통을 견디고 나면 반드시 대가를 해 주는 것도 자연 앞에 섰을 때다. 바람이 잠시 쉴 때마다 나는 걸었고 산과의 간격을 좁혀 갔을 때, 믿기지 않는 호수에 닿았다. 악천후 산행은 사람을 매우 지치게 했지만 반면 또 하나의 귀중한 보석을 몸에 지닐 수 있었다.

지구 끝 남단에 서다

이 글은 독일의 전기 작가 슈테판 츠바이크가 쓴『불멸의 탐험가 마젤란』이란 작품에서 잘 묘사해 놓은 부분으로 그 당시 열악한 탐험선을 이용하며 겪는 모험이 사실적으로 잘 드러나 있는 대목이다.

광장에는 하염없이 앉아 있는 사람, 아이와 놀고 있는 젊은 엄마 그리고 나처럼 재충전하는 여행객들이 앉아 쉬거나 구릿빛의 현지인들이 앉아 있다.

마젤란이 이곳을 발견 당시 "산등성이는 눈이 덮여 있었다. 그러나 이 광활한 자연은 죽어 버린 것만 같았다. 인적도 눈에 띄지 않았고, 나무 하나 풀포기 하나 보이지 않았다. 그저 바람만이 귀신처럼 텅 빈 만의 얼어붙은 침묵 속을 헤집으며 쌩쌩거리고 있었다"라고 말했는데, 남단에 서 보면 이 대목을 피부로 느낄 수 있다.

세상 육지의 끝, 갈 수 있는 곳까지 내가 나와 있다는 실감은 눈앞으로 가로막는 바다를 보고서야 믿게 된다. 지도를 펴고 이곳저곳으로 눈을 돌리지만 땅끝에서 더 이상 나아갈 수 있는 곳은 없다. 이대로 곧장 뻗어 나가면 남극에 닿을까? 상상으로만 따라가는 바다가 된다.

바다가 한눈에 보이는 언덕에서 마젤란 해협은 하늘을 가득 덮은 회색빛 구름만 지나다닌다. 바다, 구름, 하늘뿐이다. 지평선 끝에는 또 다른 신세계일 것이다. 눈앞에 보이는 우수아이아와 푼타아레나스의 지붕들은 형형색색으로 화려하다.

시내에서 바라보는 도시는 병풍처럼 펼쳐 놓은 설산을 배경으로 마치 하얀 광목천에 색종이를 뿌려 놓은 형상이다.

이곳에서 모든 사물과 사람들의 대변자는 펭귄이다. 신문의 이름도 펭귄이고 인형도, 가방도, 카페를 지키는 주인도 펭귄이다. 내가 묵고 있는 호텔 옆 커다란 기둥에는 세계 주요 도시의 거리까지가 적힌 이정표가 서 있다. 나는 열심히 고개를 들고 표지판을 따라간다.

자석처럼 따라가 멎은 'SEOUL 15,273㎞', 내가 떠나온 곳, 내 둥지가 있는 곳을 가리키는 파란 팻말을 보았다. 꿈길 같은 아득한 바다를 바라본다. 몸에 소름이 돋는다. 얼마나 먼 거리까지 내가 나와 있는지.

서울로 향하는 이정표를 바라보며, 15,273킬로미터를 되뇌어 본다. 삶의 퍽퍽함으로 지칠 때, 우수아이아 푼타아레나스 언덕의 이정표를 생각하리라.

주변국 더듬기

칠레는 매력적인 나라다. 지도를 펼쳐 보면 위로는 넓은 땅덩이를 차지한 브라질이 칠레의 머리를 누르고 있다. 숨도 제대로 쉬지 못할 것처럼 아르헨티나가 누르고 있다. 마치 샌드위치처럼 더 이상 빠져나갈 수 없는 바다를 마주하고 있다.

빼어난 자연환경을 품고 있으나 긴 바다로 이어지는 환태평양 여건에 노출되어 있어 우리들이 가끔 들어온 지진이 발생하는 나라다. 흔히 말하는 불 뿜는 '불의 고리'를 갈고리 형태로 이루고 있어 언제든 위험에 노출되는 것을 제외하고 풍족하게 살아가고 있다.

지난 2010년 2월 27일에도 칠레 콘셉시온에 8.8의 지진이 일어나 많은 인명 피해와 재산 피해를 가져왔다. 내가 뭍에서 보아도 바다 속의 깊이가 짐작되었다. 저 검푸른 바다에 지각 변동이 일어나 판과 판이 맞부딪친다면 그 위용이 대단할 것이다.

평소에도 지진이 잦은 지역이 남미의 칠레와 페루다. 한 번 지진이 발생한 곳은 지층이 갈라지면서 '단층'이 생긴다. 한 번 균열이 있던 곳은 작은 내부 충격에도 쉽게 틈새가 생기는 이치다.

쌓였던 에너지가 분출된다면 지진으로 내가 서 있는 이곳의 지층에도 숨을 쉬고 있는 에너지가 숨어 있을까 의심해 본다. 그러나 눈에 든 풍경은 마냥 아름답기만 하다.

서로 다른 거대한 지각과 지각이 만나 화해하지 못하고 서로 '응어리'를 만들어 내다 끝내는 응어리가 쌓인 힘을 더 이상 견디지 못하고 균열이 생기면서 지진을 만들어 내는 것이니 인간도 서로의 상처로 끝내는 등을 돌리고 마는 이치일 것이다.

드넓은 바다를 바라보면서 수평으로 이어지는 바다는 맑으나 광폭한 바람이 뱃전을 친다.

비릿한 공기가 가득한 전형적인 항구 도시다. 우수아이아는 풍부한 어업과 관광으로 두 마리 토끼를 잡는, 경제 소비가 활발한 관광 도시다. 설산을 치마폭처럼 두르고 있는 우수아이아는 외지의 여행객들과 부자들의 휴양지로 유명하다.

산들이 정수리마다 눈을 덮고 도시를 바라본다. 산과 폭포가 곳곳에 흘러내리며 집채만 한 침엽수로 인상적인 풍경들이 눈길을 끌었다. 국내선으로 5시간을 날아오는 먼 거리지만 빼어난 풍광으로 늘 관광객들이 북적이는 도시다.

최남단, 우수아이아

아르헨티나 최남단 도시인 '우수아이아'에 도착한 첫 느낌은 도시가 자그마해서인지 한적하고 조용하다는 것이었다. 지도를 들여다보면 세로로 긴 남아메리카 대륙에서도 남쪽 끝자락에 위치해 있는 곳이다. '우수아이아'로 들어오는 긴 시간의 과정을 생략한다면 우리의 땅끝 마을이나 마라도쯤을 연상하게 해 준다.

도시의 한적함이 여행자들을 몽환에 빠져들게 하는 마력을 가진 도시다. 여느 여행지에서나 볼 수 있는 바쁜 걸음의 사람들도 이곳에서만큼은 한 템포 줄일 수 있다.

지형적 특징에서 오는 것일까, 아니면 더 이상 육지로 나아갈 수 없는 단절의 기운인가. 어디서도 느껴 보지 못한 여행지의 생소함에 갇힌 느낌이다.

그랬다. 눈앞에 아스라이 '핀 델 문도(Fin del Mundo, 세상의 끝)라고 부르는 빨간 등대가 보인다. 등대를 보기 위해 관광객들은 끊임없이 찾아온다.

남극과 가까운 지구 최남단, 여름이지만 회색빛 구름과 만년설을 머리에 잔뜩 이고 있다.

한가한 시간이 주어지면 상점이나 거리를 기웃거린다. 쇼핑은 그야말로 뭔가를 구매하는 맛이지만 아무리 사고 싶은 물건들이 유혹해도 보는 것으로 만족하겠다는 결단도 배낭여행의 필수다. 무엇이든 구매했다면 그 순간,

그것은 애물덩어리로 전락한다.

순간의 선택이 여행을 마치는 날까지 발목을 잡는다. 구매의 후유증은 여행 끝날 때까지 따라다닌다. 짐의 노예가 되지 않고 여행을 마치는 것도 여행의 덕목 중에 하나다. 하나를 버리면 대신 채워 주는 것도 있다.

오늘도 나는 킹크랩 2킬로그램을 선택해 맛보았다. 살아 있는 킹크랩, 이곳이 아니면 먹어 볼 수 없는 기회였다.

유독 빨갛게 삶아진 킹크랩이 쟁반에 푸짐하게 놓여 나왔다. 와인과 곁들여 먹는 이 맛을 어디서 또 만날까. 테이블 위에 올려놓은 빨간색이 유독 도드라졌다.

이곳저곳에서 사람들이 쳐다본다. 저렇게 큰 것을 어찌 다 먹나 싶었던가 보다. 하지만 우리 부부는 깔끔하게 쟁반을 비웠다. 내 생애 이렇게 큰 킹크랩을 먹어 본 적이 있었던가. 킹크랩의 맛은 가히 일품이었다.

탱고와 아스토르 피아졸라(Astor Piazzolla)

부에노스아이레스는 아르헨티나 시민 1,300만 명이 살고 있는 대도시다. 들고 나는 대중교통만 이어질 뿐, 시내는 조용해 오히려 잠자고 있는 듯했다. 일요일이 더 활기차게 돌아가며 부지런하게 살고 있는 우리들 생활에 익숙한 나는 시내가 죽은 듯이 조용한 아르헨티나에서의 일요일 모습이 생경하게 느껴졌다.

간간히 필요한 생필품 가게 외에는 거의 상점 문을 닫고 있는 이들, 심지어 시내 중심가의 대통령 궁으로 운행하는 전철도 지하철 통로의 문을 닫고 산발적으로 운행되고 있었다.

상점들이 닫혀 있는 거리를 몇 킬로미터 이상 걸어 보아도 음료수 한 병 살 수 없게 대도시는 죽은 듯 쉬고 있다. 군데군데 골목을 돌면 노천카페에 삼삼오오 모여 앉아 맥주를 마시며 즐기고 있는 시민들이다. 바쁜 시간에 쫓기며 살아온 나는 이처럼 사람들이 놀고먹어도 되나 싶은 생각이 들만큼 익숙지 않은 풍경이었다.

탱고를 마음껏 듣고 보려고 오카 탱고 거리로 나갔다. 거리는 온통 탱고 소리로 꽉 찬 느낌이다. 이민자들이 들어와 그들이 고단함을 달래려 탱고를 추었지만 탱고는 열정이며 그들의 삶 자체였다.

밀착된 남녀가 서로를 뚫어지도록 바라보며 몸으로 표현하는 춤이지만 네 개의 다리와 하나 된 몸으로 추는 섬광 같은 예술의 춤이다.

사람들이 모여 있는 곳에는 반드시 음악이 흘러나온다. 그 슬프고도 아름다운 탱고 음악, 관능과 애환이 담긴 몸짓은 마치 슬픈 노래의 절규같이 마음을 휘저었다.

아르헨티나에서 태어난 춤이자 음악인 탱고. 19세기 말 항구도시 부에노스아이레스로 몰려든 가난한 유럽 이민자들이 애환, 고된 삶 속에서도 끓어올랐던 정열이 탱고라는 춤의 밑거름이 되었다.

현대 음악처럼 요란하지 않으면서 슬프고도 진득한 기운으로 바이올린, 피아노, 베이스 선율에 섬광이 튈 듯 선율에 몸을 맡기고 절도 있는 호흡을 맞추는 무용수들의 강렬한 몸짓을 보고 있으면 어디로든 튀어나갈 것 같은 춤이다. '탱고'가 아닌 '튕기고'라고 해도 좋을 것 같다는 생각이 들었다.

그 다분한 여건을 도시를 돌아보는 내 떨칠 수 없었다. 남미의 부둣가 바람을 타고 우리도 익숙하게 들을 수 있었던 세계의 음악이 되었다.

나는 20년이 넘도록 음반점을 했다. 음반점에서 생활하며 피아졸라를 제일 먼저 접하고 제3세계의 음악에 이유도 없이 무작정 빨려들었다. 그 이유를 아르헨티나에 와서야 알 수 있었다.

반도네온의 연주자이며 20세기 탱고의 아버지로 불리던 아스토르 피아졸라의 주옥같은 심금을 울리는 이 음악이 내 마음 안으로 꽂혀 들어왔던 때가 있었다.

그의 주옥같은 반도네온 선율이 다시 귓전에 울린다. 내가 이곳을 뜰 수 있을지 의심해 보는 순간이다. 그의 보석 같은 곡들 「리베르탱고(Libertango)」, 「아디오스 노니노(Adios Nonino)」, 「오블리비온(Oblivion)」은 언제 들어도 감미로운 곡이다.

내가 즐겨듣던 피아졸라는 세 살 때 아버지와 뉴욕으로 이주해 반도네온 연주자로 명성을 쌓았다. 노후에는 아르헨티나로 돌아와 작곡에 열중하며 춤곡 탱고에 클래식과 재즈를 접목시켜 새로운 탱고 곡을 개발하는 일에 여생을 바친 연주자다.

그가 우리에게 쉽게 다가온 계기는 한때 체조선수가 소치 동계 올림픽에서 그의 곡 「아디오스 노니노」에 맞추어 연기를 펼쳤던 것이다. 우리 아코디

언을 연상시키는 반도네온은 강렬하다가도 때로는 구슬픈 탱고 리듬으로 유럽과 아프리카에서 건너온 이주민들이 항구와 도시의 빈민가에서 모여 살면서 그들의 삶과 애환을 담아 녹여낸 음악이지만 이제는 아르헨티나의 상징이 되었다.

나는 아르헨티나에 오기 훨씬 전부터 피아졸라의 음악을 즐겨들었다. '탱고의 혁명가'로 불리는 그 독창적이고도 획기적인 탱고 리듬을 주술처럼 읊조리고 있다.

두 나라를 오가며

여행도 후반으로 달리고 있다. 18시간의 장거리 이동도 한 번이면 된다. 잘 견디어 준 국보급의 내 체력에 스스로 박수도 쳐 주고 싶다.

푸에르토 이구아수행 장거리 버스를 타기 위해 배낭을 다시 꾸리고 레티로 지구 버스 터미널로 향했다. 밤새워 가야 하는, 몸으로만 견디는 대장정의 버스 이동이다. 오전에 시장도 다녀왔다. 장거리 이동에 필요한 과일, 음료수도 준비했다. 밤새워 버스 에어컨 바람만 피해 깊이 자고 나면 된다.

밤새워 가다 새벽에 차장 밖으로 펼쳐지는 자연의 대 파노라마 일출을 기대하면 피곤함이 사라진다. 지금까지 여행하며 나만의 즐기는 방법도 터득했다. 장거리 이동을 즐겨왔으니 눈을 붙이고 새벽 일출을 생각하면 18시간은 내 인생에서 그리 버티기 어려운 시간도 아니다.

아침 여행 시작 후 처음 눈에 들어오는 정경이다. 어제 버스에 앉아 일출을 생각했고 그 일출 장관을 기대했는데 눈뜨니 딴 세상이다.

짙은 녹음 속으로 버스가 진입했다. 흙에서 배어 나오는 질감이 달랐다. 보기에도 기름진 흙이다. 축축한 물기가 채 마르지도 않은 나무들 모습이 싱그럽다. 오랜 시간 메마른 대지만 보아 온 눈의 피로를 한꺼번에 풀어 주었다.

이제 중남미의 거대한 땅을 차지하고 있는 브라질 반경으로 근접해 들어왔다. 밤새 달려온 버스는 브라질 접경지대로 들어섰다. 이곳으로부터 몇 킬로미터 반경에 세 나라가 이웃하고 있다.

브라질, 파라과이(우루과이), 그리고 아르헨티나가 국경을 맞대고 있다. 그로 인한 불편함도 많다. 오전과 오후로 두 나라를 관광하고 돌아오면 화폐가 바뀌기 때문에 여행자 입장에서는 불편함도 많이 따른다.

차량과 사람이 양국의 출입국 관리소를 통하여 국경을 들고 나는데 오전에는 브라질로 투어를 가기 위해 여권을 확인하고 오후에는 다시 아르헨티나로 넘어오기 위해 출입국 관리소에서 수속을 밟는다.

오고가기를 6차례나 하다 보니 처음엔 이색적인 체험이라 신기하고 흥미로워 재미있었으나 나중에는 기다리는 시간이 지루함 그 자체다.

세계적인 폭포 이구아수가 세 나라를 걸쳐 있기 때문이다. 우리는 브라질 쪽의 푸에르토 이구아수 폭포를 먼저 보기로 했다. 보는 이에 따라서 다르겠지만 브라질 쪽의 이구아수가 아르헨티나의 폭포보다 못하단 소문을 확인해 보고 싶은 묘한 심리가 있었다.

그 이름만으로 소름끼치고 장장 4킬로미터의 이 장대한 폭포에 275개의 폭포 군단이 무리지어 있다. 아찔한 장관이 기대되었다. 폭포들이 쏟아내는 물의 양도 끔찍하다.

지금, 우기다. 초당 1만 3천여 톤의 물이 한 번에 쏟아져 내린다. 단 1초만 받아도 올림픽 규격 수영장 일곱 개를 채울 수 있는 물의 양이다. 숫자에 약한 내 머릿속 셈이 한참을 헤맨다.

폭포에 혼을 빼앗기고 나니 머릿속이 텅 빈 느낌이다. 하긴 폭포소리에 귀 멀지 않은 게 다행이다. 물에 씻겨 내려 가지 않고 뭍으로 올라왔다는 것이 다행이다. 폭포 앞에서 어느 것인들 견딜 수 있겠는가? 보지 않고는 상상도 한계가 있다는 것이 실감되는 순간이었다.

나는 폭포를 향해 밀림의 바깥을 핥았고, 폭포는 힘차게 물속을 헤집으며 헤딩을 날렸다. 그곳을 나와 들뜬 마음으로 새 공원으로 향했다. 열대 지방의 조류들은 화려하고 아름답기로 소문이 자자하다. 이름마저도 생소한 새들이 자태를 저마다 뽐내며 놀고 있다.

악마의 목구멍

서둘러 조식을 끝내고 버스로 푸에르토 이구아수 시내에서 아르헨티나에 있는 이구아수 국립공원에 도착했다. 어디를 가더라도 유명세를 치르는 관광지에는 그에 걸맞는 신고식이 따른다. 이곳도 예외는 아니어서 죽 늘어선 관광객의 꼬리가 먼저 눈에 들어왔다.

일찍 서둘러 티켓을 어렵지 않게 샀다. 그리고 썰물처럼 빠져나가는 사람들의 꽁무니를 따라 폭포 시작점으로 들어섰다.

공원으로 들어서자 숲에서부터 들려오는 굵은 첼로 소리처럼 묵직한 소리가 귀에 들렸다. 계곡과 숲 사이를 따라 조금 걸었을까, 폭포는 서서히 속살을 드러냈다.

나는 가끔 여행을 영화와 비교하는 버릇이 있다. 실제로 영화를 보면서 여행을 꿈꿔 왔다. 남미 여행은 영화와 비교해도 자연 그대로의 초대형 블록버스터 감상이다.

지구상에서 이보다 더 웅장한 드라마는 없을 것이다. 자연 블록버스터가 펼쳐지는 어마어마한 압도적 장관을 기대하는 곳이 이구아수 폭포다.

여행을 하다 보면 언제나 사진과 글은 실패하는 순간이 매우 많았다. 본 느낌 그대로 정리할 수 있는 능력이 내게는 왜 없을까 하는 한탄이 터지는 순간이 다시 왔다. 아름다운 절경이 펼쳐지는 동안 먹먹한 생각만으로 혼나간 사람처럼 바라볼 뿐, 적절한 어구를 생각해 보아도 표현해 낼 도리가 없다.

자연이 만들어 내는 웅장함은 인간이 구사할 수 있는 빈약한 언어를 압도할 뿐이다. "와" 하는 탄성밖에는. 수백 개의 물줄기가 만들어 내는 비장함을 누가 감히 표현할 수 있겠는가? 이것은 폭포가 아니다. 하늘 아래 거대한 지상의 쇼를 벌이고 있다.

쩍 갈라놓은 직벽으로 거친 숨을 몰아쉬며 하얀 포말을 내뿜고 폭 2킬로미터가 넘는 이구아수 강을 통째로 벌컥벌컥 삼기는 엽기적인 노습이다. 폭포의 낙차는 가늠조차 불가능하다. 거대한 폭포 입 크기는 보는 것만으로도 상상 초월이다.

이구아수라는 단어 자체가 원주민 언어로 '엄청난 물'을 뜻한다는데, 그것은 참이다.

언뜻 영화 장면이 떠올랐다. 뒤따라온 말을 탄 병사들이 모세의 기적이 발현한 물기둥에 휩쓸려가는 것 같다.

도끼로 찍어 낸 듯이 직벽으로 떨어지는 단면의 물기둥은 놀랍다 못해 오금이 저렸다. 보는 것만으로도 다리가 저려 왔다. '악마의 목구멍' 이구아수의 물줄기가 떨어지면서 내는 굉음은 주변의 말소리를 폭포 속으로 집어

삼켜 버렸다.

자연이 만들어 낸 환상적인 풍경에 서늘한 공포까지 밀려 온다. 낙하하는 물줄기에 홀딱 젖은 몸이 누구도 창피함을 느끼지 못할 만큼 자연에 몰입되게 해 준다. 뺨 위로 떨어지는 수만 개의 물방울에 뺨이 얼얼하다. 그래도 폭포를 체험하기 위해서는 폭포에 두들겨 맞아야 했다. 세상에서 이보다 짜릿한 매 맛은 없을 터였다.

폭포는 고층 아파트였다. 높이만 82미터의 낙차와 목구멍, 길이 760미터짜리의 두꺼운 악마의 입술은 U자형으로 굽어져 있다. 그 속으로 연신 떨어져 내리는 초당 1천 톤의 누런 물줄기와 거대한 포말이 폭포를 심켰다.

'30분 이상 악마의 물기둥과 눈을 마주치지 말라'고 했다. 전설이지만, 1분엔 근심을, 10분 정도면 생의 시름을 삼켜 버리는 이 전설적 폭포가 30분 눈을 맞추면 영혼을 가져간다고 했는데 아니나 다를까 30분은 고사하고 채 10분도 되지 않은 사이에 나는 혼비백산하듯 악마의 목구멍에서 떨어져 나왔다.

단 몇 초에 입고 있던 옷이며, 모자, 심지어는 속옷까지 악마의 목구멍에 내어 준 뒤 생쥐 꼴로 겨우 한 컷의 흔적을 남겼다. 그 사이 카메라마저 물보라에 흠씬 젖었다. 귀에 대고 으름장을 놓는다. '얼른 이곳을 떠나라'라고, 그렇지 않으면 '네 영혼을 가져가 버린다'라고 울렸다. 나는 겁에 질려 돌아섰다.

나도 영혼을 이 악마에게 빼앗길까 두려워 30분을 채우지 않고 돌아섰다. 그렇지 않았다면 악마에 혼을 빼앗겨 그곳을 빠져나오지 못했을 것이다. 온통 물에 들어갔다 나왔다. 무심하게 전설의 새가 폭포 위를 날고 있다.

여성스러운 폭포라는 브라질 편의 폭포는 아기자기한 물줄기를 보이고 있었다. 햇빛을 받아 물보라를 일으킬 때마다 나타나는 무지개는 산과 들에서 만나는 무지개와는 달랐다. 폭포에서 보는 무지개는 최고의 신비감이 있었다.

아르헨티나의 폭포는 야성적 느낌의 폭포였다. 도전적인 폭포라는 느낌이 들었다. 압도당한 폭포에서 나는 지구의 종말이 온다면 이런 난리가 아닐까 하는 생각을 했다. 그 환란을 보고 있으면 악마의 목구멍에서 거대한 혀가 나와 나를 채갈 것 같아 서둘러 나왔다.

폭포는 장관이었다. 동식물은 곳곳에 널려 있다. 너구리 과의 동물 '코아티'는 늘 내 주위를 두리번거리며 기회를 엿보고 돌아다녔다. 긴 코로 순한 듯 사람 주위를 맴돌다 사람들의 간식거리를 채갈 때를 보면 사나운 발톱으로 폭군 같은 행동을 했다.

이구아나와 도마뱀 등 다양한 종류의 파충류는 물론 거대한 부리를 가진 남미의 스타 새인, 이구아수를 상징하는 '투칸'은 도도한 모습 그대로 온 몸을 나무에 감추고 다 드러내지 않은 채, 큰 나무에 들어앉아 우리의 보고픔을 외면하고 있었다.

야생이라는 것이 '이런' 거구나.

브라질로

이구아수 폭포의 충격이 채 가시기도 전에 마지막 방문 국가 브라질의 입성을 위해 오후 1시 차를 탔다. 우리가 가야 할 시간을 맞추지 않으면 여러 가지 애로사항이 따른다.

금방 출발할 것 같던 버스는 제자리에서 4시간을 멈췄다. 겨우 차에 올라 또 다시 국경을 넘기 위해 출입국 관리소에서 수속을 밟는다. 설상가상 버스 승객 한 사람이 벌금 내야 하는 사고 발생이다.

다시 또 40여 분을 우리는 버스 안에서 꼼짝하지 못하고 갇히는 신세가 되었다. 이번 여행의 최장 시간 기록을 세우는 이틀간의 버스 이동인데 아마도 30여 시간이 소요될 것 같다.

아르헨티나에서 브라질까지는 비행기로 단 세 시간이면 도착할 수 있는 거리다. 버스로는 24시간을 가야 하는 길이다. 물론 경비 절감도 이유지만 내 여행은 버스로 이동하며 즐기는 것에 익숙해 있는 터라 한 치의 미련 없이 처음부터 버스 이동을 고집했다.

나라와 나라의 국경을 넘는 재미는 여행의 또 다른 묘미다. 이번 여행도 끝나 가고 있는 셈이다. 이제, 국경을 넘어야 하는 경우도 없다. 이틀간 이동하는 버스에서 두 나라를 가깝게 들여다보고 싶었다.

밤을 새워 이동해 브라질에 도착한 뒤 시내의 일정을 끝내고 나면 이제 더 이상의 이동을 하고 싶어도 여행은 끝난다. 이동 시간은 더 사유하며 내 자신을 들춰 보는 시간이다.

브라질은 방대한 나라다. 브라질만 해도 지금까지 내가 돌아본 시간으로는 모자랄 만큼 큰 나라이기에 가장 보고 싶었던 곳부터 봐야 했다.

여행을 떠나오기 전 세계의 3대 축제 중 하나인 리우 축제 기간을 택하여 브라질에 들어왔다. 그것도 축제 기간과 맞물려 모든 물가가 껑충 뛰어오른 경비를 지불하면서다. 한 나라에서 써도 될 경비 부담을 감수했다.

리우 시내로 들어오는 길 내내 지금까지 보아 왔던 페루, 볼리비아, 칠레, 그리고 아르헨티나와는 매우 다른 느낌이 들었다.

터미널에 내려 시내버스를 타고 들어오는 동안 리우는 전형적인 모습으로 우리를 반겼다. 약간의 이질감을 느낀 것은 해변 휴양지가 피서객들로 넘쳐났다는 점이다. 진한 구릿빛은 정열적인 태양의 무게를 말해 주었다. 활력이 넘쳤다.

지금까지 보지 못했던 중남미 특유의 탄력이 돋보이는 이들은 강인한 인상으로 비추어졌다. 강한 인상과 특유의 낙천적인 웃음은 내가 브라질에 왔음을 각인시켰다.

넘치는 '리우 카니발'

이번 여행의 종착지인 브라질 리우데자네이루다. 리우 카니발 축제 분위기로 도시 안의 공기는 끓고 있었다. 축제 분위기는 익히 들어 짐작했지만 전체의 도시가 가마솥처럼 끓고 있다.

축제 분위기일까? 이제 막 도착한 여행자의 눈에는 어딘가 정신을 놓고 온 사람들처럼 보였다. 도시 간의 이동을 할 때나 나라 간의 이동을 하면서 가장 먼저 내 눈에 들어오는 첫인상이 그랬다.

마치 수평으로 나가야 할 철길이 이탈한 느낌이라고나 할까. 부풀어 오른 풍선처럼 들떠 있는 분위기였다. 브라질 사람들이 가장 행복한 표정을 짓는 건 카니발 때라는 것을 이곳에 도착해서 들을 수 있었다.

브라질의 카니발은 서양의 종교 축제와 아프리카 문화가 합쳐져 지금 모습이 되었다. 리우데자네이루의 카니발 축제로 무르익은 도시는 폭발전야처럼 달아오르고 있었다.

어제부터 무르익기 시작한 축제의 분위기는 젊은이, 늙은이들의 경계가 없다. 기괴한 모자, 한 번 보지도 못한 복장의 모습으로 거리를 활보하는 이들, 뉴스로만 보아 왔던 장면들이 눈앞에 펼쳐져 있다. 마주치는 이들의 표정을 보는 것도 하나의 재미다.

일 년 중 2월 말에서 3월 초 닷새 동안의 축제다. 축제를 위해 일 년을 준비한다. 이들이 축제에 임하는 태도와 기대가 어느 정도인지는 체험으로만 알 수 있다. 천주교에 뿌리를 두고 있으면서 부활절 51일 전 금요일부터 열리는 리우 카니발이다.

축제를 즐기는 차원이 우리와는 달랐다. 어느 축제건 일부의 참여로만 이루어지는 축제가 아니다. 리우에 살고 있는 도시인들은 물론 세계적으로 몰려오는 관광객이 하나가 되어 리우데자네이루를 달구고 있었다. 이 도시에 있다는 사실에 내 기분도 한껏 부풀어 축제 분위기에 풍덩 묻혔다.

어느 관광지에 가든 현지인들이 즐기는 축제 현장과 만나게 되는데 리우 카니발의 압권은 '삼바드로메'에서 하는 행진이다. 삼바 학교 경연에서 펼치는 대회에서 실력을 인정받은 삼바 춤의 실력자들이 전용 퍼레이드를 펼치는 모습은 이곳의 축제가 세계 삼대 축제에 들어가는 이유를 충분히 알게 해 준다.

물론 부자들은 값비싼 독립 공간을 빌려 호사스러운 파티를 즐기면서 축제를 보지만 보통 중간층의 자리들도 축제 기간에는 600달러까지 치솟는다. 가격이 겁나면 경기장 밖의 언덕에 올라가 보는 것이 여행비 부담을 덜어 주는 방식이다.

리우 시민들과 해외 관광객들 수백만 명이 밤새 삼바 춤을 즐기는 광란의 밤이지만 이들에게는 엄격한 축구장의 룰이 있다. 호루라기를 부는 철저한 규칙과 경쟁이 있다는 것을 알게 되었다.

눈이 풀리고 질서 없는 광란 속에서 사고라도 나면 어쩌나 하는 불안함에 나는 서둘러 축제장을 나왔다. 밤새워 즐기는 문화에 익숙하지 않은 나는 터질 듯이 울려 대는 음악 소리에 고막이 터질 것 같았다. 그 분위기를 견뎌 내기 힘들었다.

축제로 시내가 뒤집힐 것 같아 전철을 타러 나갔다. 여기저기서 벌어지는 축제를 기웃거리며 겨우 전철에 올랐다. 하지만 전철 안에도 귀청이 찢어질 듯한 악대 소리와 진동하는 술 냄새로 아수라장이다. 질펀하게 술이 버려진 전철 안은 질서 없지만 누구 한 사람도 짜증스러운 표정을 하고 있는 것을 찾아볼 수 없었다. 술 냄새에 약한 나만 불편함을 느끼고 있을 뿐이다.

전철에서 내려 걷다 고막이 터져 나갈 것 같은 음악과 함께 무희들의 정열적인 춤이 시작된 공원에서 멈췄다. 눈을 뜨고는 보기 민망할 만큼 흔들어대는 농염한 춤, 고막이 찢어질 듯 현란한 분위기, '삼바' 리듬의 춤사위를 본다. 이들은 운명적으로 춤을 뽐내기 위해 태어난 사람들 같다.

이들에게 삼바 춤, 축구를 제외한 다른 말로 다가가기란 쉽지 않다. 삼바와 축구를 제외하고는 이들이 즐길 거리가 없지 싶었다. 소녀들도 길을 가다 서서 스텝 밟기에 여념이 없다. 공원이 시끄럽다 싶으면 삼바 춤에 땀을 흘리는 모습이 보인다. 덩달아 내 엉덩이도 흔들어졌다.

가던 길을 멈추고 홀린 듯 서서 한참을 바라본다. 이들의 역동적이고 정열적인 삼바 춤을 몰라도 우리들은 분위기에 중독돼 리듬을 탄다.

브라질을 지배했던 포르투갈은 사우바도르 항구를 통해 노예를 들여왔다. 그로 인해 지금도 브라질에서는 아프리카 문화가 중심 역할을 한다. 사우바도르의 카니발에는 아프리카의 전통이 진하게 남아 있는데 매년 3월 초에 사우바도르의 카니발 행렬이 골목을 누비며 행진한다. 아쉽게도 그 축제를 보지 못해 못내 아쉬웠다.

축제 기간이 되면 모든 물가가 하늘을 향해 치솟는다. 하루의 숙박비가 몇십 만 원이다. 비용을 감당할 수 없어 마음 놓고 머무르지 못하는 부담이 있다.

구릿빛 피부의 남녀들이 삼삼오오 둘러앉아 보사노바를 연주하고 있을 것만 같은 낭만적인 장면을 떠올리고 왔던 나는 리우데자네이루에 도착하면서 그 상상을 접어야 했다.

축제를 즐기기 위해 나선 밤거리에서는 보사노바의 리듬을 들을 수 없었다. 많은 젊은이들은 대중음악이 흐르는 클럽으로 향했다. 해괴한 복장과 저마다의 축제 복장을 갖추고 가족, 친구들과 함께 삼삼오오 축제장으로 향하는 발걸음은 즐거워 보였다.

이런 분위기는 축제 전 삼 일간 절정으로 치닫는다. 아무리 감각이 무딘 사람이라도 축제 기간만큼은 달아오를 수밖에 없는, '리우 축제'는 상상 이상의 열광의 도가니였다.

오직 이들은 카니발을 즐기기 위해 일 년을 살아간다는 브라질 사람들의 말을 듣고 놀라움 반 부러움 반으로 의구심을 잠재웠다.

누구나 브라질을 떠올릴 때는 흔히 열정과 축구의 나라, 또 삼바의 고장이라 생각한다. 하지만, 브라질은 열정만큼이나 광대한 영토를 자랑하며 방대한 열대우림의 아마존과 세계적인 폭포 '이구아수 폭포'가 있다. 그 때문에 자연스레 볼거리가 많으며 세계적으로 관광객이 몰려오는 나라다. 그 자연유산 하나로도 대대손손 걱정 없이 살 수 있으리라.

리우데자네이루는 세계 3대 미항의 하나다. 특히 코르코바도 언덕은 리우데자네이루에서 잘 알려진 핵심 명소다. 해발 704미터에 세워진 거대한 예수상은 내가 리우데자네이루로 들어서는 순간부터 언덕 위에서 줄곧 나를 따라다닌 예수상이다.

코르코바도로 가기 위해서는 많은 인내심이 필요하다. 관광객들이 늘 긴 꼬리를 물고 입장권을 사기 위해 서 있다. 차라리 걸어가라면 서슴없이 걸어 올랐을 것이다. 하지만, 기다림 다시 기다림으로 다리 풀릴 때쯤, 입장권을 손에 쥐었다.

푸른 바다와 어우러져 부서지는 하얀 포말들, 항구의 모습은 바다 위로 내려앉은 얄궂은 해무로 흐릿한 아쉬움을 감추고 있다.

남미를 돌아보며

돌아보니 가쁘게 소화해 낸 일정이었다. 여행하며 겪었던 시행착오, 언제부턴가 나는 여행의 코드가 바뀌기 시작했다. 낯선 곳에서 그들과 똑같이 흉내 내며, 살아 보는 것이 내 여행으로 자리 잡아 갔다.

현지인 속에 섞이어 장을 보고 요리도 직접 해 먹으며 동네 주민들과 어설픈 수다도 떨면서 시간을 보내는 것은 아는 이 없는 낯선 나라에서도 내가 살아갈 수 있다는 또 다른 내 자생력을 발견하는 순간이다.

'우리 가족은 나 없으면 큰일 나! 우리 애들은 나 없으면 안 돼'. 이런 생각들은 내 마음의 빗장이라는 사실을 알게 되었다. 여행하는 동안, 내가 없어도 애들은 잘하고 있었다. 떠나 와서도 조바심 내고 안절부절못해 몇 날을 잠 못 이룰 때도 내 가족은 나처럼 견디며 잘 지내고 있었다.

집으로 돌아와 현관에 배낭을 던져 놓고 밥을 지었다. 달랑 김치 하나에 하얀 쌀밥을 놓고 남편과 나는 마주앉아 대화 대신 밥을 먹고 있었다. 그때 막내딸이 퇴근하여 현관에 들어섰다. "엄마 청국장 끓였어요?" 묻는다. "아니, 웬 청국장?"

남편과 내게서 난 냄새가 집 안에 스몄던 모양이다. 왜 아니겠는가? 첫 도착 여행지 페루에서 내가 그랬다. 리마 공항에 내리는 순간, 그곳 특유의 냄새에 비위가 상했다. 그 말을 딸이 하고 있었다.

현관에 벗어 놓은 신발과 배낭에 짙게 배어든 중남미의 체취, 바로 그곳의 독특한 냄새였다. 사십여 일이 넘는 시간 동안 그것을 전신에 묻혀 온 결과였다.

새벽 1시, 3시 50분, 시도 때도 없이 눈이 떠진다. 그도 그럴 것이 불과 하루 전만 해도 나는 남미 반대 땅에서 이곳저곳을 찾아다니느라 분주했고 힘든 날의 연속이었다. 내 신체 리듬을 돌리기에는 아직 시간이 이르다.

신체만은 아니다. 남미 땅을 헤매는 동안 내 몸은 진화를 거듭했다. 얼굴을 거울에 비추고 내 모습에 깜짝 놀랐다. 내 얼굴 전체에 나 있는 잔털은 거의 노란색으로 자라고 있었다. 이 무슨 변괴란 말인가?

평소 야채 위주의 내 식습관이 여행 내내 채소 섭취가 끊기고 육식을 많이 하는 것으로 바뀐 결과다. 내 모습이 호모 사피엔스다. 족집게로 얼굴 한쪽부터 잔털을 뽑아 내고 나니 그제야 내 얼굴 같다.

끼니때가 되어도 밥 먹기가 두렵다. 그간에 굶주렸던 김치를 한 조각이라도 넘길라치면 목구멍이 쓰라렸다. 참으로 우리 몸은 과학적이라는 것을 절감하는 순간이다. 사십오 일 동안 김치를 먹지 않았으니 내 위는 매운 것을 거부했다.

몸은 내 집에 있지만 아직 나는 그곳의 땅을 헤매고 있다. 몸은 힘들고 고달팠지만 장거리 이동하며, 창문으로 볼 수 있었던 일출, 일몰, 새벽 공기를 헤치고 떠오르는 태양은 내 안의 부끄러운 상처를 구석구석 만져 주는 것 같아 위안이 되었던 시간이었다.

그 환상적인 경험과 거리의 추억들은 나와 함께 값진 보석으로 발하여 내 안을 지켜주리라 믿는다.

여행은 나다운 것을 철저하게 알아내고, 나답지 않은 것을 기꺼이 단념할 수 있도록 내 자신을 단련시키는 것이다.

남미 여행 동안 내가 본 소소한 특색이라면 이들의 이색적인 묘지 문화였다. 긴 시간 이동과 여행지를 찾아갈 때마다 고속도로나 국도를 이용했는데 곳곳에 앙증맞게 자리 잡고 눈길을 끈 것은 이들의 묘지였다. 작은 박스에 꽃과 하얀 십자가로 장식한 작은 비석들이 눈에 띄었다.

시내 한복판을 제외하고는 수도 없이 길가 옆에 놓아진 박스 위에는 꽃과 약간의 제수 물건이 놓여 있었다. 퍽 인상 깊은 광경으로 우리의 묘지와 비교되는 현장이었다.

중남미 나라마다의 특색 또한 다채로웠다. 페루에서는 투명하고 청명한 하늘을 보았다면 볼리비아에서는 좀 더 가려진 아직은 태곳적의 느낌이 많이 살아 있는 신비로움을 보았다.

칠레 또한 지금껏 여행하며 느끼지 못한 또 다른 얼굴을 볼 수 있는 나라였다. 아르헨티나는 많은 기대감을 가졌던 만큼 다채로운 모습들이 있었다. 기대했던 이상의 것들을 보았다는 뿌듯함이 있다.

아쉬운 곳은 브라질이다. 내가 가고 싶었던 지역은 아마존 지역이었다. 하지만 시간적 여유가 없어 그쪽을 아예 제외시켰다. 브라질에서의 아쉬운 시간들로 돌아오는 내 발길이 가볍지 않았다. 여행은 늘 미련이다.

야채보다 고기

중남미 5개국을 여행하는 동안 내가 먹은 고기의 양을 합하면 수십 킬로그램은 된다. 먹고 싶지 않아도 고기를 먹을 수밖에 없다. 적은 양의 채소 재배 때문이다. 남미 중에서도 볼리비아는 워낙 척박한 기후와 토양 때문에 채소 재배가 어려워 드넓은 땅을 거의 방치한 상태로 두었다.

그나마 가축이 먹을 수 있는 풀들이 그 자리를 차지해 자라기 때문에 어느 곳을 가도 가축들이 방목되어 있는 목가적인 풍경을 보게 된다.

특히 아르헨티나의 소들은 행복하다. 넓은 초원에서 방목되는 가축은 인공사료를 주지 않기에 지방이 적당하게 붙어 육질이 좋기로 소문나 있다. 인구 1인당 소 2마리를 소비할 정도니 인구보다 소가 더 많은 나라다. 값싸고 질 좋은 고기를 1인당 200킬로그램 정도 소비한다니 그 고기의 양이 가늠되지 않았다.

여행하는 동안 잊히지 않는 장면이 있다. 어느 곳의 음식점에서도 쉽게 볼 수 있는 광경이다. 손님이 들어서는 음식점 안에는 몇 마리의 커다란 양이나 돼지가 사지를 벌린 채 기다란 쇠꼬챙이에 걸려 있다. 장작더미 위에 올려진 채 화형식을 하는 자세로 손님을 기다리고 있다. 그 장면을 처음 보았을 때 나는 소스라쳤다.

적은 고기를 은박지에 싸 구워 보기는 했지만 여러 마리의 양이나 돼지가 통째로 쇠꼬챙이에 매어 달려 장작불에 구워지는 모습은 너무 원초적이었다.

시뻘겋게 달아오른 장작더미 아래로 연신 기름 눈물이 떨어졌다. 구릿빛 식감의 색으로 변신해 가는 육고기는 남미 어느 곳에서도 쉽게 마주치는 장면이다. 그렇게 경악하던 초심은 꽁무니로 사라지고 나는 여행이 길어지면서 고기구이 맛이 어느 음식점이 나은가를 비교할 만큼 먹고 또 먹어야 했다.

음식점마다 쇠꼬챙이에 걸어 익히는 육고기

끼니마다 알아서 챙겨 먹어야 하는 나는 식사 때가 제일 힘든 시간이었다. 한 포기의 야채가 사람을 이토록 우울하게 하는 것인지, 마음대로 야채 섭취를 못하니 뱃속은 늘 불편했다. 얼굴은 육식의 독으로 누렇게 뜨는 횟수가 빈번해졌다.

찰스 다윈이 『종의 기원』에서 남미 지역을 언급한 것만 보아도 이곳이 얼마나 척박한 땅이었는지를 알 수 있다. 다윈이 부에노스아이레스를 향하여 가도 가도 사람이 거의 없는 육로를 말을 타고 여행하면서 십여 일 동안 육류만 먹는 식사를 견뎠다고 한 대목만 보아도 남미 여행이 결코 쉽지 않음이 드러난다. 그것이 18세기였는데 21세기가 되도록 거의 변함이 없다는 것을 알 수 있다.

그만큼 인간에게는 힘들지만 방치해 놓은 그대로의 자연은 살아 있다. 그래서 사람들은 파괴되지 않은 태초의 자연을 찾아내 그곳에 안기고 싶은 충동으로 몸살을 앓도록 자연을 찾는 것이다.

고기보다 갑절이 비싼 야채를 섭취하기 위해서 고급 식당을 찾지 않는다면 차선책으로 중국 현지인이 운영하는 뷔페식의 식당에 들러야 했다.

유난히 거리에 배가 불뚝한 이들이 많다 했는데 그 이유가 있었다. 이들이 먹는 엄청난 양의 육류와 주문한 음식이 나오는 양을 보면 놀랍다. 접시 가득 담겨져 나오는 음식들, 그중에서도 많은 감자튀김은 내가 두 끼를 먹어도 될 만큼 많은 양이다.

Part · 2

중미

파나마 운하는 황톳물

파나마 시티에서 첫날이 밝았다. 후덥지근한 바람과 첫 대면이다. 바람은 불고 있지만 피부에 닿는 감촉은 우리나라 한여름을 연상시키는 날씨다.

파나마는 바다를 끼고 있는 나라다. 우리와 비슷한 여건을 갖추고 있는 열대성 기후는 불쾌지수를 올려놓았다. 바닷가를 돌아보는 아침 산책에는 이제 막 해변이 잠에서 깨고 있어서 그래도 서늘한 기운이 남아 있다. 아름다운 정경을 눈앞에 두면 날씨는 문제될 게 없다.

파나마는 관광 수입과 운하 경제로 국민들이 살아간대도 틀린 표현이 아니다. 바다는 운하길이 그물망처럼 세계 각지로 연결되어 있다. 시내의 시티 투어 버스도 시스템을 잘 갖추고 있다. 투어 버스는 도심과 외곽을 돌아다니며 곳곳을 볼 수 있어 여행자라면 반드시 시티 버스에 올라야 한다.

바다를 끼고 살아가는 사람들의 모습을 버스에 앉아 편안하게 돌아보는 재미가 쏠쏠하다.

파나마에 오면 반드시 들러야 하는 곳, 파나마 운하. 내가 초등학교 때부터 배웠던 파나마 운하를 본다는 것은 어쩌면 행운일 수 있다. 처음에는 비싼 입장료에 놀라 망설였지만 감동은 곱으로 전해 왔다.

파나마 시티 지도를 펴 놓고 보면 파나마 운하는 바다 여건이 필연적인 게 아닌가 싶을 만큼 운하가 만들어질 수밖에 없는 환경이라는 생각을 갖게 한다. 양쪽 대양을 두고 위치한 상호 연결성이 절묘하게 맞아떨어져 있다는 사실을 지도를 보면 알 수 있다.

파나마에 수로를 건설하려는 첫 시도는 1880년 프랑스인들에 의해 시작되었으나, 온갖 불미스러운 일들이 발생하면서 그 추진력을 잃었다. 파나마가 독립을 확고히 한 1903년, 미국은 파나마와 운하를 건설하여 관리하는 계약을 체결했다.

그리고, 1914년 완공하여 1999년까지 운영했다. 지금은 소유권 및 운영권을 인수받아 온전 파나마 독립 체제로 운영되며 현재 백만 척 이상의 세계

각국 선박이 이곳 운하를 통행한다. 파나마 품에 세계를 안은 듯 오늘도 물은 많은 갑문들에 담겨 있었다.

지금은 명실상부한 세계에서 가장 중요한 무역항의 하나로 우뚝 서 있는 갑문의 물을 전망대에서 바라보고 있지만 실감나지 않았다. 내 의구심을 확인하려는 듯 바로 지척에서 믿기지 않을 만큼 큰 배가 아이가 장난감을 밀고 있는 것처럼 가두어 놓은 흐린 황톳빛 물 위로 미끄러져 들어온다.

'저 큰 배가 과연 빠져나갈 수 있을까?' 하는 생각을 비웃기라도 하듯 여기저기에 갑문들이 물을 한곳으로 퍼 올렸다. 배는 수위를 높인 물 위를 척척 빠져나갔다.

내게 각인된 상식들을 하나씩 무너뜨린다. 배가 들어오려면 큰 항구도 있어야 하고 바다 속 수심도 깊어야 한다는 것이 내가 알고 있던 상식이었다.

그러나 운하의 기술적 원리를 나는 다 알지 못하지만 주위 호수의 물을 가져와 가두고 수위를 조절하면서 각 갑문들의 역할이 정교히 이루어지는 시스템으로 물을 퍼 올린다. 또 그 수위 조절로 배를 밀어내 주는 설명을 가상현실로 만들어 놓은 체험실에서 보았다. 원리를 보고 나니 조금 이해할 수 있었다.

확장 공사와 보충 작업을 해 가며 태평양과 대서양의 진입로를 책임지며 지금까지 세계 무역의 중심에 파나마 운하가 존재하고 있는 걸 보니 파나마 운하에 대한 그 아득히 궁금한 사실들이 이해되었다. 전망대에서 운하를 내려다보는 감회는 새로웠다.

더구나 이 많은 양의 물을 재활용한다는 사실에 더욱 놀랐다. 파나마 운하에 대하여 몰랐던 것들을 조금 알고 나니 발아래에 보이는 수조의 물빛이 생각했던 파란색이 아니었다는 사실을 이해할 수 있었다.

파나마 운하가 발달할 수 있었던 이유는 허리처럼 잘록한 두 대양이 만나는 지점에서 그 물길이 발원되기 때문이다. 두 바다만 잇는다면 대륙을 이을 수 있다는 것을 바다는 숙명적으로 알았다.

길을 열면 사람과 문화는 자연적으로 발달할 수밖에 없는 것이 우리의 문명이었다.

파나마 여행은 그저 즐기는 여행이 아닌 세계를 잡고 있는 문고리가 어떻게 이루어져 있는가의 그 시스템의 원리를 조금이나마 이해할 수 있는 것이 내가 기대했던 것 이상의 여행 가치를 가져다주었다.

전망대에서 바라본 수에즈 운하

　이른 새벽 5시 50분 숙소를 나와 다비드로 가는 첫차에 올랐다. 다비드는 파나마 시티에 이은 제2도시다. 8시간의 긴 여정을 해야 하는 아침, 살짝 내린 비 때문인지 녹색 정원처럼 땅이 상큼하게 선명하다. 먼지 씻어 낸 적당한 거리에서 마주한 이른 아침 사람들의 분주한 행동에 나도 바빠진다.

　6시 50분, 정확하게 출발하는 차. 이런 경우가 드물다. 더구나 중미를 여행하면서 제시간에 출발하는 차는 고맙기까지 하다. 몇 년간 내가 하는 여행에서 차가 정시에 출발하는 예가 드물었다. 여행지에서는 내 정확한 시간 감각이 사라진 지 오래다.

　우리가 살면서 지극히 정상적인 것들이 때로는 퇴색되고 엇나간 환경들이 신선한 긴장을 주는 경우가 있다. 서툴고 삐걱거리는 것들이 때로는 그리울 때가 있다.

　여행하면서 교통 불편으로 속 터지는 일이 빈번했기에 이처럼 딱 정시를 지키며 출발하는 차들은 생소한 느낌마저 든다.

　차가 도로를 지날 때마다 우거진 숲 가지들이 차 소음으로 스치는 소리에 화들짝 놀란다. 시원하게 달리며 보이는 환경에 보는 내 눈이 편안해 줄음이 온다.

오전 내 그렇게 차는 달렸고, 점심을 해결하기 위해 간이역에 내렸다. 시설이 훌륭한 뷔페식 음식점, 현지인들의 식욕을 당기게 하는 음식들이 그득하다. 하지만 나는 음식 터널을 한 바퀴 지나 바나나 두 개, 닭다리 두 개, 감자튀김 두 개, 그리고 파인애플 주스 한 잔을 시키니 5달러다. 가격은 비싼 편이나 그래도 내가 골라 먹으니 그나마 음식 실패할 확률이 줄어 좋다.

다시 차를 탔을 때, 비가 내리고 있다. 도착하는 시간까지 비가 내렸다. 보테케에 도착해서 숙소에 들어오니 그제야 비가 멈춘다.

열대우림이 지척에 있어 귀에 들리는 새소리가 벌써부터 마음을 들뜨게 한다.

버려져도 꽃은 꽃

아침 9시가 넘지 않아 숙소를 나왔다. 봉고차를 대여해 파나마에 있는 최고 봉우리 '비루화산' 트레킹을 시작한다. 산행에는 좋은 날씨지만, 열대우림의 트레킹은 생각보다 힘들다. 게다가 우림 지역이 그렇듯 날마다 오락가락하는 비 때문에 오늘 날씨가 좋았다 해서 마음 놓을 수는 없다.

우림 지역의 산길은 항상 젖어 있다. 미끄러운 나무뿌리는 소리 없는 무기다. 게다가 푹신한 이끼가 교묘히 나무뿌리를 감싸고 있어 산길을 걷는 것은 정신적으로나 육체적으로 피곤이 곱으로 몸에 와 닿기에 긴장하게 된다.

하지만, 이 모험을 즐기며 지혜롭게 산행해 보는 것이 파나마 보테케 국립공원의 숨은 매력이다.

이름은 카스텔, 아담한 신장을 가진 가이드, 나와 키 차이가 많이 나지 않아 더 친근감 있는 이제 6개월 된 아기 아빠와 독일에서 왔다는 모녀, 혼자이지만 아주 당찬 캐나다에서 온 젊은 처자와 함께 우리 일행은 산으로 향했다.

산은 온갖 열매와 열대우림의 많은 식물들이 터질 듯 산 초입에 군락하고 있었다. 화원을 돌아보는 식물원 같은 초입, 자연과 이렇게 밀착되어 있으면 내 온몸의 피부가 구석구석 예민하게 열린다.

습지와 나무, 꽃과 새, 이름을 다 알 수 없는 곤충들이 나타날 때마다 카스텔은 설명해 주기 바쁘다. 태초의 정원 속이 이런 모습이었을 것이다. 길을 가다 누군가 꽃을 베어 땅에 버린 다발을 보았다. 꽃들이 지천으로 깔린 이 공원에서는 꽃조차 제 진가를 발휘하지 못하는 모양이다.

산길에 버려진 꽃다발을 나는 생각 없이 모아 들었다. 그리고 산길을 올랐다. 그렇게 4킬로미터를 갔을 때 쉼터가 나왔다.

잠시 쉼터에 그 꽃을 놓고 다시 화산으로 향했다. 가랑비는 시작되고 산속은 어두워졌다. 밀림의 산 속은 햇빛을 잃으면 그대로 어둠에 갇힌다. 서둘러 하산해야 한다는 것은 너무도 당연한 일인데 때와 장소에 따라 욕심을 낼 때가 있다. 나도 운무와 가랑비가 내리는 산 속을 우비까지 입고 오르니 몹시도 불편했다.

그러다, 목적지까지 가지 못하고 돌아서는 결정은 늘 어렵다. 일행들은 의견이 분분하다. 오르자는 이, 내려가자는 이. 2천 미터의 안내판이 서 있는 시점에서 나는 내려가기를 원했으나 일행들은 목적지를 향해 산으로 더 오르는 것을 보고 나는 돌아섰다.

나도 산이라면 기를 쓰고 다녔다. 나이 들고, 또 안나푸르나를 다녀온 후로는 포기와 실행을 적절하게 배합하는 지혜를 터득했다. 산을 오르는 것만 지향하고 내 체력이나 그날의 컨디션에 따라 움직이며 산이 들려주는 이야기를 듣기 위해 큰 귀를 가지려 노력한다.

간식을 먹고 산을 내려오다 내가 꽃다발을 놓고 간 쉼터에 도착했다. 나를 보고 꽃다발이 반긴다. 웃고 있는 꽃다발을 그대로 놓고 올 수 없었다. 다시 들었다. 내려가야 하는 길이 힘들고 험했지만 꽃을 그대로 놓고 올 수 없었다.

함께 가지고 온 꽃을 숙소에 있는 내 방 컵에 꽂았다. 흐뭇했다. 비록 하루를 보고 난 뒤 내일 이곳을 떠나지만 꽃을 보며 위로받을 수 있다는 사실이 지니는 가치는 환산할 수 없는 것이었다.

꽃이 나를 바라보며 애원하는 듯했고, 그 꽃의 이름은 '에스꼬바'였다. 내 눈에는 그처럼 예쁜 꽃이었지만 가이드 말로는 현지에서는 매우 흔한 꽃으로 농촌에 아주 흔해서 우리의 싸리 빗자루를 만드는 재료쯤으로 쓰이는 꽃이라 했다.

꽃이 흔하다면 꽃이 아닌가

꽃이 될 수 없다면

꽃도 필 곳을 골라가며 나오는가?

눈에 비추인 백여 종이 넘는 꽃

트럼펫꽃, 나팔꽃, 원숭이 꽃, 이구아나

버려도 일어나는 꽃은?

코스타리카

원시림 풍경

스페인어로는 '풍요로운 해안'을 뜻하는 코스타리카는 국토의 절반이 원시림이며, 발길 닿는 곳이 곧 공원이다. 세계에서 생물 다양성이 제일 높은 나라다. 코스타리카는 중남미 중에서 드물게 정치적 안정을 이룬 나라다.

버스로 출발했다. 1시간을 달려 시내 터미널 다비드에 도착했다. 국경으로 가기 위해 녹색 식물처럼 칠해진 버스에 올랐다. 파나마에 들어와 사일 동안 편해진 시야는 아침 이동 시간에도 내 이어졌다.

중남미에 이어 중미도 자연적 요건이 충분한 여행지이다. 다음 여행지인 '코스타리카' 역시 전 국토의 23%가 국립공원과 산림 지역이다.

'코스타리카에서 가장 훌륭한 재산이라면 단연 좋은 커피다'라는 말이 있다. 커피는 코스타리카 부의 상징이 되었다. 세계적인 가격 경쟁으로 부가가치를 높이는 국가 주력 농업이다.

내가 돌아보는 여행지 어디를 가나 커피나무에는 빨간색으로 코팅 입힌 빛깔의 열매가 대롱대롱 매달린 나무들이 언덕이나 산기슭에는 서 있다. 열매를 달고 서 있는 커피나무를 많이 보는 것도 코스타리카로 들어와서다.

커피 열매는 어찌나 예쁜지 방대한 면적에서 자라는 커피나무만 보아도 한잔의 커피를 마신 것 같다. 커피 생산이 방대하다 보니 이제는 생산으로 인한 토양 문제가 우려된다는 말까지 들었다. 얼마나 커피를 심었으면 환경 문제까지 생긴 걸까. 사람 사는 곳 어디나 사람으로 인한 환경문제가 따르는 것은 코스타리카도 예외는 아닌가 보다.

숲속 숙소에서 새들이 담소하는 소리에 깼다. 싱그러운 소리, 귀뚜라미 또르르 딱딱, 띠리르, 흉내 내기도 어려운 새 노래, 아침에 듣는 화음이다. 곤충들 합창곡을 들으며 그 안에 머무르고 있다. 가끔씩 들리는 홰치는 닭 소리, 그 소리에 놀란 나뭇잎들이 서로 부비며 서둘러 일어나는 시간.

침대에 누워 숲속 나뭇잎들이 흔들리는 곳을 눈으로 따라가 본다. 나무와 나무 위를 곡예하며 겁 없이 무단 횡단하는 새끼 원숭이들이다. 청설모만 한 원숭이들이 뚝 튀어나온 눈으로 두리번거리며 잘도 옮겨 다닌다. 얼핏 몸보다 눈이 더 크다. 무언가에 놀란 듯 두리번두리번 좌우를 살피다 나무를 바꾸어 타는 모습이 영락없는 원숭이다.

가만히 숙소에 앉아 숲속을 주시하고 있으면 정지된 상태 그대로 동물원이 된다. 살아 움직이는 것은 원숭이만은 아니다. 이구아나는 또 얼마나 많은지 숙소 안에 돌아다니는 도마뱀, 크고 작은 이구아나는 색깔과 몸통도 다양하다. 갈색 몸통에 검은 띠, 녹색줄무늬로 화려한 이구아나는 살아 있는 화석을 보는 것 같은 이색적 색채이다. 이구아나 세상에 나는 침입자가 되었다.

소리 없이 불쑥 의자 밑으로 얼굴을 내미는 이구아나. 그 색을 보며 행동을 살피다 보면 감탄사가 튀어나온다. 파충류의 몸은 유독 화사하다. 그 화사함으로 이브를 유혹했다. 어느 화가도 저 아름다운 색채를 담는 데는 고충이 따를 것이다. 아까부터 숙소 지붕 위로 뭔가가 돌아다니는 것을 숙소에서 느낄 수 있었다.

파충류들은 나무를 좋아하는지 여기저기 벽에 붙어 돌아다닌다. 마음에 쏙 든 이 숙소는 잘 가꾸어진 열대 식물원 같은 곳이다. 정원을 펜션으로 꾸민 정갈한 숙소다. 여행하며 이만한 환경과 숙소를 만나면 배낭여행자로서는 호사다.

나무 펜션

숙소 바닥이 사람의 움직임을 따라 덜커덩, 삐거덕 발소리 요란하다. 여행자들이 모여드는 숙소다 보니 시도 때도 없이 사람들이 드나들어 삐걱거리는 소음에 신경이 곤두섰다. 숙면을 기대하긴 틀렸다.

아니나 다를까, 새벽 2시가 되었지만 옆방에서 사방으로 걸어 다니는 발소리에 눈만 말똥거리다 새벽 3시 30분에 침대서 내려왔다. 이래저래 잠들기는 틀렸고 새벽 출발에 앞서 이른 배낭 정리다.

동트기를 기다린다. 남들이 자고 있는 시간 혼자 눈뜨고 있는 것도 흔한 일이 되었다. 그래도 남보다 일찍 새벽정기를 받는 것도 나쁘지 않다.

부지런한 새들도 일제히 아침 노래를 시작했다. 어제 종일 트레킹하면서 산에서 들었던 새소리와는 다르다. 새들도 시내에 갇혀 사느라 스트레스를 받았나 보다. 더 앙칼지게 더 소란스럽다. 새들도 시내로 이주해 오면 울음이 변하나 보다. 새소리도 갇히면 소음이 된다. 집단을 이루며 떼로 울어댄다. 새들도 변한다. 깊은 밀림 속 새들은 작은 것으로부터 숲을 울리지만 소음에 갇힌 새들은 귀먹어 더 큰 소리로 자신을 드러내야 하나 보다. 뭔지 모를 앙칼진 볼멘 울음소리에 내 귀도 멍해진다.

청 대나무

숙소로 오면서 눈길을 잡은 것은 청 대나무다. 먼발치서 보아도 청녹색이다. 길게 서 있는 대나무밭. 나는 짐을 정리하고 밖으로 나왔다. 마치 녹색 옷을 입은 채로 서 있는 대나무 숲을 돌아본다. 상상조차 불가능한 대나무 숲이다. 우람한 대나무는 늙은 소나무처럼 크기도 하다.

마디마디에는 짙은 녹색의 띠를 두르고 있다. 누군가 대나무에 페인트칠을 해 놓은 것 같은 모양이다. 나는 혹시나 싶어 대나무를 손톱으로 긁어 보았다.

자연 상태로 자라난 대나무가 벗겨질 리 없다. 군락을 이루고 있는 대나무 숲이 궁금해 한참을 돌아본다. 대나무의 굵기는 상상을 초월한다. 하늘을 찌를 듯이 올라간 채 팔로 안아도 다 채워지지 않을 굵기, 이 대나무가 지금까지 무엇을 했는지 말해 주고 있다.

숙소 한편에서 대나무를 건조시켜 집을 짓는 재료로 쓰고 있다. 엄청난 양을 건조시키며 자재로 쓰고 있는 대나무는 친환경의 집을 짓는 데 적격이다.

그 옆 숲속에는 아기 원숭이들이 장난치며 놀고 있다. 코스타리카는 동식물들을 자연 상태 그대로 두기를 고집하는 나라다. 코스타리카는 동물원이 없다. 가장 큰 이유는 야생을 그대로 방치해 놓는 것을 중요하게 생각하기 때문이다.

이 나라 사람들이 염려하는 것은 미국이 막대한 자본과 이익 창출로 설득해 혹시나 거대한 동물원을 세우지 않을까 하는 것이다. 그런 일을 염려하는 말을 나는 현지에서 들을 수 있었다. 산책 코스를 돌아 한 시간 이상 산길을 걷고 난 뒤, 숙소로 돌아왔다.

'마누엘 안토니오' 마을을 나와 비포장도로를 지나 '산타 헬레나' 산간마을에 도착했다. 다시 숙소를 정했다. 넓지 않은 언덕에 산자락을 바라보는, 마을은 구름으로 덮어 놓은 듯 산등성이마다 하얀 솜을 얹고 있다.

이제 이 마을의 생태계를 들여다볼 수 있는 기회와 여건은 충분했다. 우리는 투어 신청을 미리 해 놓았다. 기다리는 마음도 한결 편해졌다. 이곳의 모든 투어는 단독으로 하지 않는 이상 미리 예약을 해야 한다. 그러면 예약한 날에 맞추어 투어차가 여행자의 숙소마다 들러서 픽업해 준다.

낯선 여행지에서 안전하게 여행하려면 그룹 투어에 참여하는 것이 좋다. 물론 단독 투어도 있지만 오지에서의 투어는 단독보다는 안전하게 많은 사람들이 함께 움직이는 그룹 투어가 혹여 모를 오지에서 위험에 대비하기에 좋기에 나는 이 방법을 선호한다.

악어 떼

숙소마다 돌며 일행을 태운 승합 버스는 한참을 달리다 갓길에 섰다. 우리는 영문도 모르고 다리 위를 따라가다 움칫 놀랐다. 다리 아래에 마라 강에서나 볼 수 있는 악어들이 운집해 있는 것을 보았다. 그것도 떼로 모여 있는 악어는 살벌한 모습이다.

눈 뜨고 어슬렁거리는 놈, 다른 악어를 밟고 누워 있는 놈, 그야말로 요지경 자세를 취하고 있는 악어 떼는 회색 빛깔만큼이나 으스스했다.

흙탕물에서 진을 치고 살아가는 악어 떼를 어림잡아 세어 보니 백여 마리가 넘는 것 같다. 진흙에 누워 있는 악어를 향해 누군가 다리 위에서 낚싯줄을 내려 보낸다. 통닭을 줄에 매달아 아래로 내려 보낸다.

악어 떼 소굴로 내려오는 먹이를 놓고 악어들 몸싸움이 시작되었다. 거대한 몸을 서로에게 날리며 육탄전을 벌인다. 성질 급한 놈은 통닭이 내려가기도 전에 긴 머리통을 쳐들고 달려오고 있다. 다른 악어는 옆에 있는 놈을 힘으로 밀어 제치고 먹이를 향해 몸을 날린다. 그중에 폭군처럼 힘센 놈이 닭고기를 낚아챘다. 그 악어를 향해 등 위로 겹겹이 육탄전을 벌이며 올라앉는 먹이 쟁탈 싸움을 보니 내 등골이 오싹해 와 그만 돌아섰다.

몬테베르데 운무림 공원

아침 7시 30분, 국립공원으로 들어가는 차를 탔다. 열대우림 숲의 탐방은 어렵지 않았다. 다만, 그쳤다 다시 내리는 비의 심술 때문에 우비를 벗었다 입는 번거로움이 있을 뿐이다. 하지만 그것도 숲속의 다양한 동식물에 심취하다 보면 불편함을 잊는다.

코스타리카 국립공원 모든 숲은 자연 상태 그대로 거의 손댄 것이 없다. 사람이 그 숲으로 들어갈 수 있는 탐방로 외에는 늘어놓은 안내판조차도 흔치 않다. 딱 있어야 할 곳, 방향이 바뀌는 지점에 작은 나무 안내판으로 표시해 놓은 것이 전부다. 그것을 그대로 따라가면 된다.

자연 속 박물관을 돌아보려면 거의 하루는 잡아야 한다. 하지만, 나는 시간에 쫓기는 여행자다 보니 5시간 코스를 선택해 돌아본다. 비와 낮게 깔려 산 전체를 덮고 있는 구름에 자주 갇힌 내가 산을 따라 함께 돌고 있는 듯 착각에 빠진다.

시간도 돌고, 나도 돈다. 고사리과 식물들이 우산처럼 펴 있다. 거대한 나무는 솜이불 같은 이끼에 잔뜩 덮여 있다. 나무들 모습을 보면 마치 원시시대로 내가 돌아가 있는 착각에 빠진다.

그렇게 한참 탐방로를 따라가다 움직이는 벌레를 만났다. 등이 반짝 빛나는 장수벌레처럼 보였다. 검정색을 띠고 있지만 비 내린 물빛을 받아 반사될 때마다 색이 변한다. 몸이 헤비급이다.

나는 카메라를 꺼내 그 모습을 담아 본다. 번득거리는 등빛은 검다 못해 진초록의 빛을 발한다.

우림 속에서 서식하는 동식물들은 우리가 상상하는 이상으로 거대하다. 잎도, 꽃도, 나무도, 이끼도 허리가 활처럼 휠 만큼 고개를 뒤로 젖혀 보아도 다 눈에 잡히지 않는다. 나무 위, 그 위에 걸려 있는 또 다른 나무, 나무 위에 나무가 자라고, 그 나무 위에는 각종 식물들이 덕지덕지 붙어서 자생의 분재를 이룬다. 나무 하나에 알 수 없는 수십여 종의 식물들이 한 몸으로 자라는 것을 보면 우리 인간의 힘은 매우 약함을 느끼게 된다.

산길을 걷다 부스럭 움직이는 새를 만났다. 검정색 몸에 다리와 부리만 빨간색인 것이 도드라져 보였다. 비둘기 크기만 하다. 한 마리의 또 다른 새, 나는 가던 길을 잠시 멈추고 숲속을 주시했다. 기다리면 무엇인가 반드시 나타나 주는 이 숲, 그러나 기다리는 시간도 그리 길지는 않다. 그러지 말아야지 해도 늘 시간에 쫓기는 조급증을 나는 자르지 못하고 있다.

늘 버릇처럼 시간과 바쁜 일정, 여행 45일은 길지 않다. 더구나 돌아볼 나라가 자그마치 6개국이나 되기에 바쁜 시간을 쪼개 이 나라들을 돌아보기엔 짧은 기간이다.

공원 입구로 나오니 마침, 동물 한 가족이 지나고 있다. 도로를 건너 숲속으로 들어가는 새끼, 어미 그리고 가족, 어미는 두리번두리번 살피며 자기들을 찍고 있는 나를 보는 둥 마는 둥 숲으로 들어간다.

동물 가족 뒤를 따라 나는 벌새들을 보러 공원 한쪽에 있는 소박한 카페에 들렀다. 카페랄 것도 없는 앙증스러운 상점, 그곳에는 벌새들을 돌보는 카페 주인이 물통을 나무에 걸어 주었다. 처음에는 한 마리, 두 마리 찾아와 물을 먹던 벌새들이 지금은 가족이 늘었다.

벌새들을 불러들이는 작은 명소로 야생 벌새를 보러 여행자들이 속속 찾아오는 카페가 되었다.

세계적 온천, 타바콘

배를 타고 호수를 가로질러 이동하고 있다. 세계 10대 온천이 코스타리카에 있다. 호텔에 머물며 세계 온천을 체험하기 위해서다.

다시 코스타리카에 올 수 없다는 이유와 세계 10대 온천에 들어간다는 호기심이 내 마음을 움직였다.

물론 배낭여행자가 온천에, 그것도 호텔에 머물면서 한 번에 큰 비용을 지출하는 것은 흔치 않다. 내가 사는 곳을 떠나와 여행지에 도착하면 현지 물가로 모든 셈이 치러진다. 물가 감각 또한 한국의 생활은 잠시 잊게 된다. 동전 하나까지 모든 화폐는 현재 내가 서 있는 공간에 맞추어진 소비가 된다.

장기간 여행지를 떠돌다 보면 현지 물가가 아무리 저렴해도 그건 쉬 피부에 와 닿지 않는다.

어렵게 결정해 많은 비용을 들여 묵기로 한 최고 시설의 호텔과 입 벌린 화산을 바라보면서 온천을 즐기는 현지인 속에 끼어 나도 호사를 누려 본다. 휴양지와 온천은 산자락 한곳을 차지하고 있어 시간 보내는 장소로 이

만한 곳이 없다.

나는 일상에서 뜨거운 목욕탕 물에도 들어가지 못한다. 숨 멎을 듯 빨라지는 맥박, 그래서 뜨거운 건 싫다. 헌데 나는 노천 온탕과 냉탕을 번갈아가며 누적된 피곤을 마음껏 풀어 본다. 날아갈 것 같다. 이래서 사람들은 온천을 선호하는 것 같다.

온천은 이쯤에서 만족했다. 내일 아침 택시로 남편 숙소에 들어가야 한다. 온천을 즐기며 바라본 화산 트레킹을 하기 위해서다. 내가 이번 여행을 결정한 이유는 화산을 가까이 두고 트레킹하는 코스가 많았기 때문이다. 그러나 화산 트레킹은 말처럼 쉽지 않다. 이번 여행의 최대 고비인 트레킹을 목전에 두고 나는 온천을 마음껏 즐기고 있다.

몸 컨디션을 잘 조절했으니 화산 트레킹도 잘할 수 있다는 자신감으로 주문을 걸어 본다.

불안은 마음의 동요

온천 호텔을 나왔다. 남편이 머물고 있는 게스트 하우스로 물어물어 찾아간다. 혼자서 택시를 타고 게스트 하우스를 찾아가는 동안, 내 머릿속에는 별별 사건사고들이 스쳐 지나갔다.

나 혼자 타고 가는 택시와 젊은 기사. 나는 여행자다. 메고 있는 큰 배낭은 그저 필요 없는 잡동사니에 불과하지만 내 앞으로 메고 있는 크로스백에는 현금은 물론 달러가 들어 있다는 사실을 웬만한 택시 기사들은 알고 있다.

남편을 찾아가는 동안의 40분은 내 안의 전쟁이었다. 젊은 기사는 내게서 받은 숙소 주소를 들고, 시내를 찾아다녔고 나는 온천하겠다고 남편을 떨어져 나왔던 내 행동을 후회하기 시작했다.

내 마음과는 달리 택시 기사는 자기의 소임을 다하느라 이곳저곳 숙소를 찾아다녔다. 기다리는 나는 초간을 오가며 의구심을 쌓아 가고 있었다. 이 택시 기사가 대충 나를 내려 주는 경우를 생각만 해도 불안했다.

가다가 택시를 멈추고 상점에 가서 묻고, 다시 출발하고 실패를 거듭하고 있는 동안, 내가 할 수 있는 건 서툰 언어로 매달리는 것뿐이었다. 그렇게 시내를 두 바퀴 돌다 겨우 세 번째 만에야 숙소를 찾았다.

그 순간 불안에서 나를 헤어나게 해준 고마움에 기사와 처음 약속한 요금에 고마움까지 얹어 건네주니 젊은 기사는 입이 귀에 걸리며 인사를 몇 번이나 하고 돌아섰다.

이처럼 여행하며 내 마음 안에서의 동요는 있었지만, 단 한 번도 내 불안처럼 현지인들이 내게 의도해 불이익이나 위해를 가한 적은 없었다. 여행하면서 이보다 더 고마운 일이 어디 있는가. 내가 남을 의심한 적은 있어도 그들이 나를 곤경에 몰아간 적 없었다. 낯선 나라에서의 의심은 언제나 내게 있었다.

아레날의 형제봉, 쎄로 차토(Cerro Chato)에 오르다

만지면 오그라드는 식물, 처음 보는 나무와 진기한 열매들, 다양한 동식물에 대한 설명을 들으며 흙화산을 향해 오른다. 화산 입장료도 비싸지만 현지 가이드와 동행한다. 안전하게 산을 오르고 하산까지 함께해 주므로 그만한 대가는 지불해야 했다.

아레날 화산은 사계절 비가 내린다. 요즘은 우기라 산길은 골을 깊게 만들어 놓았다. 내 키보다 깊게 파인 흙을 잡고 골을 오르고 내리는 일이 쉬운가?

시작점이 어느 정도 지나 있는 체력을 다 소진시켜 갔다. 발에 힘이 없었다. 눈 깜박할 사이에 나는 미끄러져 나무에 다리가 걸친다. 가이드도 순식간에 일어난 일이라 달려와 물어본다. 나는 "노 프로블럼"만 연발하면서 엉거주춤 일어났다. 이미 발은 넘어지며 나무에 걸려 타박상을 입었다. 다리 감각이 없다.

그렇다고 앉아 있을 수도 없다. 긴급 처방으로 뿌려 주는 강력한 파스 기운에 마비돼 아프지 않은 왼쪽 다리에 힘을 가하며 내려갔다. 나는 산행하면서 이렇게 무방비 상태로 넘어진 적이 단 한 번도 없었다.

온몸을 다 날려 넘어졌지만 그래도 폭신한 흙에 넘어졌다. 그리고 미끄러지는 발을 나무가 받쳐 주었다. 더 이상 아래로 굴러가지 않았다. 마치 도자기를 굽기 위해 반죽해 놓은 흙에 빠진 격이 되었다. 큰 부상을 입지 않은 것이 행운이다.

깊게 파인 골에서 발이 미끄러졌다. 통나무에 다시 미끄러지며 발과 엉덩이를 찧었다. 눈 떴을 때, 크게 다친 것 같지 않아 '아, 살아 있구나!' 하는 안도와 함께 '다행이다'라는 생각이 들었다. 심하게 찧은 다리는 감각이 없었지만 무사하다는 맘에 감사했다.

가이드가 힘든 곳에서는 손잡아 올려 주고 깊은 골에서는 내려 주니 그나마 다행이었다. 그러는 동안도 짬날 때마다 열심히 동식물을 설명해 주었다. 그 많은 설명을 한국어로 통역해 주는 사람이 있어 얼마나 유익한 시간이었는지.

새로운 것들이 하나씩 눈에 잡히며 힘든 일들은 뒤란으로 사라진다. 그렇게 높은 곳에 오르니 산 아래 청자 호수가 보였다. 환호를 지르고, 가쁜 숨을 달래며, 다시 호수 쪽으로 내려간다. 깊게 파인 골을 나무와 풀포기를 잡으며 미끄러지다시피 급경사의 길을 따라 내려간다.

호수에 다다를 무렵 이미 호수 속으로 뛰어들어 수영하고 있는 사람들을 보았다. 어느 부부는 아예 자리를 펴고 호수 옆에 앉아 와인을 꺼내 따라 마시며 축배를 들고 있다. 힘들게 오른 산 아래 호수에서 마시는 와인 맛은 어떨까?

이 커플을 보면서 나는 트레킹을 포기한 남편을 떠올렸다. 산행에 함께 동참한 모녀, 그리고 혼자 온 여인, 우리 일행은 호수 변에 앉아 준비해 준 도시락을 먹는다.

아까부터 내 주위를 어슬렁거리던 꼬리가 긴 동물들이 주위를 감싼다. 내가 잠시 긴장 푼 사이 과자 한 봉지를 입에 물고 잽싸게 달아난다. 이 동물은 코가 뾰족한 너구리과 코아티(Coati)였다.

가이드가 코아티 뒤를 추격했다. 나무 위로 오르려다 코아띠는 봉지를 놓고 올라갔다. 이곳에 사람이 모이고, 사람들이 간식거리를 가져온다는 사실을 이 동물들은 잘 알고 있었다.

야생 동물에게 사람이 먹는 음식을 주는 건 아주 위험한 일이라 가이드는 끝까지 따라가 과자 봉지를 찾아왔던 것이다. 참 직업의식이 강한 젊은이였다.

신발을 벗었다. 가이드가 안내하는 물속으로 들어갔다. 한참 있으니 발가락이 간질거린다. 닥터 피시였다. 말로만 들었던 고기들이 떼 지어 내 발에 붙어 무언가를 떼어 먹는다.

크지 않은 물고기였지만 내 발을 자극한다. 아니 제법 따갑다. 따끔 내 발을 무는 느낌이 싫지 않았다. 좀 더 큰 고기들이 다리에 붙었다.

'그래, 그래. 많이 내 발을 뜯어 가 다오. 지금, 내 몸과 마음에 붙어 있는 때, 버려야 하는 모든 습성들을 떼어 내 주렴.'

호수를 나와 일행은 다시 산을 오르고 내리기를 몇 시간을 했을까, 낭떠러지의 진흙 산길 어디로 발을 옮겨야 할지 온통 미끄러운 곳에 이르렀다. 몇십 년 산길을 걸어 보았지만 끈적임 있는 진흙 산행은 초행이었다.

발을 절다시피 내려와 화산 아래 전망대에 앉아 내려왔던 산을 바라보니 만감이 교차했다. 노을을 보며 하루의 감사와 일과를 정리했다.

알지 못했던 사실들을 깨우치고 알아도 정확한 정보가 아니어서 다시 알았을 때, 그래서 바른 정보로 내 안에 정립될 때, 여행의 가치를 끌어 올릴 수 있다.

산행하면서 가이드 설명으로 생전 보지도 못했던 동식물들에 대한 정확한 정보를 얻었을 때의 쾌감은 막힌 통로를 뚫어 물 흐름을 느끼게 해 주었다.

이처럼 올바른 설명을 위해 가이드는 식물학을 전공했다. 딸을 둔 눈매가 서글한 젊은 아빠였다.

새, 나무, 풀, 붉은 눈 개구리, 그리고 산을 내려오면서 본 큰 나무 기둥에 구멍을 파고 들어앉아 부리만 내놓고 있던 큰 새, 내가 한참을 기다려도 얼굴을 드러내지 않았던 새. 못내 아쉬워하며 걸어가는데 가이드가 우리를 불렀다.

새가 얼굴을 내밀었으니 보라고 했다. 하늘에 닿을 듯 거대한 나무 구멍에 커다란 부리와 얼굴만 내밀고 사방을 주시하고 있는 묘한 새. 그 이름, '깨찰'이었다. 오늘, 나는 진기한 자연 체험을 온몸으로 해냈다. 고된 하루였지만 그 울림은 오래 내 마음에 남게 될 것이다.

에너지를 바닥까지 고갈시키고 산을 내려와 나는 노천으로 향했다. 어둠이 깔린 온천을 휴대폰 빛으로 더듬더듬 노천탕으로 들어갔다. 노곤함이 풀어지는 이 기분, 노천에서 깜깜한 하늘의 별을 세며 넘치는 기쁨을 누려 보는 밤이다.

출국 심사대에서

코스타리카 공항에서 출국 심사대 책상 위에 남편 배낭이 올려졌다. 마치 망자를 놓고 죽음의 사인을 찾듯 하얀 장갑을 낀 검사 요원은 배낭에서 하나하나 물건들을 꺼내 놓았다. 상대에게 속수무책으로 고분고분 당하는 것이 공항 심사대다.

여행자로 자기 나라에 입국해 외화를 써 주고 작게나마 관광산업에 보탬이 되었던 것이 죄명이다. 나가는 출국자들을 대하는 태도치고는 좀 고약하지 싶다가도 로마에 가면 로마법을 따르라 했기에 나는 손발을 놓고 그들의 처분을 기다리고만 있는 것이다.

숙소에서 배낭 꾸리며 남편한테 배낭 밑바닥에 고추장을 넣으라고 당부했는데 크로스 가방에 고추장을 넣었다. 배낭 중간까지 물건들을 꺼내 놓다가 검사원은 포기하고 만다. 남편은 크로스 가방을 올려놓았다. 당당하게 넣어 온 고추장을 통과시킬 리 없다. 먹다 남은 과자는 문제없지만, 고추장은 안 된다며 통과시키지 않았다. 너무도 당연한 것인데 괜히, 자꾸, 돌아보며 야속하다.

돈 주고도 살 수 없는 내 고추장을 뺏겼다. 처음부터 안 되는 일이었다. 혹시나 살아 있는 것이 아니어서 괜찮을까 생각했지만 역시나다. 나도 손에 들고 연연하던 봉지를 검사대에 놓았다.

봉지를 펴 보고 내 얼굴이 화끈거렸다. 작은 감자알 몇 개가 동그랗게 들어 웃고 있다. 사리로 쓰다 남은 파 한 뿌리가 봉지 안에서 또 웃고 있다. 연달아 나온 뜯지도 않은 씨알 굵은 마늘이 얼키설키 엮인 망 사이를 비집고 나온다.

나는 검사원을 향해 뜯지 않았으니 돌려달라고 애절한 눈빛을 해 본다. 고개를 절레절레 젓는 검사원이 야박하다. 내 허기의 끈이 너무 길었나 보다. 그래, 놓으려다 다시 잡아든 스프와 부서진 라면만 챙겨 나왔다.

때로는 내게 절대적 가치의 물건이 너에게는 오물이다. 쓰레기통으로 들어간다. 네가 던져 버린 그것은 내가 앞으로도 삽십오 일은 더 함께 했어야 하는 꿀이요, 젖이었는데.

비닐봉지에 감겨 쓰레기통으로 떨어지는 소리. 내가 한 달을 더 살아야 하는 목젖을 부드럽게 하는 소리가 내 혀를 긁어 내고 있다.

어젯밤 꿈에 벌이 왕왕거리더니 나를 떠나는 소리였다. 팔에서 힘이 세고, 빵을 먹어도 밥을 먹어도 마지막 너와 입을 맞추는 비로소, 그래야만 했던 고추장이 야속하게 뻥 뚫린 구멍으로 떨어진다. 이제는 털을 잃은 양이다.

내면을 그림으로 승화시킨 칼로

투어하러 시티 버스에 올랐다. 도시는 과거와 현재가 적당한 조합을 이루고 있다. 고전 분위기가 물씬 풍기는 건물들 속에 간간이 하늘을 찌르듯 올라간 건물들이 자주 보인다. 유독 고풍스러운 분위기로 압도하는 건물을 이층 버스에 앉아 바라본다. 도시는 자유로움 속에서도 질서 있게 돌아가느라 바쁜 모습이다.

두 시간 시내를 돌아 프리다 칼로의 생가 '카사 아술(Casa Azul)'이다. 디에고 리베라와 프리다 칼로가 살았던 파란 집 앞에 버스가 멈춰 섰을 때 '악' 소리가 절로 나왔다.

아침, 서둘러 왔건만 대문 앞에는 긴 꼬리를 문 행렬이 그들 명성에 걸맞게 한쪽 도로를 점거하고도 모자라 두 겹 줄이 똬리를 틀었다.

1시간 이상을 대문 앞에 죽치고 있다가 입장할 수 있었다. 포기하지 않고 기다린 보람은 컸다.

활화산처럼 살다간 그녀의 이름 칼로, 나는 그녀의 남편도 위대하지만 칼로의 생에 더 감동했다. 그들의 혼이 서려 있는 집 안을 돌아보는 두 시간은 내가 시공간을 초월해 그들의 체취와 혼을 느껴 보는 믿기지 않는 현실이다. 그들의 혼이 아직도 남아 있는 한 자락이나마 내가 밟고 있다는 사실이 가슴 뛰었다.

프리다 칼로가 살았던 이 집은 파란 집이다. 그녀가 평생 몸담고 살았던 집으로 침실, 정원을 돌아보는 것은 환상 속을 걷는 그 이상이었다. 비운의 여성 화가가 평생을 살며 숨 쉬었던 공간을, 추억을 찾아보는 것은 신비감에 쌓인 양파 속을 벗기는 것과 같다. 비밀의 공간이다.

소아마비, 교통사고, 서른두 번의 수술, 그리고 이혼. 그녀의 삶이 고통으로 점철되었다. 그녀의 인생이 그녀가 예술가가 아니고서는 그 혼으로 승화시킬 수 없는 천재 화가라는 사실을 확인시켜 주는 공간을 걸어본다.

나는 굵직한 화가 외에는 그림을 많이 알고 있지는 않다. 그러나 프리다 칼로의 정열적 색감과 그의 그림을 익히 보아 왔다. 그녀의 삶과 예술의 흔적이 집 안 곳곳에 배어 있다.

아침부터 저녁까지 그녀가 돌아다녔을 동선을 따라가 보고 흔적을 찾아보고, 크지도 작지도 않은 방방마다 들어가 보았다.

그녀가 그 시절 느꼈을 감정과 고통을 음미해 보다 온몸에 전율이 오른다. 파란 대문을 가진 그녀의 집에서 프리다 칼로가 되어 본다.

가슴에 응집된 혼으로 예술을 표현해 낸 그녀의 작품들은 영원히 살아서 우리 곁에 빛날 것이다.

집 안에서 나오다 나는 정원의 한편에 마련된 그녀의 빈소를 찾았다. 빨리 듯 눈길이 찾아간 곳을 마주치니 칼로의 오라가 꽃 속에서 나타났다.

웃고 있는 그녀를 보는 자체가 화산이었다. 화려한 꽃 속에 묻혀서 그 모습 그대로 웃고 있다. 다만 움직이지 않은 채로 앉아 있을 뿐이다.

살아생전 남편의 여성편력 때문에 마음 고생했을 그녀한테 다가가 나도 모르게 꽃 한 송이를 얹는다. 웃고 있는 그녀의 모습, 어둠 같은 고통은 어디에서도 찾지 못했다.

세계적으로 걸출한 인물을 배출한 나라를 여행하다 보면 그들은 자존심도 강하다. 멕시코도 그랬다. 그것은 현실이고, 또한 그 현실을 피부로 느끼기에 여행하다 보면 그런 나라들이 난 참, 부럽다.

독보적인 두 인물, 리베라와 칼로는 멕시코에서 영웅 대접을 받는다. 부부가 함께한 집의 흔적은 의외로 소박해서 나는 적잖이 놀랐다. 호화로운 저택을 생각했던 나는 크지 않은 집에 총 맞은 듯 처음에는 당황했다. 오밀조밀한 집 공간에 들어가야만 할 장식품으로 예술 혼을 키워 낸 흔적들, 그 혼을 실현했을 두 사람. 예술적 창조 공간으로는 협소하고 초라했다. 그들의 명성에 걸맞게 나는 대저택을 상상했다. 내 예측은 하나도 맞지 않았다.

최소의 공간을 접하고 대문을 나오면서 그들의 이름이 자그마하게 새겨진 문패를 한참 동안 보았다.

아니야! 이것은 뭔가 잘못된 거야. 나는 문명에 오래 찌들어 살았나.

감동의 두 시간을 그 파란 집에서 보내다 뉘엿뉘엿 해가 도시를 떠날 때쯤, 코요아칸 야시장을 돌아보았다. 재래시장은 원색의 도자기와 여름 크리스마스를 즐기는 이들의 트리 용품이 그득 쌓여 북새통을 이뤘다.

그렇게 늦은 밤에야 숙소로 돌아오는데 교통 체증으로 시내의 곳곳이 막혔다. 시달렸다. 몸은 천근이다. 씻고 잠드는 데 빠듯한 시간의 끝마무리다.

디에고 리베라

어제 늦은 밤까지 투어하느라 디에고 리베라 생가를 가지 못했다. 물어물어 전철을 타고 버스를 갈아타며 비지땀을 쏟고 겨우 찾았다. 가는 날이 장날이라 했다. 내게 하필 그런 날이 오늘이었다. 문은 굳게 닫혀 있다.

보수를 시작했단다. 어제만 왔어도 돌아볼 수 있었단다. 관리인도 우리의 난감한 표정이 딱해 보였는지 위로의 말을 해 준다. 그나마 밖에서도 안을 들여다볼 수는 있었다. 집은 두 부부가 살았던 집처럼 파란색으로 칠해 놓았다. 파란 천으로 가려 놓은 집 안을 담장에 서서 들여다보았다.

디에고가 활동했던 당시의 집기들과 생전 활동 사진들이 외부에 몇 점 놓여 있다. 디에고가 살았던 생가는 멕시코 부유층들이 산다는 곳에 있었다. 싸안은 듯 산으로 담장을 두른 집 아래로는 세계적 명품들 상점이 줄지어 있다.

헤어 살롱, 호화로운 부티크, 주위를 보면 여타 지역과는 확연하게 달랐다. 양 도로변을 자리하고 있는 갤러리, 명품관들이 차지하고 있다. 고급 음식점과 각종 샹들리에로 장식되어진 집들을 기웃거리느라 우리는 발걸음이 점점 느려졌다.

그렇게 거리를 구경하다 물어물어 버스를 타고 다시 전철을 이용해 돌아가는 길에 도시 전체가 술렁거리는 움직임을 느꼈다. 일명 '죽은 자의 날'을 며칠 앞두고 있다. 모든 죽은 이들을 위한 축제로 멕시코시티는 연일 시끄러웠다.

광장과 거리, 사람들이 모이는 공간에는 얼굴에 페인팅을 한 사람들이 북적인다. 각종 동물과 식물 그리고 사람, 해골 등 그림의 종류도 다양하다. 그림을 그려 가면을 쓰고 옷은 주로 검은색으로 치장하여 입었다.

광장에는 작은 테이블을 만들어 그 위에 간단한 제사 음식을 올려놓았다. 죽은 가족과 이름, 사진들을 걸어 화려한 색색의 꽃으로 장식해 죽은 자를 위로하며 축제를 즐긴다.

나는 그 모습이 신기해 장식 사진을 본다. 나이 든 사람이 사진 속에서 웃고 있다. 그 옆 사진은 미처 피워 보지 못한 어린 생명들이 사진 속에서 웃고 있다. 숙연해지는 순간이다.

분명 웃음이 나올 수 없는 엄숙한 현장인데도 이들의 표정은 밝다. 어디서 저런 여유가 나올까. 아니 지금은 망자를 위한 축제의 마음으로 기도하고 있을 것이다.

지금, 내가 쉬느라 맥도날드에 들어앉아 있는 동안에도 바로 아래 층에 아이부터 어른까지 얼굴에 가면과, 페인팅을 한 모습으로 앉아 햄버거를 먹고 있다. 저 아이는 과연 죽음이란 까만 세계를 알기나 할까?

검은색으로 닮은 가면의 얼굴들이 들락댄다. 하얀색과 검은색으로 고양이 그림이 그려진 마스크를 얼굴에 쓰고 한 아이가 감자튀김을 먹고 있다. 귀여운 녀석, 마스크 속 얼굴이 보고 싶어진다.

비록 리베라 생가에서 허탕을 쳤지만 그래도 그의 삶, 흔적을 조금 더듬었다는 것으로 위안 삼고 싶다.

알록달록 도시와 몬테알반 유적

어젯밤 멕시코시티에서 밤 12시 버스로 가장 멕시코다운 '와하카(Oaxaca)'에 도착했다. 해발 고도 1,545미터에 위치한 도시는 한눈에 보아도 알록달록 예쁜 색들로 블록 블록을 이어 놓은 집들과 오밀조밀 소박한 사람들이 살고 있었다.

활기찬 색감들이 눈에 들어오니 마음부터 밝아 왔다. 도시는 첫인상이 좋았다. 마음에 꼭 차 왔다. 게다가 내 눈을 의심케 하는 것은 오래된 차들이다. 저 차가 과연 달릴까 싶었다. 오래된 차들이 길가에 주차되어 있다.

신기한 시선으로 차를 돌아보는데 마침, 차 주인이 나와 우리의 행동을 보고 웃으며 시범해 준다.

주인은 차 안의 박스를 열어 뭔가를 꺼냈다. 끈이었다. 트렁크 문을 열고 벨트와 연결해 시동을 걸었다. 잠시 차는 헛기침을 여러 번 하더니 시동이 걸렸다. 주인은 나를 보며 해 보겠냐는 행동을 했다.

나는 해 보고 싶었다. 남편이 옆에서 말린다. 남편은 말리는 편이고, 나는 해 보는 편이다. 이처럼 우리는 틀리나 같이 바라보며 여기에 이르렀다.

고물차로 폐차시켜야 할 것 같은 차들이 넓은 세상 어딘가에서 잘 굴러 가고 있다. 가끔은 상식으로 가늠할 수 없는 것들이 세상에는 많다. 그래서 우리가 살아갈 이유를 부여받는 것 같다.

세계의 중고차는 쿠바 다음으로 이곳에 몰려 있는 것 같다. 시내를 누비 는 노령 차들을 이곳에 와서야 실감나게 본다.

멕시코 원주민들의 생활상을 엿볼 수 있는 '후아레스' 재래시장은 온갖 물 건들이 총 집산해 있다. 일일이 다 맛볼 수 없는 음식들. 내가 간간이 먹어 본 치즈 맛은 일품이었다.

멕시코의 음식인 토르티야와 함께 나는 치즈를 많이 즐겨 먹는다. 돌아 다니며 먹기에 딱 좋은 간식이다. 어차피 하루 일정을 마무리하려면 식사 때를 지킬 수 없다. 간간이 배곯지 않는 방법이다.

와하카 분지가 한눈에 내려다보이는 400미터 정상에 위치한 '몬테 알반 유적'은 아메리카 대륙 최초로 건설된 계획도시다. 이 유적을 다 돌아보는 것은 열사병에 몸을 맡기는 격이다. 햇볕을 몸으로 막아 내는 노동이다.

유네스코 세계 문화유산에 등재되어 있는 이 유적군을 돌아보느라 땀을 한 바가지는 흘렸다. 능히 그럴 만한 가치가 있는 아주 귀한 유적이다.

몬테 알반 유적을 돌아보는 동안, 고대로 시간을 돌리는 착각에 빠졌다. 의식의 중심지인 펠로타 코트(Pelot Court)의 거대한 신전과 무덤들과 돌에 상형 문자들을 새긴 비문들이 많이 있었다.

유적지는 언덕 측면에 계단식 관람석을 만들고, 댐을 건설했다. 그 흔적 을 돌아보는 동안 가슴이 뛰었다.

이 거대한 도시에 거주민 50,000명 이상이었다 하니 얼마나 놀라운 사실인 가. 무덤에서 발굴해 낸 보물들은 와사카 박물관에 모두 소장되어 있다. 나 는 돌에 새겨진 그림들을 건물에서 찾아보느라 땡볕 더위는 잠시 잊었다.

아침 일찍 입장했지만 길게 이어진 유적들을 하나하나 안내지를 보면서 찾아다니는, 땡볕에서 미로 찾기였다. 유적이 흩어져 있는 데다 규모 또한 방대해서 돌아보기는 해도 겉핥기식이다. 비지땀을 흘리며 돌아본 노고, 그 자체로 의미를 두고 싶다.

그러다 발견한 돌 축대 아래에 누워 있는 나신의 그림, 애절하게 껴안고 있는 여인의 나신 그림 한 쌍이 내 눈길을 끌었다. 붓다보다도 이른 시기에 이루어졌다는 이 고대 계획 도시는 지금도 믿기지 않을 만큼 '정확하게 이루어진 도시'라고 가이드는 말했다.

마음 같아서는 더위가 한풀 꺾인 늦은 오후의 햇살을 받으며 유적을 돌아본다면 지금 이상의 느낌을 받아 좋을 것 같지만 그 어디 마음대로 할 수 있는가?

유적 주광장 중앙에는 하늘을 관찰하고 종교적인 의식을 행하는 시기를 정했던 천문대도 있었다. 광장의 서쪽 벽면에는 춤을 추는 모습들이 돌에 새겨져 있다.

그곳을 나와 전통 시장으로 갔다. 북적이는 시장은 삶의 소리로 꽉 차 있다. 높은 빌딩이 없는 거리도 좋지만 서양인들이 눈에 띄지 않아 같은 피부의 색으로 어울리니 내가 진정 이곳의 사람인지 그들이 내 공간으로 들어온 사람들인지 구분되지 않아 좋다.

쌀, 치즈, 사과, 요구르트, 바나나를 손에 드니 먹는 걱정 안 해도 되겠다. 곳간에 곡식을 들이니 모든 것이 풍요롭다.

중미의 캐니언, 스미데로 계곡

새벽녘부터 잠을 깨다, 자다를 반복하고 있다. 문 밀치는 소리에 의식을 찾았고 밤 동안 폭죽 터지는 소리에 귀가 아팠다.

새벽녘부터 변기 물 내리는 소리, 방귀 뀌는 소리, 쫓기듯 문 닫는 소리, 다시 배설하는 소리, 얇은 문 하나 사이에 두고 배설하는 소리를 듣느라 잠을 깼다. 비우고 채우고, 안팎의 소리가 이처럼 요란한지 예전엔 미처 몰랐다

띵한 머리를 싸매고 계곡으로 가는 길은 선잠만큼이나 낯설다. 이른 새벽도 아닌데 가는 길은 짙은 안개로 한치 앞을 구별하지 못하겠다. 나는 불

안해 안전벨트를 다시 한 번 확인했다.

여행하다 보면 더러 불안할 때가 있다. 오늘이 그렇다. 천 길 낭떠러지를 끼고 내 마음과는 달리 가속페달을 밟는 기사의 행동 하나하나에 예민해진다. 타자에게 내 몸을 담보하고 있는 날은 더 그렇다.

그나마 한쪽은 천 길 계곡이지만 반대편은 알곡을 거두어 낸 마른 옥수수 대들이 끝없이 이어진 언덕이라 불안을 다소 덮어 주었다.

이 많은 밭의 옥수수가 다 어디로 갔을까? 멕시코는 옥수수가 주식이다. 멕시코에서 먹고 있는 토르티야는 거의 옥수수로 만들어진다.

계곡의 위용은 대단했다. 그랜드 캐니언을 비유에하면 되겠다. 단지 물이 흐르는 협곡이라는 것이 다를 뿐, 계곡 물을 다 뺀 모습이 캐니언이 아닐까 생각했다. 물은 터질 듯 가두어졌다.

아무리 홍수가 나고 물살이 밀려와도 이 첩첩 계곡 어느 한곳이 터진다는 것은 불가항력이겠다.

협곡은 직벽으로 둘러 쳐진 바위 언덕이다. 여기에 걸친 소나무, 이끼, 식물들, 이 계곡에 살고 있는 동물, 어류, 조류들은 헤아릴 수 없다.

내가 보트에 앉아 지나가고 있는 동안도 숲에는 희귀한 원숭이들, 혼자 외롭게 하염없이 서 있는 신선 같은 백로, 그리고 포식자 악어들이 속속 지나간다.

지금, 까마귀 과에 속하는 작은 독수리들이 숲 언덕을 포진하고 있다. 서로는 할퀴고 부리를 마주 대며 애정 표현에 몰입하느라 우리가 지나건, 말건 사랑에 빠져 있다. 간혹 혼자 서 있는 놈은 아마도 싸움을 한 모양이다.

보트를 함께 탄 사람들은 함성을 지르거나 나처럼 감탄사만 숨 죽여 내고 있다. 무어라 형언할 수 없는 감동을 물처럼 솟구쳐 주는 것도 물이다.

물처럼 흘러 나는 여기까지 와 있다. 그런 현실이 실감나지 않을 때가 종종 있다.

투레 나무

누적된 피로로 아침 8시까지 잤다. 오후에 출발하는 버스로 12시간 이동해야 한다. 오전에 시내와 외곽을 둘러본 뒤 이동한다.

중남미 여행에 비하면 중미 여행에서는 이동을 자주 하지 않았다. 그러나 몇 번의 이동은 장거리로 예약되어 있다.

이색 풍경이다. 천장부터 제단까지 금으로 장식된 '산토 도밍고 교회'의 위용을 감상하고, 시티 버스에 올랐다. 성당 외관도 달랐다. 흙으로 빚은 성당이 있는가 하면 금으로 만든 성당 등 참 다양한 모습의 성당들이 있다.

도시에는 가장 멕시코다운 원주민들이 살고 있다. 검은 머리, 짙은 눈썹, 크지 않은 코가 인상적이다. 적당한 안개에 덮여 있는 도시는 어느 마법사가 큰 삽으로 푹 떠서 옮겨 놓은 도시처럼 사랑스럽다. 오밀조밀한 고개 언덕 지나면 또 고개, 참 정겨운 원초적 길이다.

도시에서 택시 타고 40분 정도 외곽으로 나가니 투레(Tule) 마을에는 세계에서 두 번째로 큰 나무가 있었다. 높이가 무려 14.05미터, 둘레 45미터로 엄청난 크기의 나무가 있는 명소에 내렸다.

성인 30명 정도가 서로 팔을 잡아야 닿을 만큼 우람한 크기의 나무가 있다. 파란 하늘이 반기는 공원 입구로 들어서다 놀라 뒤로 움찔했다. 이건 나무가 아닌 신령이다. 더 신령다운 것은 나무만이 아니다.

팔팔한 청춘처럼 달려 있는 짙은 녹빛 잎이었다.

저렇게 크려면 얼마의 양분을 빨아들여야 하나, 세월을 안고 있는 나무는 얼마 동안 이곳을 지켜 왔을까 의문이 꼬리를 물었다.

산토도밍고 템플

산크리스토발에 도착한 것은 아침 시간, 밤새 12시간을 버스로 이동했다. 도시는 고즈넉한 분위기다. 광장마다 하루를 여는 사람들의 소란함이 느껴져 왔다.

전원 마을과 현대식 가톨릭 신앙과 토속적인 풍습이 짙게 남아 있는 도시는 뭔가 특별해 보였다. 분명 현대식 성당이지만 그 안으로 들어가면 토속적인 신앙을 그대로 가지고 있어 성당의 겉모습에서 느낀 이미지와는 어울리지 않았다.

원주민들이 자연 빛깔을 좋아해 외관이 전부 녹색이다. 분명 성당인데 안으로 들어가면 매캐한 냄새가 기도를 자극한다. 냄새에 예민한 사람은 그 안에서 채 30분을 견디기도 쉽지 않은 냄새였다. 처음 접한 광경에 도무지 적응되지 않았다.

녹색 생솔잎을 성당 바닥에 깔아 놓았다. 사람들은 저마다 솔잎 깔린 성당 바닥에 촛불을 수십 개 밝히고 무언가를 간절히 염원한다. 성당 미사를 주관하는 신부도 없다. 가족끼리 군데군데 모여 기도하고 있다.

촛농이 떨어지는 마룻바닥, 매캐한 연기. 솔잎을 밟고 미끄러질 뻔 했지만, 이들의 진지한 모습을 방해하지 않으려 나는 살금살금 돌아다니다 얼굴 마주치는 사람에게 미소만 보낸다. 촛농 냄새로 머릿속이 띵하다.

외관은 현대식 성당이지만 주민들은 토속적인 주술 양식의 종교를 고수하고 있었다. 그 모습이 어찌나 인상적이었던지 정통 가톨릭이 이들의 마음을 파고들려면 시간이 더 필요함을 느꼈다.

이 광경이 생소해 카메라에 담으려 했지만 사진을 촬영할 수 없다는 이들의 관습에 나는 도리 없이 접어야 했다.

신도들은 전부 원주민들이다. 나 아닌 타자 단 한 사람을 보지 못했다. 더 특이한 것은 촛불 앞에는 음료수와 심지어 살아 있는 닭까지 바치고 있었다는 것이다. 원주민들의 진지한 눈동자를 보면서 이들의 토속 신앙에는 내 이해 부족이 문제될 뿐이라 생각했다.

성당을 빠져나와 잠시 서 있는 동안, 원시적 방법 그대로 대충 꿰어 맨 털옷을 입고 다니는 사람들이 종종 눈에 띄었다. 가이드는 그 사람들이 바로 성당에서 제사를 주관하는 제사장들이라는 말을 해 주었다.

과테말라의 국경을 통과하러 아침 일찍 서둘렀다. 하늘은 푸르고 높다. 산크리스토발의 전원적 마을에서 한껏 만족한 아침, 도시는 다 볼 수 없다. 크고 작은 성당들이 많았고, 거쳐야 할 곳도 많았다. 어차피 내가 이 땅에서 눌러 살지 않는 한 다 볼 수 없다.

내가 떠나는 시간이 아침 출근길이다. 아이들의 등교 시간과 맞물려 있다. 종종거리는 사람들의 모습을 보며 나도 서둘러 산크리스토발을 떠난다.

국경 풍경

이쪽과 저쪽을 나누는 보이지 않는 선, 너와 나의 약속의 말을 하지 않는 입, 이쪽은 저쪽을 넘어선 안 되는 흙, 너도 나도 우리의 선, 온전하기 위해 자기만의 선을 긋고 사랑으로 선을 지키며 우리 살고 있는 땅.

끝도 없이 이어지는 옥수수 밭, 다른 작물을 찾는 건 보물찾기보다 어렵다. 양옆으로 곧게 뻗은 나무들이 창가로 뛰어들 듯 지나간다. 그중, 소나무가 눈에 들어왔다.

멀리서 보면 마치 나무에 꽃이 매달려 있는 것처럼 솔잎이 유난히 길어 끝이 바닥을 향해 누워 있다. 먼지털이를 거꾸로 꽂아 놓은 모양이다. 나무들이 차창을 지나칠 때마다 그 빛을 보느라 지루한 시간을 견디고 있다.

빛을 반사한 솔잎이 은빛으로 착시되어 온다. 녹색 꽃이 나무에 피었다. 하늘에는 사방으로 흩어진 구름들이 헤쳤다 모아지는 물고기 떼의 유희처럼 보인다. 한 점 구름을 따다 맛보고 싶은 충동이 일었다. 입에 대면 사르르 녹을 하얀 솜사탕 구름이 떠다니는 하늘을 보면서 지루함을 잊는다. 국경이 가까워졌다.

구름 한 조각만 잡아 타면 내가 보지 못하고 떠나온 곳곳들을 볼 수 있을 것 같다. 떠나는 아쉬움을 그렇게나마 채워 볼까.

멕시코와 과테말라의 국경에서 멕시코를 나가는데 390페소의 경비를 지불했다. 그리고 과테말라에 입국하기 위해서 입국세로 25페소를 다시 지불했다. 국가 간의 힘 과시는 국경에서부터 시작된다.

멕시코는 땅덩이가 큰 만큼 높은 출국세를 받는 반면, 소박한 입국세로 대면한 과테말라에 나는 들어서기도 전에 매료되었다.

멕시코의 출국장을 빠져나와 봉고차에서 짐을 내려 배낭을 메고 다시 과테말라 출입국 사무실을 향해 걸었다.

작은 시골 막사처럼 건물에서 과테말라 입국 심사를 받았다. 검사원들은 내 여권만 가져가고 입국세로 50페소를 다시 받는다. 그러니까, 우리 돈 3천 원을 내니 여권에 도장을 콕 찍어 준다.

자라 보고 놀란 가슴 솥뚜껑 보고 놀란다고 또 배낭 검사를 하지 않을까 한 염려는 물거품이었다. 물론 이번에는 당당하게 검사받을 준비가 되었지만, 배낭을 풀어 놓는 번거로움이 생략되어 마음이 가벼웠다.

그대로 통과다. 여행하다 보면 여행 국가에 입국하면서 겪는 고충이 한두 가지 아니다. 당연히 받아야 하는 검사지만 배낭여행자들의 짐 검사는 하나마나 빤하다. 고작해야 온갖 잡동사니와 들고 다니는 빨래거리들뿐, 그래도 자기의 소임을 다하는 입국 심사원들이 오늘은 퍽 멋지다.

체 게바라가 사랑한 아티틀란 호수(Lake Atitlan)

과테말라의 첫 아침은 싸늘하게 시작한다. 여름 속에 가을이 자주 들고 나간다. 과테말라 파나하첼에는 세계에서 가장 아름답고 긴(125킬로미터) 아티틀란 호수가 있다.

오늘은 긴 강을 보트로 화산섬에 접근한다. 호수에 근접해서 살고 있는 작은 마을들을 둘러보기 위해서다.

마치 여인의 엉덩이를 닮은 화산섬에는 마을마다 고유 문화를 품고 평화롭게 사는 사람들이 있었다. 주민들이 살고 있는 호수 주위는 비경들이 숨어 있다. 보는 그대로가 엽서나 그림으로 만나는 광경들이다.

친근한 교통수단인 톡톡이를 타고 마을을 한 바퀴 돌아보는 것이다. 현지인이 톡톡이로 안내해 주며 마을에 얽힌 설명을 가이드처럼 해 준다. 마을을 돌다 원주민 학살 현장에 도착했다.

하늘에 닿을 듯 높이 세워진 충혼탑과 공원을 조성한 이유와 내역을 들었다. 과테말라는 자연적 여건이 좋아 바나나와 커피 생산이 주류를 이룬다. 이 바나나로부터 시작된 분쟁은 끝내는 민병대와 합세한 자국민이 원주민을 학살하기에 이르는 전쟁 같은 결과를 초래했다.

반군과 손잡고 주민을 농간하며 무참히 살해한 인구가 100명을 넘었다. 잔혹하게 자행한 인간 청소의 현장을 돌아보는 마음이 내 아팠다.

희생된 이들이 마을에 묻혀 있다. 그날을 기리며 기억하는 국립묘지 같은 곳이었다.

과테말라는 코스타리카와 더불어 자연 여건이 빼어난 나라다. 두 나라를 돌아볼 수 있다는 것은 이번 여행의 큰 수확이다.

그런데 특이한 체험은 이 지역 토속 신앙인 종교의 신을 섬기는 곳이 있어 찾아갔던 것이다. 이곳만의 전통 의식들은 특이했다. 이들이 섬긴다는 신의 모습을 대하는 순간, 나는 섬뜩한 분위기를 느꼈다. 향을 피워 매캐한 현장에 오래 머물지 못하고 나는 밖으로 나왔다.

그들이 신으로 섬기는 열 살 정도의 소년이 의자에 앉아 있다. 어린 소년이 그 환경에 앉아 하루를 견디는 고통은 아동학대다. 신이 그 어린 영혼을 본다면 화낼 것이다. 그렇게 믿고 싶었다.

내가 2007년 네팔에서 보았던 '쿠마리 사원'에서 창문으로 잠시 얼굴을 내민 소녀의 모습을 보기 위해 사원에서 몇 시간을 기다렸던 기억이 떠올랐다.

자욱한 매연 속에 소년의 시간이 마치 내가 그곳에 앉아 있는 느낌이었다. 아이는 마땅히 자유롭게 뛰며 놀아야 한다. 어른들이 아이를 부동자세로 한곳에 앉히는 행위는 아동을 학대하는 행위다.

중년의 남자가 곁에서 지켜보는 내내 소년은 방치되어 있었다. 사람들이 내놓고 떠나는 얼마간의 소득을 얻는 것이 토속 신앙임은 알겠으나, 매캐한 연기 속 소년의 눈빛을 보니 그 자체가 소리 없는 학대 같아 나는 그곳에 더 머물지 않았다.

토속 신앙 터를 나와 여인들이 이용하는 가트를 찾아 빨래하는 모습을 보았다. 파란 물을 보니 답답하게 막혔던 가슴이 뚫렸다. 다시 재래식 시장을 거쳐 톡톡이에 올랐다.

마을을 돌아 기계를 놓고 직물을 짜는 여인들의 모습을 보니 번잡했던 시간들이 지워진다. 머릿속이 개운하다. 바지 하나(80케찰), 머리띠(10케찰), 그리고 여인이 직접 손으로 짜낸 자연섬유의 직물 망토(11케찰)를 손에 쥐고 만족한 구매를 끝낸 뒤 보트로 돌아왔다.

배 시간을 놓칠까 점심도 거르고 포장해 온 간식으로 끼니를 때운다. 호수 옆 뱃전에 앉아 간식을 먹으니 이 맛 또한 달다. 따가운 해수면이 호수를 칠 때마다 물비늘 튀듯 호수가 튀어오른다.

러시아의 바이칼 호수, 페루와 볼리비아의 티티카카 호수와 함께 세계 3대

호수인 아티틀란 호수다. 휴화산의 두 봉우리를 감싸고 있는 듯한 모습이 아름다워 많은 여행자들이 호수를 보기 위해 찾아오는 관광지다.

아티틀란 호수에는 일화가 있다. 체 게바라가 첫 번째 부인 일다를 과테말라에서 만났다. 잠시 과테말라에 머물었던 체는 아티틀란 호수를 보고 "이곳에서는 혁명가로서의 꿈도 잊게 만든다"라는 말을 남겼다.

왜 아닐까? 그도 한 인간이다. 혁명가 아닌 그 누군들 사랑하는 연인을 만나서 안착하고 싶은 충동이 들지 않을까. 호수를 바라보면서 시가를 물고 깊은 상념에 젖어 있는 베레모의 체, 젊은이의 아이콘인 그의 모습을 물 위에 그려 보았다.

파카야 화산 투어

과테말라에서 새벽녘 닭 울음소리에 눈떴다. 아직 어둠이 다 걷히지 않은 시간, 새벽 정적을 깼다.

오늘은 이동하는 날, 아무리 좋은 풍경과 이야기가 있어도 나는 떠나야 한다. 볼 것은 많고 시간은 한정되어 있는 여행자. 이동할 안티구아는 과테말라의 수도다. 그곳에서 아쉬움은 충족되리란 기대로 떠난다.

옛 수도답게 시가지 풍경은 성 안으로 들어가는 느낌이다. 도시는 블록을 이어 놓은 것처럼 사방을 정사각형 모양으로 퍼즐 배치하듯 짜여졌다. 안티구아에 왔으니 시내를 돌아보고 화산 투어에 따라나섰다.

마치 물먹은 스펀지처럼 땅을 밟으면 무너져 버리는 돌과 돌멩이들이 흩어진다. 무너지는 화산 돌을 밟으며 오르는 산은 헛발을 디디는 격이다.

늘 산은 그랬다. 힘들면 힘든 만큼의 대가를 어김없이 지불해 준다는 것이 내가 산을 다니며 깨친 정답이다.

저녁 일몰을 보기 위한 산행이지만 결코 쉽지 않은 산길이다. 검은 화산재로 닦아 놓은 길을 따라 오르는 동안, 힘든 사람들은 말을 타고 오르고 있다. 남은 힘을 다 소진할 즈음, 싸한 바람이 분다. 능선에서 아래로 부는 바람이란 걸 직감으로 느꼈다. 목적지가 멀지 않다는 신호였다.

산 위의 풍경은 노을과 맞물려 산의 입이 굳었다. 보기에도 족한 광경들, 믿기지 않은 풍경들은 화산을 내려가는 길에 더 가깝게 전해 왔다. 흘러내린 용암들이 쌓인 계곡 아래는 지금도 그 열기가 뿜어져 나와 우리는 나누어 준 마시멜로를 구워 먹기에 바빴다.

손대면 뜨거운 돌들 틈으로 마시멜로를 넣으면 어느 사이 불이 붙는다. 잠시 기다리면 익는다. 산 위에서 일몰을 보고 내려오는 길은 암흑의 세계다. 휴대폰 손전등을 이용해 내려오는 야간 산행은 참으로 고난도의 산행이었다.

시내를 내려다보는 절경도 잠시, 화산 화구에서는 붉은 불이 양 문에 걸려 있는 형상이 보였다. 낮에는 보이지 않았던 화마가 입구에 걸려 있다. 마치 용이 입에 여의주를 물고 있는 형상이다.

신령스럽다. 보이는 빨간 화구 지옥이 있다면 아마 저런 형국이었을 게다. 끓어오르는 화마의 원통일 게다. 살아 있는 활화산으로 뜨거운 열기를 뿜어내는 파카야 화산에서 마시멜로를 구워 먹는 것은 일미였다.

노릇노릇 구워지는 동안 느끼는 화산의 열기가 살아 있음을 느꼈다. 지금은 화산이 잠시 쉬고 있지만 언제 또다시 불로 용틀임을 할지 모른다. 눈앞에 보고 있어도 믿기지 않는 화산을 옆에 두고 있다.

나는 살아 움직이는 지열 지대도 몇 군데 보았다. 중남미를 여행하는 동안, 볼리비아의 오지를 들어가면서 사막의 벌판에서 수증기 기둥을 뿜어 올리는 광경을 목격했었다.

그 힘은 상상할 수 없었다. 열 기둥은 하늘을 향해 치솟았다. 그리고 가마솥 끓듯 끓는 지대를 보았다. 뽀글대는 그 광경이 어찌나 무섭던지 나는 서 있지 못하고 달아났던 기억이 생생하다. 신비하고 놀라웠다. 파카야 화산, 화산은 아직도 살아 있다. 저 입으로 언제 용암을 토해 낼지 모르는 채.

이곳 주위에는 한때 화산 폭발로 위기를 맞기도 했지만, 지금은 그 화산을 이용해 관광 산업을 하는 것은 물론, 화산 토를 활용하여 다양한 커피 농사를 주로 하고 있다. 얼마나 다행인가. 이익 창출에도 일익을 담당하고 있으니. 또 다양한 투어들을 개발해 관광 산업 가치를 높이고 있다.

이곳에서 나오는 커피들은 달콤한 스모크 향이 배어 있는 것을 특징으로 꼽을 수 있다. 커피 애호가라면 결코 지나칠 수 없는 유명 커피 투어와 전문점이 많지만 나는 유감스럽게도 기호식품을 즐길 줄 모르는 특이 체질이다.

과테말라의 그 유명 커피점도, 커피 원산지 나라를 찾아와서도 그저 여행만 할 뿐이다. 내가 나를 봐도 왜 그런지 모르겠다.

동굴

과테말라 란 킨(Lan quin)은 산속 마을 국립공원 자락을 밟고 있다. 과테말라 중앙산맥이 자리 잡은 숙소는 모든 여건이 열악하지만 빼어난 산림으로 싸여 있어 한낮의 열기를 나무 우림이 식혀 주는 곳이다.

이 산간 마을까지 사람들이 속속 들어온다. 빼어난 경관과 세묵 참페이(Semuc Champey)를 보기 위해서다.

포장되지 않은 이 험한 길을 오는 이유는 터키색의, 마야어로 '성스러운 물'을 뜻하는 곳을 보기 위해서다. 계단식을 이루는 강으로 터키를 다녀온 사람들은 파묵칼레를 연상하면 된다. 우리는 동굴 투어다.

아침 시간 우리는 숙소에서 2킬로미터쯤에 위치한 동굴 투어에 나섰다. 물론 걸어서다. 이만한 더위면 톡톡이나 택시로 접근해도 되지만 우리는 걷기에 나섰다.

더위를 온몸으로 견디며 동굴에 도착하니 사람이 없다. 입장료도 비쌌다. 동굴 앞까지 와서 안 보기는 그랬다. 둘이서라도 가야 했다. 입장권을 들고 거의 5백 미터를 걸어서 동굴 입구에 섰다. 그런데 사람이 없다.

동굴로 들어가는 입구 옆에는 살벌한 계곡 물줄기가 심상치 않았다. 저 급류를 타고 리프팅을 즐기는 여행객들도 있지만 급류를 보니 나는 오금이 저렸다.

우기가 끝나지 않아 관광객이 많이 줄었다고 했다. 동굴 코앞에서 오싹하게 휘돌아가는 물줄기를 보니 의욕이 사그라진다. 가뜩이나 인적 없는 곳에, 그것도 빛이 차단된 공간으로 들어가는 동굴은 여러 갈래로 마음이 나뉜다. 흐르는 물 기운에 빨려들 것 같다.

이럴 줄 알았더라면 입장표나 사지 말걸.

휴대폰 불빛을 밝혀 동굴 안으로 들어갔다. 동굴 안은 습해 미끈거린다. 바닥도 물에 젖었다. 물론 전등 시설은 갖추었지만 비수기로 관광객이 없어 소등해 놓은 상태였다.

동굴의 형상은 가뜩이나 음침한데 암흑 속에서 박쥐까지 휙휙 불빛을 발하며 지나다닌다. 뭔가를 낚아채 갈 듯 내 앞으로 날아다녔다. 앞으로 나갈 수 없었다.

서로가 불안해 말이 없다. 휴대폰을 의지해 안으로 들어가려는데 휴대폰

빛이 잠시 사라졌다. 암흑이었다. 한치 앞을 구분할 수 없는 암흑, 더듬더듬 다시 불빛을 밝힌 우리는 누가 먼저랄 것도 없이 "그만 나가자"라고 했다.

얼핏 보아도 다양한 종류석이 어둠 속에 짐승처럼 서 있는 동굴이다. 시기를 잘 맞추어 왔다면 감동을 받고 돌아설 동굴은 마치 나를 위협하는 짐승처럼 보였다. 이대로는 도저히 더 이상 안으로 들어갈 수 없었다. 심장이 멈출 거라 믿었다.

미끄럽게 밟히는 발아래 끈적임이 싫었다. 물론 동굴의 초입은 다 그런 형태라는 걸 안다. 조금 더 들어가면 달라진다는 사실도 알지만 이미 싸늘한 분위기는 공포다.

도저히 "조금 더"라는 말은 할 수 없었다. 을씨년스러운 초입의 느낌도 그랬고, 게다가 동굴로 들어가는 사람은 둘뿐이라는 사실이 의욕을 막았다.

이쯤 마음이 흔들리면 모든 것은 포기해야 한다. 입장료를 지불하고 도중에서 포기한 경우는 또 여행하며 처음이다. 흔들린 마음은 걷잡을 수 없이 공포를 일으켰다.

동굴은 첩첩산중에 있다. 30케찰씩을 지불하고 입장한 동굴 투어는 물거품이 되었다. 휴대폰 빛을 의지해서 들어갈 수 있는 동굴이 아니었다. 무리해서 들어갔다가 충전이 소모된 후의 일어날 사고를 생각했다. 동굴에서 길을 잃으면 어찌되는가? 산에서 길을 잃으면 어찌되겠는가?

나는 더듬더듬 바위 밑을 찾았다. 휴대폰 빛을 밝혀 안으로 들어와 겨우 백 미터도 되지 않은 길이 동굴에 몇 날 갇혀 지낸 듯 만감이 교차하는 어둠이다.

입구로 나오며, 높게 쌓인 박쥐 분이 바위처럼 굳어 있는 것을 보았다. 세월이 켜켜이 쌓였다. 밖으로 나와 빛을 만나니 호흡이 다르다.

동굴 안에 불이 나갔다. 나는 꼼짝 없이 어둠에 갇혔다. 내가 할 수 있는 것은 박쥐처럼 기거나 바위를 잡는 것 아니면 그대로 앉아 석순을 잡는 것이었다.

석순은 내 손을 밀어내며 거부했다. 방향을 잃고 내가 할 수 있는 것은 두려움을 이기는 것, 말하려 해도 입이 열리지 않았다. 두려워서 두려움을 이겨내는 것이라고 외치지만 듣지 않았다.

두렵다. 빛이 거부할까 싶어서. 세월의 흔적일 게다. 어둠의 자식들이 들락거리고 어느 형상이 그곳에서 기다릴까 궁금했지만 어둠에 갇힌 공포를 견디지 못하고 빛을 따라 나왔다. 군데군데 붙어 있는 박쥐들이 피를 찾고 있는 동안 어둠은 그곳에 갇혔다. 내 육신이 꿈틀대는 환각으로 굴을 나왔다.

우기로 도로는 가는 곳마다 유실되었다. 길을 다시 휘돌아 흐르는 물길을 피하고 우리는 왔던 길을 다시 돌아오는 길에 물방앗간을 보았다. 덜커덩덜커덩 옥수수를 토해 내고 있는 절구를 보니 마음이 편하다.

얼굴에 웃음기 없는 어느 여인은 지금까지 그래 왔듯 그곳에서 방아를 찧고 있다. 비가 나를 비켜 가는 동안 여인을 지켜본다. 여행 내내 비가 온다. 그나마 비로 투어를 못한 적 없는 것이 다행이다.

내일은 플로렌스를 향해 8시간 이동이다. 플로렌스를 마지막으로 과테말라 일정도 마무리된다. 과테말라는 내가 정보 없이 들어선 나라였다.

과테말라는 성장이 급속도로 진행되지는 않아도 세상은 또, 이 천혜의 나라를 두고 보지만 않을 것이다. 언제나 거대 자본은 호시탐탐 한발짝 물러선 자연이 살아 있는 곳을 노리고 있다. 그렇다고 물가가 싼 것은 아니다. 여행자에 부담을 줄 만큼 장바구니 물가는 높다.

과테말라에서 흔한 바나나 하나와 오이 하나도 우리 돈 300원이다. 열대 나라에 지천으로 깔린 자연에서 얻어 내는 결과물이 많아도 장바구니 물가는 우리의 생활과 별반 다르지 않다.

인디오 재래시장 '치치카스 테낭고'

목요일과 일요일에만 서는 중미 최대의 인디오 시장 '치치카스 테낭고'를 방문했다. 안티구아에서 7시 30분에 출발했다. 두 번 열리는 현지 시장은 중미 최대의 재래시장이다. 이 마을은 키체족의 터전으로 가톨릭과 결합된 토속신앙의 풍습을 볼 수 있는 마을이다.

시장에 있는 성당 앞에는 많은 사람들로 북새통을 이루고 있다. 외관은 유럽 여느 성당과 같으나 토속 신앙 의식을 위한 촛농이 타는 냄새에 코가 짓무를 정도다. 냄새와 연기를 피해 나는 먼발치에서 이색 풍습을 지켜본다.

이들은 전통을 고수하는 삶이 제일 큰 목표라고 했다. 그래서 자기 방식으로 옛것을 지키고 자기대로의 가치로 현재의 시간을 뛰어넘고 있었다.

여행하며 토속 신앙과 가톨릭이 혼합된 특이한 종교를 보는 횟수가 거듭

되는데도 생경하다. 성당의 암울한 분위기도 그렇고, 진열된 기이한 조각상들은 오랫동안 내가 지니고 있던 가톨릭 이미지를 퇴색시켰다.

나는 대충 성당 안을 휘둘러 밖으로 나왔다. 촛농 냄새에서 멀어진 곳으로 벗어나 과테말라의 견직물들을 보면서 기분을 환기시켰다.

각 마을의 인디오들이 사는 모습과 저렴한 견직물들은 내 흥미를 자극할 만큼 순수한 물건들이었다.

과테말라의 견직물 기술은 뛰어나다. 견직물 박물관이 있을 만큼 아직도 옛 모습 그대로 견직물을 짜낸다. 물론 기계로 만들어지는 것들은 다량으로 생산되기에 값도 싸다.

빼어난 디자인은 아니어도 투박한 견직물들은 내 발길을 잡았다. 제품 기술이 발달하지 않은 나라일수록 제품은 자연친화적이다. 나는 특히 그런 자연섬유를 선호한다. 아무리 힘들고 피곤해도 지나치지 못한다. 손뜨개 모자, 식탁보 등 제품 몇 개를 사 드니 한 짐이다. 그래도 내 발자취를 남기며 구입한 물건은 한 번도 소홀히 다루어 본 적 없다. 어느 값진 물건보다 생활에서 아끼며 여행 추억을 살리는 소품들이 된다. 나는 그걸 즐기고, 기억 만들기를 좋아한다.

여행 이십여 일 만에 쇼핑에 몰입했다. 작은 카펫 2장, 식탁보 2장, 러그, 사다 보니 양손에 가득.

아뿔싸! 이를 어쩐다. 내가 여행자라는 사실을 잠시 잊었다. 또 사고다. 정신이 들었을 때, 돌아오는 차 안에서 내내 후회다. 저 원수 짐덩어리들을 어쩌나.

이제부터 여행의 질이 떨어지겠지. 짐보따리로 전락된 골칫덩어리. 잠시 눈이 멀었다.

이제, 떠나야 하니 시내 구경은 해야 했다. 보따리를 내려놓고 시내로 나갔다. 슈퍼에서 이제 오지로 들어가니 먹을 것과 준비물을 사고 시내 조망이다. 십자가 언덕 시계탑 전망대에 올랐다.

안티구아

고즈넉한 도시인 안티구아의 국립공원에 들어와 있다. 안티구아는 원주민보다 관광객이 더 많다. 아름다운 도시 전체에 식민지 개척 시대 건축물이 남아 있고, 저렴한 가격에 에스파냐어를 배우려는 젊은 여행객들이 들어오기 때문이다. 고즈넉한 작은 도시에는 어학원이 70개가 있다. 그 때문에 시간 있는 여행자들은 아예 학원에서 에스파냐어를 배우고 그다음에 여행을 하기도 한다.

떠나올 때만 해도 청명했던 날은 오후 4시로 접어들어 비를 쏟아 냈다. 안개가 자욱한 길을 오르내리는 산등성을 달리는 버스가 위태하다. 천 길 낭떠러지 첩첩산중의 길을 거의 8시간 동안 이동했다. 비포장도로를 달리며 출렁이고 비틀대는 길을 달려와 우리를 국립공원 자락에 내려놓았다.

막, 짐을 풀고 있으려니 빗소리가 고막을 때렸다. 더구나 숙소는 함석으로 만들어진 터라 그 소리는 배가되었다. 내 방은 바나나 나무로 둘러싸였다. 밖으로 나가지 않고 창문을 열어 손만 뻗으면 바나나가 손에 잡힌다.

하지만 눈요기일 뿐, 바나나는 어린 아기 몽고반점처럼 푸르딩딩한 빛으로 자라는 중이다. 아기가 엄마 젖가슴을 찾는 것처럼 바나나 나무를 꼭 붙든 열매들이 아롱다롱 붙었다. 여행 시기가 좀 늦었다면 한 다발 따서 먹어도 될 나무들이 방문 앞에 진치고 서 있다.

쨍했다. 다시 비를 뿌리고, 날이 팜파탈 여인 같다. 여행자들이 묵고 있는 다국적 숙소는 항상 북적거린다. 더구나 오늘처럼 오락가락한 날씨를 보이면 여행자들은 하루쯤 쉬어 가기 일쑤다. 숙소는 항상 술렁인다.

거나하게 취해서 부르는 청년의 노래, 들을 만하다. 그의 노래를 들으며 축축한 마음을 달래 본다. 박수 치며 노래하는 이, 기타 치는 이. 나는 흥에 겨워 손바닥이 아프도록 박수 쳐 준다.

방으로 돌아오니 비가 그쳤다. 이대로 날이 갠다면 내일 하루의 투어도 의미 있을 것이다. 제발, 내가 머무는 이틀 동안만은 비 오지 않기를 소풍 전날 기도하는 아이처럼 소원한다. 여행자에게 비는 원망이다. 많지 않은 옷, 건조시키는 불편. 늘 이동이 있으니 하루치만 건조시키지 못하면 젖은 채 그것들을 가지고 다닌다. 배낭에 달린 고리마다 걸린 잡품으로 나풀거리는 서낭당이다.

플로레스 가는 길

'꼬끼요' 목청 대회가 있는 날처럼 소리에 정신을 차렸다. 내가 잠자고 있는 바로 앞에서 "여기요" 하면 다시 아랫동네에서 "저기요". 서로 자기 목소리를 들어 보라 손드는 화면처럼 서로 뽐내려는 닭소리로 숲이 울린다.

과테말라의 중앙산맥에서 자연림을 떠나는 아침이다. 잔등 위로 피어오르는 물 먹은 안개가 알알이 매달고 있는 바나나잎 곁을 떠난다. 바나나의 움켜쥠은 꽉 쥐고 있는 아기 손 같다.

저렇게 대가족을 거느리고 굳건히 서 있는 바나나 나무의 그 원천은 아래로부터 빛과 물을 끌어올리는 힘이었을 게다.

8시간을 넘게 달린 버스는 플로렌스에 우리를 내렸다. 플로렌스는 과테말라 북부 페텐 주의 도시로 페텐 이트사 호에 떠 있는 섬에 형성되었다. 이곳은 티칼 유적도 유명하지만 도시 자체가 아름다워서 마냥 돌아보는 그 자체만으로도 특별함을 느낄 수 있는 도시다.

오후 6시가 넘어서 도착한 우리는 어느 도시나 그렇듯 플로렌스도 깨끗한 모습으로 우리를 반긴다. 바다로 둘러싸인 섬 같은 도시. 마치 제주도에 해변을 낀 우리나라 호텔에 들어앉은 느낌을 주었다. 시원한 바닷바람이 불어 오는 숙소는 3층으로 시내의 정경이 한눈에 조망되는 곳으로 낯설지 않다.

제주도나 부산쯤 나와 있는 느낌이다. 시내로 들어서면서 해가 지고 뒤따라오는 보름달은 크게 웃으며 나를 따라다녔다.

고개와 벌판을 몇 번씩 갈아치우면서 달려온 거리의 풍경이 다른 건 없었다. 오늘은 마침 일요일, 삼삼오오 무리 지어 교회를 향해 가는 사람들의 모습이 많다. 거리에 나와 담소하는 사람들이 온화하다.

특이한 모습이 눈에 잡힌 건 시골길을 달리는 버스에서다. 나무를 머리에 이고 가는 사람들이 눈에 띄었다. 나무를 적당한 크기로 잘라 그대로 땅에 꽂으면 나무에서 싹이 나온다. 연둣빛 싹들로 나무가 탄생하는 정경을 보느라 시간 가는 줄 몰랐다.

다시 큰 나무로 자라 가는 어린 묘목들이 언덕 위로 도열해 있는 풍경은 내가 타임머신을 타고 다른 세계로 들어온 착각을 일으켰다.

운전기사의 손에 맡겨진 내 운명은 오르막과 내리막이 만나는 지점에서야 순탄하게 이어진다. 한 손으로 운전하는 기사, 게다가 너털웃음까지. 그는 내 속이 타들어 가는 줄도 모르고 있다.

"위험하다", 소리 지르려다 목젖의 울림을 켜켜이 눌러 넣는다. 앞 전방에 깜박이를 켠 차들이 정체해 있다. 자라목을 하고 일어나 모두가 바라보는 곳을 보았다.

거대한 트럭 한 대가 밭고랑에 처박혔다. 옆으로 누워 있다. 바퀴는 하늘을 보고 천정은 밑바닥으로 누워 있는 트럭을 본다. 개미처럼 사람들이 붙어 있다. 저 괴물이 과연 일어설까? 기사는 얼른 지나쳐 간다. 영 찜찜하던 느낌이 저걸 보려는 암시였던가.

불길한 예감들이 맑은 호수를 보고야 씻겨 투명해졌다. 때로는 여행도 목숨을 담보로 가두어질 때가 많다.

플로레스 메인 도로를 세 번이나 지난다. 첫날 내가 이곳으로 들어올 때, 그리고 마야 유적을 찾아갈 때, 다시 플로레스를 나오며 바라본다.

호수는 옅은 물안개를 덮고 나를 마중하고 있다. 알록달록한 함석을 머리에 얹고 갓 닦아낸 반질한 피마자 기름을 바른 듯 플로레스는 호수에 몸을 닦았다.

과테말라의 심장 티칼(Tikal)

아름다운 호수를 끼고 고즈넉하게 자리 잡은 숙소는 발코니로 나오면 한눈에 호수가 잡힌다. 시내를 조망할 수 있는 절묘한 곳에 숙소를 택하여 뿌듯하다. 그만큼 여행하면서 잠자리가 큰 몫을 차지한다. 하지만 많은 날을 체류하다 보면 그것도 매번 쉽지는 않다. 우리는 배낭여행자다. 경비 절감에 예민한 것이 현실이다.

티칼 유적은 이곳에서 59킬로미터 떨어져 있다. 아침, 따가운 햇볕을 받으며 유적지로 나가 본다. 과테말라에 이렇게 방대한 유적지가 있다는 것을 나는 몰랐다.

이번 여행은 정보 없이 떠나왔다. 그도 그럴 것이 나는 여행 나오기 보름 전에 이사했다. 이사는 갑자기 이루어졌고, 형편상 피해갈 수도 없었다. 짐만 내리고 배낭을 꾸린 셈이다. 누가 들으면 이해 못 할 일이다.

플로레스 고대 마야 유적 티칼

쫓기듯 정보 없이 여행길에 올랐다. 정보를 다 꿰고 오는 것은 여행을 순조롭게 해 준다. 그러나 현지에서 발로 찾아다니는 것도 나쁘지 않다. 모르니 그만큼 더 풍경들에 몰입한다. 아무것도 없는 하얀 종이에 현지 그림을 그려 넣는다.

과테말라에 있는 심장의 유적지, 세계 3대 유적지들을 화폭에 그림 그려 가듯 나는 바쁜 걸음을 옮겨야 했다.

세월이 고스란히 멈춰 버린 거대 마야 유적지 티칼 유적군, 짙게 그리고 길게 자란 이끼와 울창한 초목으로 들러 싸인 이곳은 야생동물들의 천국이다.

원숭이들이 나무 위에서 그대로 내려 깔기는 분뇨 지역을 피해 가도 그 고약한 냄새는 피할 수 없다. 우리는 부지런히 움직여야 했다. 어찌나 유적군이 넓게 고루 퍼져 있는지 한곳에서 마냥 시간 끌 수 없었다.

방대한 면적에 정교한 도시를 형성하고 왕조를 이루었던 마야 흔적, 어느 탑을 망론하고 그 앞에는 제단이 꼭 놓여 있다. 아마도 그 시절 태양신을 숭배하면서 제물을 바치기 위한 제단인 듯하다.

제단 앞에는 지금도 풍속을 지키는 이들이 올려놓은 제수 물품들이 군데군데 놓여 있다. 촛불을 밝혔는지 진회색 빛의 싸늘한 재만 터에 남아 있었다.

빽빽이 들어찬 밀림을 열고 피라미드 신전이 나왔다. 신전의 꼭대기로 눈을 돌려 최대한 봉우리를 올려다보다 말고 가슴이 두근거려 잠시 고개를 숙였다.

고도로 발전한 거대 도시. 예술, 건축, 모든 것이 집대성된 마야인의 주요 심장. 마야 문명의 흔적은 멕시코, 과테말라, 벨리즈에 걸쳐 넓게 뿌리내렸다.

보는 이를 압도하는 64미터의 거대한 피라미드 유적, 정글 속에 꼭꼭 숨겨둔 그 비밀. 어찌 지상에서 그 변모를 다 볼 수 있을까.

이 거대의 돌탑을 쌓기 위해 그 염원이 하늘에 가까이 닿았다. 하늘을 보며 태양을 향해 조아리고 그 태양을 흠모하며 그 제단에 눕기를 주저하지 않았던 잉카인의 후예들, 그 숨결이 저 파란 잔디의 냄새보다 더 진하게 코에 닿았다.

벨리즈로

플로레스를 떠나 벨리즈로 가려고 국경을 향해 1시간여 달린다. 도착한 우리는 번거롭기만 한 출입국 수속을 밟는다. 넣어 온 사과 세 알을 검사대에서 지적당한다.

"먹을래, 아니면 버릴래?" 나는 당연이 "먹겠다"라면서 직원이 보는 앞에서 사과를 먹었다. 이런 모습도 이제는 흔한 일이 되어선지 검사원들 또한 여유가 있다. 내가 다 먹을 때까지 기다려 주었다.

이들도 배낭여행자들의 애로를 아는 터다. 언제나 배고픈 여행자들은 그래서 어쩔 수 없이 과일 한 알에 연연하며 버리지 못해 들고 다닌다는 사실을 그들이 모르지 않을 게다.

하루면 수백 명의 관광객들이 들고 나가는 이곳은 관문이기에 더욱 이런 모습에 친숙해 있는 검사원들이다.

우여곡절 수속을 끝내고 우리는 워터 택시 터미널에서 키코커행 워터 택시에 올랐다.

벨리즈 시티(Belize City)는 유카탄 반도의 남쪽에 위치하여 카리브해에 접해 있는 독립국으로 지금도 이 나라의 국왕은 영국 여왕 엘리자베스 여왕 2세다. 그 대리인으로서 총독이 벨리즈로 파견돼 있는 특이한 나라다.

아름다운 바다는 어느 지역보다 산호초가 유명해 바다와 해상 스포츠를 즐기는 여행자들에게는 천국이며 눌러앉아 즐기고 싶은 여행자들이 선호하는 곳이다.

영 연방 상태에서 1981년에야 완전 독립을 했기에 한 국가로 간주하지만 우리의 작은 시 한 곳을 딱 떼어 낸 것 같은 느낌으로 소박한 분위기가 있어 친근감이 들었다.

석호와 산호초가 산재해 있어 내가 처음 발 들인 순간부터 눈에 뜨인 내 팔뚝만큼 큰 조개껍데기들이 군데군데 놓여 있는 것이 퍽 인상적이었다. 영국 문화의 영향을 많이 받은 곳이기도 하다.

한낮 눈도 얼굴도 내밀지 못할 태양은 내리 누른다. 카리브해 바다 햇살은 사람의 그림자마저 옴짝 못하게 그늘에 가둔다.

이곳에는 참 특이한 광경이 있다. 이 마을을 누비고 다니는 택시다. 택시지만 도로는 거의 없다. 해변을 가까이 하고 있어 이곳의 차 바퀴는 마치 사막 투어에 사용하는 커다란 타이어로, 우리가 생각하는 택시의 개념을 깬다. 사람들은 더위를 피해 그 택시를 많이 이용한다.

구간마다 요금을 받는데 택시에 종사하는 사람들은 해변이나 마을 주변을 돌아다니며 손님을 태운 뒤 목적지에 도착해 요금을 받는다. 기껏해야 반경 20킬로미터의 해안을 천천히 누비고 다니면서 손님을 태운다.

30달러의 행복

간밤에 오락가락 비가 내렸다. 지붕에 떨어지는 빗방울 소리가 그대로 열기 식히기에 반가운 비다. 다시 어제에 이어 바다로 나갔다.

하늘은 잔뜩 검은 구름을 모으고 있다. 간간이 구름 속을 새어 나오는 빛이 레이저 빛처럼 가슴을 뚫고 나갔다. 해변 마을에서 내가 할 일은 없다. 수영을 즐기거나 선탠을 좋아하는 이들은 벌써 성급하게 바다로 뛰어들고 백사장 해변에 몸을 뉘었다.

나는 달랐다. 수영도 못하는 데다 예전 남인도 여행을 하며 '죽음의 사선'을 넘은 후, 그때부터 물가에 가지 않는다. 그저 바다를 조망하거나 마을을 돌아다니는 것이 내 하루 일과다.

크지 않은 섬마을을 이틀 동안 머물며 돌아다니고 나니 이제 손바닥 보듯 훤하다. 외울 정도다. 슈퍼, 중국집, 과일 가게, 선물집. 자주 보는 사람들은 벌써 열 번은 더 보고 만났다.

시간도 한가해진 우리는 마을을 뒤지며 바다가 코앞이니 어딘가에는 반드시 해물이 있을 것이란 추측으로 마을을 돌아다닌다.

더위가 꼬리를 감출 무렵 물어물어 찾아본다. 한쪽 바다 어귀에서 오후 5시가 되면 해물을 판다는 현지인 소식을 접했다. 우리는 마을을 뒤지며 그곳을 찾아 나섰다. 아니나 다를까, 배에서 갓 잡아 올린 랍스터, 소라, 문어가 초라한 어부의 양동이에 갇혀 있다.

현지인이 마침 흥정하고 있는 현장을 보았다. 우리도 흥정에 들어갔다. 문어, 소라, 랍스터 3마리. 다 하여 총 합계 30달러를 주었다. 이런 날은 대박을 치는 날이다.

횡재하니 엔돌핀이 솟는다. 봉지에 담아 우리는 찬란한 일몰을 보면서 숙소로 들어왔다. 가끔은 여행자 숙소에서 밥을 해결하는데 그것도 시설을 구비해 놓은 곳이라면 숙소에서 밥을 직접 해 먹는다.

쌀을 씻고 살아서 움직이는 문어도 냄비에 넣어 익힌다. 그렇게 모든 걸 삶아 내 냄비에 담으니 식욕이 돈다. 이보다 더한 즐거움이 있을까. 부드러운 맛의 랍스터, 남미 여행 칠레에서 맛본 후 처음이다. 그러니까 이 년 만에 랍스터 맛을 보고 나니 의욕이 솟구친다. 남은 여행을 더 잘할 수 있겠다는 자신감으로 넘친다.

역시, 인간은 먹는 즐거움을 억압할 수는 없다.

벨리즈는 지금, 30달러면 한국 화폐로 17,500원이다. 이런 하루는 다시없을 기회다.

거리 풍경

국경 과테말라 지역을 벗어나 벨리즈로 가면서부터 지금까지와 풍경이 달라진다. 과테말라가 아직은 우리의 1970년대 정도로 발전 속도가 붙는 중이라면 벨리즈는 이미 발전에 가속도가 붙어 달리고 있는 나라임을 짐작할 수 있다.

벨리즈로 들어서면서는 농촌의 풍경도 다르다. 반듯한 집 그리고 그 마당에는 반드시 주차 시설을 구비한 차들이 서 있다.

잘 지어진 집들만 봐도 기름지게 살고 있다는 느낌이 든다. 알록달록 집들의 색이 발랄하다. 칠해진 그 위로 빛이 반사되면 생동감이 느껴져서 보는 이가 다 마음이 가벼워진다.

벨리즈 입국을 마치고 다시 4시간여를 배로 떠나와 키코커로 들어왔다. 키코커는 크지 않은 섬마을로 그림 같은 풍경을 하고 있는 마을이다. 이곳은 블루홀로 가기 위한 관문이다.

끝없이 펼쳐진 바다와 평화로운 마을은 마치 천국으로 든 것 같은 평화로움이 있는 곳이다. 사람들도 바쁘지 않고, 천천히 그리고 여유롭게 사는 모습들이 보기 여유롭다.

그도 그럴 것이 이곳 키코커의 슬로건은 'Go Slow'이다. 바다를 관광 산업으로 즐길 수 있는 모든 여건들을 다 갖춘 휴양도시다. 바다를 한 선으로 이은 마을은 문 밖을 나서면 마당이 바다로 이어진 도시다.

처음에 나는 바다가 마당과 연결되어 있어서 어떻게 이런 생활을 할 수 있을까 의아했지만 지금까지 이곳은 바다로 인한 큰 피해는 단 한 번도 없었다.

섬에는 자동차가 없다. 거의 골프카를 운행한다. 현지인들이 주로 이용하는 교통수단이다.

와! 쿠바다

공항에 있다. 쿠바 비자 비용도 628페소를 지불했다. 짐을 부치고 공항 안을 한 바퀴 돌았다. 칸쿤 공항은 생각보다 소박했다.

1시간여를 날아 온 쿠바는 고즈넉한 공항 대로를 빠져나와 시내로 접어 드니 도로가 한적하기만 했다. 얼마 만에 보는 대로의 한적함인지 신기하기만 하다. 택시는 아바나 시내로 들어섰다.

눈을 의심해도 좋을 만한 풍경, 그대로 피사체만 당기면 그림이다. 도시는 현재와 과거가 뭉뚱그려졌다. 양파 껍질 속을 벗기듯 한 겹씩 떼어 본다.

반세기 동안 금단의 땅이었다는 것이 실감나지 않았다. 미국과 등 돌리다 겨우 다시 수교한 지 2년이 되는 쿠바다.

쿠바는 유럽을 대신할 새로운 자극제의 나라다. 단순한 재개발 국가가 아니라 원초적 관광 문화를 건드리는 문화유산을 가득 지니고 있는 나라다.

시내로 접어드는 첫 장면은 영화 속의 한 장면을 스크린에서 보고 있는 정경이었다. 놀랍다. 웅장한 건물들이 놀라웠고, 건물은 낡았지만 독특했으며, 어느 건물은 금방 무너질 듯 서 있으나 그 안을 보면 아주 견고한 건물이다. 허물어진 속에서도 군데군데 고급스러운 대리석들의 계단들이 스쳐 지나갔다.

신선한 여행지를 찾는 여행자라면 쿠바는 매력적으로 다가오는 나라다. 지금껏 주목받지 못했던 변방의 나라는 눈부시게 발전을 거듭하고 있다는 것을 느낀다.

고풍스럽다고 해야 할지, 편하게 보이는 낡은 건물들이 믿기지 않게 서 있고, 박물관에 전시되어 있어야 할 낡은 차들이 버젓이 거리 이곳저곳에서 튀어 나왔다. 생소함의 거리다.

쿠바에 오기 전 미국과 관계의 물꼬를 트기 시작했다는 소식도 접하기는 했으나 2년이 지난 지금, 쿠바는 한눈에도 변화의 모습을 느낄 수 있다. 곳곳에서 낡은 건물들이 새 모습으로 단장하는 현장을 쉽게 마주보는 쿠바 거리다.

쿠바는 미국의 봉쇄와 외면으로 많은 시련을 겪었다. 다시 미국과의 관계가 부드러워지면서 급물살을 타듯 변하고 있다. 현지인은 내심 반기고 있다.

재즈와 살사, 아프리카 음악이 쿠바 전역을 흐르고, 설탕과 시가, 럼주, 그리고 『노인과 바다』의 헤밍웨이 흔적이 고스란히 남아 있는 나라, 아무런 느낌 없이 입었던 청년의 상징이자 아이콘, 아르헨티나의 전설 체 게바라가 숨쉬던 나라. 이것을 아는 한 누구나 쿠바의 매력을 뿌리치기는 어려울 것이다.

아바나의 카사

아바나의 시내를 걷다 보면 그라피티(길거리 벽화)가 눈길을 끈다. 아름다운 영감을 새로운 형태의 색감과 조화로 그려내는 이들의 솜씨에 감탄하게 된다.

일찍 일어났다. 해안가를 산책하기 위해 바닷가로 나갔다. 달리기 대회가 있는 날이라 마침, 바다 옆으로 긴 둑길을 따라 시민들이 달려간다. 상쾌한 공기를 가르는 행렬이 꼬리에 꼬리를 물고 이어졌다.

왠지 나도 따라 뛰어야 할 것 같은 충동이 드는 파란 아침이다. 그 분위기에 나도 그들과 휩쓸려 뛰어 본다. 사람들이 좋아하며 엄지손가락을 펼쳐 준다. 자기들의 행동에 합세하는 나를 보고 부추긴다.

그러나 얼마 뛰지 못하고 헐떡거리는 가슴을 진정하며 멈춰 섰다. 모로의 우뚝 솟은 등대가 나를 바라보며 웃고 있는 아침이다. 내 몸은 요즘 운동 부족으로 불어났다. 쿠바에 들어오면서 시내의 편리한 교통수단을 이용하다 보니 운동량이 평소보다 부족한 상태다.

모로 성에 비추는 황금빛 성벽을 바라보면서 아침 산책을 다시 한다. 어젯밤 몰랐던 술렁거린 골목들이 정지한 듯 서 있는 이 아침 시간, 차분한 모습의 시내가 다른 모습으로 다가온다.

햇살 받으며 바다를 한 시간 반 돌아보니 시내가 궁금해진다.

나는 시내 투어에 들어가 하루를 돌아보고 마지막으로 다시 일몰 시간에 맞추어 모로 성으로 들어갔다.

카리브해의 해적과 적 함대의 침입이 잦아 아바나를 지키기 위해 세워진 모로 성은 스페인이 건설했다. 전형적인 식민지 건축 양식으로 지은 요새 아래로 드넓고 광폭한 파도가 힘차게 둑을 때린다.

아바나 주민의 생명과 재산을 지켜 주었던 모로 성은 바다를 내려다보며 의연한 자세로 아바나 시내를 굽어보고 있다.

아바나와 말레콘이 한눈에 들어오는 최고의 조망을 자랑하며 항구의 반대편 절벽 위에 세워진 이 성은, 아바나 시내는 물론 항구 입구를 조망하며 그때의 상황들을 전하고 서 있다.

모로 성을 가다 보면 미로 형식의 계단과 지하 감옥이 있는 거대한 시설임을 알 수 있다. 지금은 그 당시의 긴박한 상황을 아는 듯 모르는 듯 부드러운 야경을 덮고 조용한 카페와 상품들이 즐비하게 늘어 서 있다.

박물관에는 군사 유물 외에 해적과 식민 시대의 유물들이 전시되어 있다.

두 팔을 벌리고 있는 예수 상, 아래서 바다를 내려다보는 쿠바의 아바나는 결코 화려하지도, 초라하지도 않은 모습으로 나를 반기고 있었다.

다시, 아프리카 토속 리듬과 재즈 공연이 벌어지는 공연장을 물어물어 찾아가 보았다. 일요일만 열린다는 공연의 광장은 흥분의 도가니였다. 작열하는 태양 아래, 앉아만 있어도 땀이 줄줄 흐르는데 사람들은 모두 일어나 음악에 리듬을 맞추고 있다.

나도 그 안으로 비집고 들어가 겨우 자리를 잡고 앉아 이들이 하는 대로 몸을 맡긴다. 앉아서 엉덩이를 흔드는 이들, 서거나 서로 기댄 채, 몸을 흔들어 대는 관광객들 사이로 나도 리듬을 타고 들썩거렸다.

선 채 몸을 흔들며 이들과 하나가 된다. 얼마를 그렇게 흔들다 보니 시간 가는 줄 모른다. 아까부터 남편은 빨리 나오라는 신호를 보내오지만 나는 영 나가기 싫다.

더위를 탄력 있는 춤과 몸으로 물리치는 이들과 하나 되면 시간 같은 것은 모른다. 젊은 청춘들과 어울리는 것은 내가 숨 쉬는 쾌감을 더 느끼게 한다. 나도 덩달아 신났다.

쿠바에서는 여느 라틴 아메리카와는 다른 숙박 형태, 카사를 경험할 수 있다. 카사는 현지인 집의 남은 방을 여행자에게 제공하는 방식이다. 쿠바 전역이 카사로 운영되는 숙박 형태를 띠고 대문에는 카사 마크가 붙어 있다. 약간의 비용을 추가하면 바다 가재와 랑고 스 티노(대형 새우)를 저렴하게 먹을 수 있는 것도 쿠바만이 가지고 있는 숙박의 특성이다. 특이했다.

나도 쿠바에서 머무는 동안 일반 가정집에 묵고 있다. 물론 호텔에 갈 수도 있지만 민박집에 머물면 경비를 절감할 수 있는 것은 물론 이들의 사는 모습을 더 밀착해서 느낄 수 있으므로 이런 기회는 될 수 있으면 누려 본다.

내가 묵고 있는 이 집 주인은 참 낙천적인 사람이다. 적당하게 벗겨진 머리에 언뜻 보기는 한량 같다. 부인과는 서로 재혼이란다. 군대에 다녀온 부인의 아들과 살고 있는데 부인을 도와서 주방일, 그리고 민박 살림살이를 도맡아 한다.

부인은 현직 의사. 나는 이 말을 들었을 때 무척 놀라고 부러웠다. 하지만 알고 보니 직업을 분류하는 건 내 정서였다. 쿠바에서 의사는 국가에 소속된 일꾼일 뿐, 개인적 부나 소득과는 거리가 멀다.

단, 일하면서 누군가를 도울 수 있다는 봉사 정신이 쿠바 사람들의 투철한 직업의식으로 자리 잡았다는 걸 알았을 때, 나는 얼굴이 화끈거렸다.

사회주의 체제에 있는 쿠바에서 의사는 대단한 명예가 있는 직업이지만 부를 보장받는 직업은 아니다. 의사든 일일 잡부든, 큰 의미가 없다는 것을 이 집 안주인의 월급 액수를 듣고 알았다.

그렇기에 내 숙소 안주인도 자기 집 방을 세 내어 주고 민박을 하며 관광객이 머물며 지불하는 부수입으로 가계의 살림살이를 이어 가고 있었다. 그래도 정부에 대한 반감은 없었다.

내가 3박 4일 숙박하며 지내는 동안 160쿡을 지불했으니 참 저렴하다. 성수기에는 여행자들이 많이 찾는 카사다.

쿠바 엿보기

오늘날 쿠바는 라틴 아메리카의 유일한 사회주의 국가라는 타이틀을 가지고 있는 나라다. 동경할 만한 마력으로 우리를 부르는 나라, 쿠바가 얼마나 아름다운 나라인지는 콜럼버스가 『항해록』에 밝힌 내용을 보면 안다. 그는 "나는 지금까지 살면서 이렇게 아름다운 세상을 본 적이 없다. 높이 자란 대나무를 비롯해 온갖 나무들이 빽빽한 숲을 이루고, 강물은 세차게 흐르며 시냇물은 아주 맑다", "꾀꼬리, 참새, 온갖 새들이 노래하듯 지저귀며 춤을 추듯 날아간다"라고 적었다.

사회주의 체제를 구축하면서 자유분방한 열정과 질서를 가진 새로운 나라다. 사회보장 제도가 발달되어 초등 교육은 의무 교육이다. 대학까지도 무료인 나라, 문맹률이 0.2%에 그치고 비록 인터넷 접근이나 컴퓨터 구매가 정부의 허락 없이 자유롭지는 않지만 그 불편함만 감수하면 모두 무료다.

질병 치료도 무늬만 무료인 나라들과는 차원이 다르다. 의사 1인당 책임지는 주민 수는 168명에 불과하다. 얼마나 부러운 나라인가. 게다가 세계보건기구는 소아마비 바이러스가 근절된 최초의 나라로 쿠바를 선정했다.

쿠바 의료 체계는 명실상부 세계 최고다. 에이즈, 백신 등 어느 나라에도 뒤지지 않을 의료 기술은 정말 부러웠다.

의과 대학의 모든 수업료와 체제비도 국가에서 책임진다. 다만, 불문율이 있다. 쿠바에서 의사가 되었다면 반드시 무의촌 봉사를 해야 한다는 전제 조건을 받아들여야 하며 사회봉사를 우선 실행해야 한다.

밤이 되면 럼주 바와 모히또가 있는 주점들의 불빛이 강해진다. 밤 문화를 밝히는 색다른 분위기로 변한다. 쿠바의 재즈와 룸바, 살사 리듬에 맞추어 춤추는 사람들. 밤의 열기 아래 춤의 온도가 오르는 시간이다.

정신없이 이들의 춤동작에 몰입해 있다가 젊은 남녀의 아름다운 춤동작에 빨려든다. 이처럼 춤이 아름답다는 생각은 예전엔 못했다. 트레이닝 바지에 운동화, 티에 반바지. 살사 리듬에 맞추어 한 치의 오차 없이 마치 톱니바퀴가 돌아가듯 돈다.

이들과 어울려 춤을 못 춘다는 사실의 비애. 춤은 바람이 분다던 낭설에 속았고, 춤은 인생을 빠른 속도로 황폐해지게 한다는 설이 있더라.

춤이 마음을 흔든다는 사실을 모르고 스스로 스미지 못하게 문을 닫았는지 모른다. 윗대가 그랬고, 내 엄마가 그랬고 나도 그랬다. 이제는 알겠다. 이제야 빗장을 열어 볼까나.

산타클라라 도시와 시가(Cigar)

머물던 민박집을 잠시 떠나왔다. 쿠바 혁명의 대명사인 젊은이의 우상 아이콘, 체 게바라가 잠들어 있는 트리니다드에 가기 위해서다.

체 게바라의 자취를 더듬어 가는 시간을 갖기 위해 아바나에서 산타 클라라행 합승 택시에 올랐다.

쿠바에 들어왔다면 반드시 올드 카는 타봐야 한다. 대중교통을 이용할 수 있지만 다른 일행 한 명과 합승한 택시를 이용해 돌아본다.

쿠바 외곽의 시골길은 인적과 차량 통행이 드물다. 도로 정체도 없다. 한적하지만 반듯한 길이다. 반듯하고도 한적한 길은 한국에서도 드물다.

쿠바의 독립 영웅이자 우리에게도 잘 알려진 노래 「콴따라 메라」를 작사한 시인인 호세 마르티의 노래를 들으며 간다.

체 게바라의 숨결이 진하게 묻어 있는 도시. 쿠바 혁명의 분수령이었던 전투의 현장이기도 한 산타 클라라는 오늘도 체 게바라를 떠올리는 사람들의 발길이 모아지는 곳이다.

젊은 혁명의 상징 체 게바라와 그의 동지 17명의 유골이 안치된 곳. 체의 탄생부터 죽음까지 한눈에 볼 수 있도록 박물관에 전시되어 있다. 전투 당시 입었던 군복, 총기류와 개인 소지품이 전시되어 있다.

그의 젊은 모습은 혁명이나 사상, 투쟁을 넘어 그저 잘생긴 청년일 뿐이다. 환한 모습은 보는 이로 하여금 가슴 뭉클하게 한다.

파란 창공을 주시하며 땡볕 아래 거대한 동상으로 서 있는 그의 위용은 참으로 당당해 보였다. 혁명 선언문과 활약하던 당시의 상황을 재현해 놓은 동상 앞에서 나는 잠시 서 있었다.

몇 발짝 옆에는 체 게바라가 다른 혁명가인 피델 카스트로(Fidel Castro)에게 마지막으로 남긴 편지 내용이 새겨 있다. 반대편으로는 혁명 광장이 시원한 바람을 실어 와 체 동상의 이마를 닦아 주고 있다.

체 게바라의 혁명군과 정부군이 대치했던 철길, 혁명군의 불도저와 정부군의 기차 모형이 전시되어 있었다. 나는 그 앞에서 영사기를 돌리듯 바티스타 정부군이 탄 무장 기차를 습격, 열차를 탈취하는 장면을 상상하고 있었다.

그 상황들은 사진과 자료가 생생하게 증명하고 있다. 지금은 기적 소리 울리며 대합실로 들어오는 형상으로 철길에 전시되어 있지만 그 당시의 긴박했던 상황을 이미지화할 뿐, 조용한 시골 마을의 분위기는 나른하다.

체는 아르헨티나 사람이다. 그가 혁명을 위해 뛰어든 나라가 자기의 국가도 아닌 쿠바였다는 사실을 나는 잠시 생각해 본다. 그가 젊은 피를 바쳐야만 했던 절박한 이유가 무엇이었는가?

부족함이 없던 그가 의사의 길을 접고 혁명가의 길로 가야 했던 이유를 나는 애써 생각해 본다.

쿠바에 남겨진 그의 자취는 아바나 시내를 돌다 보면 마주친다. 아바나 시내 내무부 건물에는 용맹스러운 그의 유격대 모습이 외벽에 설치되어 있다. 보는 이로 하여금 압도당하게 하는 그의 얼굴을 설치한 조형물이다.

여행 도중에 안데스 산맥 고원의 고대 문명 유적지에 닿은 체는 감탄을 금치 못했다. 그러나 그 산지에서 가난한 인디언을 보고 연민을 느꼈고 나병원의 나환자를 보면서 인도주의 관념을 싹 틔웠다.

산지의 궁핍한 인디언들을 도우면서 움 텄던 그의 희생정신이 유격대를 조직하여 정의를 위해 맞서게 했다. 그렇게 정의를 위해 젊음을 바친 그는 쿠바는 물론 세계 젊은이의 우상이 되었다.

헤밍웨이와 체 게바라가 사랑한 땅, 아니 세계가 사랑하는 쿠바. 이곳에서 나는 많은 것을 보았고 많은 것을 접할 수 있었다. 영혼이 자유로운 이는 체 게바라를 흠모했을 것이고 문학을 좋아하는 이는 헤밍웨이의 작품을 읽으며 자유를 꿈꾸었을 것이다.

음악을 좋아한다면 수많은 장르의 쿠바만이 가지고 있는 특유의 쿠바 리듬에 빠질 것이다. 이 땅을 밟아 보고, 쿠바 사람을 만나 본다면 알 것이다. 누구든 쿠바의 매력에 빠지지 않을 사람은 없을 것이다.

트리니다드는 쿠바의 오래된 도시 가운데 하나로 스페인은 쿠바를 점령한 뒤 쿠바에서 3번째로 오래된 이 도시를 탐했다. 주위 환경과 조건이 담배 공장과 사탕수수 농장을 건설하기에 좋았다.

트리니다드로 들어서면서 전원 풍경에 흠뻑 취했다. 아담한 분위기가 흐르는 도시는 여행자들이 머물다 가기에 좋은 최적의 도시다.

쿠바에서 독립운동이 벌어지자 스페인 사람들이 본국으로 들어가면서 트리니다드는 쇠락의 길을 걸었다.

도시는 독립군에 의해 철저히 파괴되었고, 이 도시는 쿠바의 발전 대상에서 제외된 도시였다. 그만큼 이곳은 발전이 늦다는 말도 되겠다. 한눈에 보아도 옛 건물들이 그대로 남아 있다.

하지만, 세상은 이 도시를 지금, 갈망한다. 전흔이 끊이지 않았던 곳이었기에 따라서 사람도 들지 않았다. 방치된 도시. 그 바람에 지금은 도시 전체가 쿠바를 대표하는 관광지가 되어 세계적으로 여행자들이 속속 들어오는 유명 관광지가 되었다.

지금은 예전과 같은 번영은 없지만 옛 도시의 모습이 간간이 남아 있어 관광객을 부르고 있다. 도시 전체가 지금은 세계문화유산에 등재되었고 담배 농장과 담배 가공 공장들이 들어서 있어 이색 풍경들이 속속 눈에 잡힌다.

도시를 걷다 보면 밭 언저리에는 담배 잎을 말리는 커다란 건조 창고가 심심찮게 눈에 띤다. 이 또한 여행자 눈에 생소한 풍경으로 다가온다.

농장주들은 담배를 생산하면 90%는 국가에 헌납하고 나머지는 개인적으로 담배를 만들어 관광수입으로 만들고 있다.

알록달록한 색상으로 칠해진 마을은 산을 굽이돌아 한적한 곳에 위치해 있다. 마을 전체가 문화유산에 등재되어 있다. 세계 각국의 관광객들이 속속 다녀가는 마을에 별빛이 하나둘 얼굴을 내미는 시간에 도착했다.

3쿡을 내고 전통주를 시키니 작은 옹기그릇에 담겨져 나왔다. 맛을 보니 달달해 알코올이 음료수처럼 입안을 돈다.

저만큼에서 시가를 물고 있는 남자의 모습이 멋지다. 쿠바에서만 볼 수 있는 흔한 모습이다. 남자는 시가 하나를 꺼내 내게 건넨다.

남편과 나는 설마, 우리에게 준 담배 값을 받는 것 아닌가 하여 망설였다. 아무래도 표정은 그런 게 아닌 것 같아 담배를 받은 남편은 바로 불을 붙인다. 남편과 나는 돌아가면서 담배를 피워 보았다.

처음에는 몇 번 콜록거리다 빨간 불이 당기도록 흡입해 보았다. 담배 냄새가 이렇게 좋은 건지. 이래서 담배를 피우는 건가? 하긴 쿠바의 담배는 천차만별이다. 한 갑에 몇천 원부터 몇만 원까지 다양하다. 건네준 담배가 고급 담배임을 담배에 두르고 있는 띠를 보고야 알았다.

담배가 역겨운 것이 아니라 향이 있다는 거, 쿠바가 왜 시가의 나라인지 알 것 같다.

쿠바의 대표 상품인 시가는 외화 벌이의 효자 상품이다. 이미지 메이킹 최고의 상품으로 연간 1억 개비 이상 외국으로 수출된다.

그중 코히바(Cohiba)는 몬테크리스토와 더불어 가장 유명하고 비싼 브랜드다. 피델카스트로 전용으로 생산되던 담배였다. 자신만을 위한 담배를 만들도록 하다가 1982년에야 일반인들에게 판매를 시작한 명실상부한 시가다.

가격도 다양하다. 1개비에 3만 원부터 몇십만 원까지 하지만 나는 흡연자도 아니다. 담배 피는 장소를 돌아갈 만큼 냄새가 싫다. 그러나 쿠바 사람들이 담배 피우는 모습은 멋있다.

이도 여행이라는 들뜸인지.

활활 타는 트리니다드

쿠바에 오면 사랑해야만 하는 도시가 있다. 근세 식민지풍의 도시로 이 도시를 말하려면 색맹이 아니어야 한다. 도시를 점유하고 있는 것은 단연 색깔들이다.

밤이면 파란 하늘에 별이 감성을 자극하고 인간의 원초적 욕망이 피어난다. 낮은 지붕과 반듯하게 맞닿은 담벼락 사이를 색색이 물들이고 그 정열을 내뿜는 열기에 갑갑하고 더울 것 같지만 파란 하늘이 있어 그런지 답답하지 않다. 도시의 풍경을 한결 찰랑하게 해 준다.

저녁이 되면 마술피리에 홀리듯 마요르 광장으로 나가 유혹의 향연에 합세한다. 밤 8시가 되면 대부분의 여행자들은 열기에 달아오른다.

자석에 끌리듯 나온 사람들은 흥겨운 쿠바 음악에 몸을 맡기어 적당하게 즐긴다. 굳이 춤의 품격을 따질 필요도 없고 구분하지도 않는다.

물론, 제대로 춤을 추는 사람도 있지만 나 같은 몸치는 그저 분위기만 즐겨도 그만이다. 그도 지루하다면 방향을 틀어 발끝을 적당하게 지압해 주는 자갈길을 걸으며 달과 별들이 속닥거리는 소리를 들으면 된다.

과거에 노예 무역의 눈물과 설탕의 눈물로 번영을 누리던 도시는 차로 돌기보다는 걸어서 자갈길을 밟아야 한다. 발바닥을 자극하는 돌보도의 촉감은 느껴야 할 일이다. 골목길을 누비면서 즐비하게 들어선 시장 통로에 공예품들도 한 번은 만져 봐야 한다. 하얀 광목과 뜨개질 물건들이 죽 늘어선 광장을 돌며 이들의 손놀림 기교를 들여다볼 일이다.

노예 탑 전망대에 올라 사방을 바라본다. 가로막힘 없이 빨리듯 훤히 내다보이는 시야에 어느 사람은 총에 맞고 도망치다 죽은 넋이 돌아다닌다. 죽을 수도 없는 자유. 그들의 넋을 달래듯 하얀 광목이 나풀거린다. 사탕수수밭과 볕에 단 갈탄처럼 눈이 휑한 늙은 노예의 혼을 실은 바람은 사각의 탑 벽을 치며 통곡하고 있는 듯싶다.

노예 감시탑

하바나 클럽

이사벨은 남편이 출정 나간 후 매일 아바나 항구에 나가 남편을 기다렸다. 먼 바다를 바라보며 남편의 무사 귀환을 빌었다. 소토와 이사벨의 아름다운 이야기는 훗날 시로도 만들어졌다. 그리고 한 건축가가 이사벨의 동상을 만들어 아바나 군사기지 건물 옥상에 올려놓았다.

눈이 빠지도록 남편을 기다리던 이사벨 동상은 후에 풍향계로도 개조되어 아바나 군사의 요새 탑 꼭대기에 세워졌고 아바나의 상징이 되었다. 이사벨 동상은 지금, 쿠바 럼주의 대명사인 아바나 클럽의 상표 디자인에서 볼 수 있다.

소토는 식민지 나라의 총통으로, 포악하고 잔인해 부와 명예를 좇다 결국은 머나먼 타국에서 생을 마감했다. 한 여인에게는 사랑하는 지아비였지만 소토의 죽음은 곧 수많은 정복자들의 최후이기도 했으니 그나마 다행이었다는 생각이 드는 것은 아마도 우리의 식민지배 역사와 무관하지 않은 피해의식일까?

이 럼주의 심벌 마크는 아름다운 여인 이사벨이다. 정복자이자 쿠바의 식민 총독으로 남편을 둔 여인이지만 다른 정복을 위해 출정을 한 뒤 소토 총독이 죽었다는 소식을 접하자 그 충격으로 얼마 후 사망한다.

그 여인을 기리기 위해 한 건축가는 여인의 조각상을 세웠다. 그것이 지금은 쿠바 럼주의 상징이 되어 하바나 클럽의 대표 브랜드로 쓰인다.

타고난 춤꾼

닭 울음소리에 깼다. 잠시 귀를 모아 들으니 건너 마을에서도 들렸다. 소리의 교감은 애절하다. 이쪽에서 '꼬끼요' 울면 아스라하게 저쪽에서 '알았어요' 하고 대답하는 것 같다.

울려오는 소리를 듣고 있다. 다시 '꼬끼요'. 길고도 긴 목소리가 '여기요'로 이어진다.

나는 일어나 숙소 이 층으로 올라갔다. 좌우가 탁 트인 트리니다드. 알록달록한 색감이 아침 햇살을 받으니 마을은 현재와 과거가 함께 숨 쉬는 신비한 세상을 연출하고 있다.

아침을 끝내고 15킬로미터 정도 떨어져 있는 곳에 위치한 노예 감시탑을 가기 위해 기차역으로 나갔다. 물론 택시를 타면 쉽게 닿을 수 있는 거리지만 옛 방식 그대로 종일 걸리는 기차를 타고 싶었다.

역으로 갔지만 어쩐다, 어제부터 기차를 운행하지 못한다는 실망스러운 말을 들어야 했다. 이유는 기차가 고장 나 아직 다 수리하지 못했다는 것이다. 돌아서는 발길이 천근만근이다. 쿠바에서는 있을 수 있는 일이다.

실망감으로 돌아오는 무거운 발끝을 들썩이게 하는 휴대용 음악이 그나마 마음을 긁어 준다. 쿠바에서 음악은 선택이 아닌 필수다.

나는 거의 20년 이상을 음악과 함께했기에 쿠바의 음악은 이보다 훨씬 먼저 접했다. 음악이 흘러나오는 곳이면 어디든 남녀노소가 춤을 춘다.

흑인들은 타고난 춤꾼이다. 이들은 심지어 노예에 대한 핍박과 탄압을 받으며 수갑과 족쇄를 차고도 리듬을 잃지 않았다고 말해도 과언이 아닐 만큼 춤과 음악의 꾼이다. 슬픔과 애환을 몸으로, 소리로 타고난 이들이 쿠바의 가장 매력적인 춤사위를 만들어 낼 수 있었다.

쿠바의 음악은 시대에 따라 다양한 문화를 받아들이며 새롭게 탄생했다. 예술성과 대중성을 갖추며 끊임없이 새로운 형식으로 발전하며 세계로 파고들었다.

쿠바 음악의 대표적인 악기를 나는 가지고 싶었다. 음악을 다루는 장소에는 항상 이 악기가 등장했다. 쿠바 음악을 들어 보면 귀에 부드럽게 들리는 악기들이다.

더구나 타악기인 콩가, 봉고, 바타의 리듬이 교차하면서 쿠바 음악의 영혼은 살아나 우리의 감성을 마구 자극해 댄다.

음악과 춤은 쿠바의 공통 언어다. 이들은 서로의 공동체 의식을 음악에서 느끼는 것을 보았다.

쿠바 음악에서 빼놓을 수 없는 사람이 있다. 콤파이 세군도(Compay Segundo), 쿠바 음악의 지존, 일평생 음악을 통해 쿠바 민족의식을 표현하고 미국의 메이저 음반사에 대항하면서 쿠바 음악 발전에 인생을 바친 그다.

인간의 목소리는 하늘이 만들어 준 최고의 악기다. 훌륭한 쿠바인들의 목소리는 한때 카스트로 정권에 불만을 품고 망명한 이들이 미국 음악을 뿌리째 흔든 원천이 되기도 했다.

한국에서도 유명한 재즈밴드 '부에나 비스타 소셜 클럽'의 고향이자 쿠바 인의 안식처다. 나도 십여 년 전부터 그들의 음반 다섯 장을 소장하고 있다.

그들은 마음으로 표현할 수 있는 것은 음악이었기 때문에 항상 고향에 대한 그리움을 음악으로 표출해 냈다. 농촌 민요로, 흑인 노예들의 애환으로. 룸바, 콩가. 쿠바의 음악은 노래보다 춤이다.

기차 불발로 내 심란하지만 여기는 쿠바 아닌가? 겨우 작은 창구의 박스 안에서 안내도 간판도 없는 확인을 해야 하는 곳도 쿠바다.

타려던 기차를 타지 못했으니 낭패다. 게다가 금쪽같은 시간은 마구 지나간다. 이때 여행자는 몸이 탄다. 택시를 잡아야 한다는 사실을 이곳의 택시 기사라고 모를 리 없다. 그렇다면 부르는 게 값, 역시 그 좋았던 쿠바의 인상들이 택시 기사들의 바가지요금으로 인해 바뀐다. 바가지요금은 어느 나라나 마찬가지인가 보다.

목마른 사람은 샘을 찾아야 하는 것이 엄연한 이치. 울며 겨자 먹기로 부르는 값을 절충하지 못하고 택시를 잡아 타고 갔다.

기분이야 그렇지만 전망대에 올라서니 또 다른 느낌, 아스라이 먼 밖이 눈 안으로 다 모여 든다. 눈 밖을 빠져나갈 수 없는 노예들이 이곳에서 총에 맞아 죽거나 혹사당해 죽었다. 밖으로는 탈출구를 찾을 수 없었던 노예들이 땅속을 파고 탈출한 동굴도 이곳에서 멀지 않은 위치에 있었다.

숙소에 들어왔다가 다시 어제와 같은 주점으로 나갔다. 살사, 룸바 바뀌는 리듬을 타고 어우러져 춤추는 사람들 속에 끼어 흥을 느껴 본다.

쿠바에 와서 쿠바 음악에 맞추어 춤추는 사람들 동작을 보며 후회의 마음이 물밀 듯 밀려온다. 흥겨운 관광객 속에서 뻘쭘히 앉아 있는 내 모습이 싫다.

그 유명한 부에나 비스타 소셜 클럽, 쿠바의 국민적 그룹의 음악은 듣기만 해도 몸이 들썩인다. 이 좋은 여행, 거기에 춤까지 출 수 있다면 내 여행의 질은 더욱 높았으리라. 그 생각으로 앉아 있는데 내 마음을 읽기라도 했는지 매니저 한 분이 내 손을 잡아 끈다.

몇 번을 거절하다 마지못해 따라 나섰지만 스텝, 스텝 열심히 밟아 주지만 나는 역부족이다. 춤을 망치는 꼴을 더 이상 하고 싶지 않아 제자리로 돌아왔다. 쑥스럽고 또 아쉬운 순간이었다.

쿠바는 미국의 봉쇄가 계획적으로 이루어진 나라다. 그래서인지 반미 성향이 국민 의식에 아직도 많았다.

아바나 시내에서 십여 킬로미터 떨어진 곳에 있는 헤밍웨이가 생전에 살았던 집을 박물관으로 만들어 놓았다. 아바나 시내가 눈에 들어오는 헤밍웨이 박물관을 찾았지만 훼손을 막기 위해 직접 들어갈 수는 없게 해 두어서 창문으로 안을 들여다보는 정도로 아쉬움을 달래야 했다.

시가를 사랑했던 헤밍웨이가 미국보다 더 시간을 보내고 사랑한 곳도 쿠바다. 낡은 택시를 타고 고속도로로 나갔다. 유쾌하게 고속도로를 달려 본 적 없다.

차가 없어 지루해지는 도로.

세상 차들이, 우리의 차들이 다 어디로 숨었나? 차가 많지 않아도 살 수 있고, 분리대가 없어도, 간판이 없어도 고속도로다. 하늘은 푸르고 길은 시원하게 그 아래로 달린다.

돈이 없는 고속도로. 버스도, 차들도 다 고속도로로 나왔다. 끝없이 이어지는 고속도로에는 붉은 수수밭 그 빛이 붉은 이유는 춤과 열정이 불처럼 살아나기 때문이다.

헤밍웨이

숙소에서 자고 일어나 창을 열면 앞 아파트에서 연로한 노부부가 베란다에 나와 쉬고 있는 모습과 딱 마주친다. 내가 손 흔들며 인사하면 할아버지는 밝게 그리고 호탕하게 웃으셨다. 그분도 내가 여행자라는 사실을 알기 때문일 것이다.

설탕과 음악, 헤밍웨이의 발자취, 그리고 아무런 감흥 없이 보았던 혹은 입었던 체 게바라의 티셔츠. 이것들은 쿠바의 매력을 물씬 풍겨 주는 우리가 쉽게 기억하는 매력들이다.

헤밍웨이를 모르는 사람은 없다. 그는 스페인 내전에 직접 참여했고 투우와 바다낚시에도 열광했으며 사냥을 좋아했다. 이것들은 모두 그의 소설 속에서 드러나는 한 장면도 되었고, 그의 삶이 되기도 했다.

많은 사람들이 그의 발자취를 좇는 여행을 감행하고 그 코스를 따라 흔적을 돌아보려 전 세계의 관광객들이 쿠바로 향한다. 헤밍웨이를 따라 엘 플로

리디타에서 다이키리를 마시거나 라 보데기타에 들러 모히또를 마신다.

그리고 암보스 문도스 호텔(Hotel de Ambos Mundos)의 스카이라운지 레스토랑에서 쿠바 음식을 맛보며 아바나를 조망했을 그를 나도 따라가 본다.

쿠바에서 위대한 작가 헤밍웨이의 흔적을 따라가 보는 것은 가장 중요한 관광 코스이기 때문이다.

작가는 여러 차례 쿠바를 방문하면서 암보스 무노스 호텔 511호에 머물렀다. 그 흔적을 더듬으며 투숙하는 관광객들은 적잖은 대금을 지불해야 하지만 나는 발길이 뜸한 시간을 탐하느라 호텔을 연거푸 3번을 기웃거린 끝에 잠시 볼 수 있었다.

지금은 그의 흔적이 담긴 사진과 활동한 이력들을 나타내는 사진만 벽에 전시된 채, 손님을 받는 하나의 관광 명소가 된 호텔은 날마다 문전성시를 이루고 있다.

여행하면서 카톡이나 문자를 쓰기가 용이하지 않은데 호텔 앞은 무료로 기기를 사용할 수 있도록 되어 있다. 밀린 안부를 보내느라 호텔 앞에 관광객들이 앉아서 진을 치고 있는 진풍경이 나도 공감할 수 있는 장소였다.

그가 쿠바의 아바나가 아니었다면 『노인과 바다』 같은 대작을 내지 못했을 것이란 생각을 해 보았다. 바다낚시에 매료된 그가 이곳을 소설의 배경으로 삼았다는 것은 지극히 자연스러운 결실이지 않았을까?

아바나 바다에 드리운 그의 낚싯대를 떠올려 보았다. 84일 동안 물고기 한 마리도 잡지 못한 늙은 어부 산티아고가 모처럼 큰 청새치를 힘겹게 잡았지만 상어 떼의 습격으로 뼈만 뱃전에 달고 항구로 돌아오는 모습을 떠올려 보았다.

바다에서 얻어낸 '인간'과 '인생'에 대한 메타포다. 뼈만 가지고 돌아 온 그를 누구도 패배자라고 생각하지 않을 것이다. 그의 패배가 아름답게 느껴졌다. 죽음을 코앞에서 느낀 순간까지도 가족을 떠올리면서 이대로는 아니라고 나 또한 울부짖었던 지난 일이 생각나 한참 동안 바다를 바라보았다.

나도 죽음의 사선을 넘어 본 경험이 있다. 생각으로도 눈시울이 뜨거워짐을 경험 없는 이는 모른다.

"인간은 파괴될 수는 있어도 패배하지는 않지", "희망 없이 사는 것은 죄다". 늙은 어부 산티아고의 말이 강하게 가슴으로 파고든다.

그가 노벨 문학상의 상패를 쿠바 수호 성인 카리나드 성모에게 바친 것을 보아도 얼마나 쿠바를 사랑했는지 알 수 있었다. 문학의 월계관을 쿠바 국민들에게 바칠 만큼 진정으로 쿠바를 사랑했다. 지금도 그 상패는 산티아고 코브레(Cobre) 성당의 성모상 아래에 놓여 있다.

말년에는 20년간 쿠바에 살면서 위대한 작품들을 썼지만 쿠바에서 혁명이 성공한 후 미국인이라는 이유로 그는 쫓겨났다. 미국으로 돌아간 이듬해인 1961년 엽총 자살로 생을 마감했다. 무엇이 그를 '파괴'한 것일까.

그는 고독하게도 자살로 생을 마감한다. 건강이 악화되어 요양 치료를 위해 쿠바를 떠났던, 육체적·정신적 고통을 견딜 수 없었던 영웅, 헤밍웨이는 투우를 사랑했던 만큼 투우사가 소의 심장을 찌르듯 엽총을 이마에 대고 방아쇠를 당겨 생을 마감했다. 고독한 문학으로, 오만함의 신사로, 그는 그렇게 우리 곁을 떠나갔다.

그는 노벨상 수상 인터뷰에서 자신을 '최초의 입양 쿠바인'이라 할 정도로 제2의 고향 쿠바를 사랑했다.

이 매력들이 쿠바를 압도하고 있는 한 쿠바를 잊기에는 어려울 것이라 생각한다.

여행 끝에서

모든 여행이 그렇듯 끝은 아쉬움이다. 어젯밤 클럽에서 나와 알알이 박혀 있는 하늘의 별을 보면서 트리니다드를 떠나기 싫다 생각했다.

떠난다는 것은 사라진다는 것이 아니기에 '언젠가는'이라는 가능성을 배제할 수는 없지만 그 꼬리에는 언제나 마침점을 찍었다.

여행했던 곳을 다시 간다는 것은 희박하다. 쿠바는 접근이 꽤 까다로운 여행지 아닌가?

트리니다드를 떠나 나는 다시 아바나로 들어간다. 옛 고성이 노을에 비추고 있는 모로 성으로 다시 들어오면서 드는 감회가 새롭다. 이곳을 몇 번째 오는지 올 때마다 다른 느낌, 다른 시각이다.

이제, 쿠바 일정도 끝난다. 차단제도 바닥이 보일 때면 여기저기 내 몸의 한계가 드러난다.

정열적인 자외선을 차단제 하나에 의지하며 덧바르다 보니 얼굴은 여기저기 뽀루지요, 다리는 타서 벗겨진다.

거울을 본 기억이 나지 않는다. 아침이면 대충 머리를 빗어 내리고 보아주는 이 없으니 내 맘대로 거리를 활보해도 좋다. 내가 너를 모르고 너 또한 나를 알 수 없을 테니. 만나고 헤어지면 그만일 테니. 내가 이곳에 오기 전 너는 일상이었고, 나는 여행이 될 터인데.

쿠바의 5백 년 전 여인의 얼굴이 새겨진 선물을 고르느라 두 시간여를 돌아다닌다. 피곤이 급상승했다. 쿠바에서는 나처럼 셈이 느린 사람은 여행하며 애먹는다. 쿠바는 이중 화폐 제도를 쓰고 있다. 모네다(CUP)와 쿡(CUC) 두 가지의 화폐를 사용한다.

쿡은 나처럼 여행자가 바꾸어 사용하는 화폐이고 현지인들은 외환과 바꿀 수 없는 모네다를 주로 사용한다. 나는 물건을 사고 음식을 먹을 때마다 돈과의 씨름을 한두 번하고 셈을 해야 한다. 하지만 관심을 가지고 보면 구분이 잘된다.

셈이 느린 사람은 돈 그림으로 판단한다. 여행자는 관광을 해야 하니까 쿡에는 동상이나 건물 그림이 그려져 있다고 생각했다. 그리고 나머지 모네다에는 인물이 그려져 있다. 쿠바의 역사 공부를 하지 않은 내가 쿠바의 역사 인물을 아는 데는 한계가 있다. 인물의 그림이 보이면 그건 현지인들이 쓰는 화폐로 생각했다. 셈 느린 나만의 계산 방법이다. 하지만 모네다가 있어야 쉽게 현지인 속으로 접근할 수 있어 환전의 비율도 여간 신경 쓰이는 부분이 아닐 수 없었다.

둘 다 통용되지만 사용하는 장소가 제한되어 있어 자칫하다가는 여행이 끝났을 때 환전하느라 애먹을 수 있다. 쿡은 여행자들이 많이 쓰는 화폐로 사용 범위가 넓지만 비싼 값을 치르는 불이익이 좀 따른다.

모네다는 현지인들이 사용하는 화폐로 제한적인 활용의 불편함이 있지만 그만큼 싼값으로 생활을 해결할 수 있다. 그런 불편함이 있어 나는 사용할 때마다 지갑을 열어 한참씩 지폐를 들여다보고 확인하는 번거로움을 겪는다.

셈이 빠르지 못해 동전 지갑을 열어 책상 위에 털어 놓는 경우도 빈번하다. 달러로 모네다를 환전하면 지폐가 한 보따리다. 쿠바에서는 내가 마치 갑부가 되어 있는 착각의 만족감도 느낀다. 하긴 쿠바에서 한 달 의사 월급이 25쿡이다. 얼마나 놀라운 일인가?

자그마치 66살 된 올드 카

차는 차다

낡은 차는 세월을 견딘 만큼 시끄러웠고, 다른 모든 것을 고스란히 안고 있다. 56년은 기본, 심지어 70살 된 차들도 많다. 핸들은 낡을 만큼 낡았다. 유리알처럼 빛났다. 에어컨은 처음부터 없다.

차는 기름도 뒤쪽 트렁크를 열고 먹는다. 먹다 남긴 기름은 다시 허기질 때를 대비해 작은 통 속에 보관한다.

얼만큼이 제 양인지조차 모른다. 기름을 벌컥벌컥 마시다 토해 내면 그게 제 양이다.

오다가다 배가 고프면 꺼내 먹는다. 기골이 건장하여 부실한 몸으로는 시내를 얼씬도 못한다.

내가 타고 있는 차의 나이 자그마치 66살, 살만큼 살았다 생각할 수 있지만, 차를 알아주는 주인과 차를 잘 어루만지는 주인을 만나면 백 살은 살 수 있다. 튼튼한 몸매, 우람한 체격, 그리고 힘만은 이 차를 따를 차가 없다.

오늘 나는 그와 함께 320킬로미터를 달린다. 야생마 네 이름은 올드 카.

미국과 수교가 끊어지며 차를 수입하지 않아 고쳐 써야만 하는 처지에서 비롯된 늙은 차는 지금 쿠바를 대표하는 관광 트레이드마크가 되었다.

우리는 9시 출발하는 올드 카에 올랐다. 비냘레스(Vinales)와 큰 벽화와 도망친 노예들의 피신처를 돌아본다. 지금은 카페나 상점으로 변한 인디오 동굴과 미구엘 동굴, 그리고 럼 공장과 시가 공장을 방문하는데 기동성을 발휘해야 한다. 또 쿠바에 왔으니 올드 카는 필수로 타 보고 싶었던 내 여행 전의 계획을 한꺼번에 실행하기로 했다.

비냘레스에서는 카르스트 지형으로 된 쿠바 태곳적 모습을 볼 수 있다. 석회암 지대가 솟아서 만들어진 산들이 치마폭처럼 겹친 모습이 장관을 이룬다.

한적한 지형 곳곳에서 소나무 아래 서 있는 색색의 파스텔 톤으로 칠한 식민지 풍 방갈로가 줄지어 서 있는 이색적인 풍광도 보인다.

비냘레스도 담배 생산 지역이다. 넓은 면적의 밭과 건조 공장이 농촌의 서정 풍경으로 사방을 에워싸고 있다.

산과 강으로 둘러싸인 이곳은 비옥해 담배, 사탕수수, 커피를 재배한다. 작물이 줄지어 자라는 모습은 보는 것으로도 비옥함을 느낀다.

쿠바의 선사 시대 모습을 볼 수 있는 벽화를 관찰할 수 있다. 모고테(Mogote) 원주민, 쿠바의 포유류들, 거대 동물의 신화를 벽화로 남긴 그림이 있어 이를 통해 인간의 진화 역사를 엿볼 수 있다.

노랑, 빨강, 분홍, 회색 등 여러 가지 색으로 칠해 놓은 벽화는 큰 감동으로 와 닿지는 않았으나 쿠바의 '선사 시대 벽화'라는 데 의미를 두기로 했다.

이곳에는 300미터 이상의 동굴이 여러 개 있지만 '인디오 동굴'을 가 보기로 했다. 마치 공룡이 산을 한 입 파먹은 것처럼 인디오 동굴 안에는 강이 흐른다는 것이 믿을 수 없다. 동굴을 한참 들어가니 배가 들어왔다. 그 배로 동굴 내부를 구경할 수 있었다.

그곳을 나온 우리는 담배 공장으로 달렸다. 파릇한 식물들이 이제 막 잎을 불리고 있다. 경작지의 규모나 품질 면에서 앞서는 이곳의 시가 공장들은 크든 작든 밭에 담배 잎을 말리는 건초 창고를 가옥처럼 밭 언저리에 군데군데 지어 놓고 있다.

우리에게 친근한 인터넷 시설도 물자도 부족한 쿠바에서는 내게 답습된 모든 것을 잠시나마 잊고 과거의 시간처럼 단순하게 살 수 있다는 것을 느끼게 된다.

생소한 광경들이 눈앞에 나타날 때마다 나는 긴장과 새로움으로 모든 것을 보게 된다.

쿠바는 이제 막 개방의 물꼬를 열었다. 개인 여행이 허가되는 단계에 있는 나라로 고급 인력이 다른 나라로 유입을 막기 위해 규제를 한다. 다른 나라로의 정착을 미리 규제하려는 정책이지 않을까 생각했다.

내가 이곳에 있는 동안도 여러 건물들이 한참 재건축되고 있었다. 그 기술이나 인력들을 충당하느라 혹여 자국민들에게 불이익을 가져오지 않기를 바라는 마음이었다.

유럽에서 볼 수 있는 유람선이 항구에 정박해 있는 광경을 보았다. 숙소와 거리가 술렁이는 활기로 성시를 이룬다. 모든 것들이 활발하게 돌아간다.

내가 머무는 동안도 항구로 나갈 때마다 상상조차 힘든 대형 크루즈 선박들이 아파트 수십 층 규모로 정박해 있었다.

지금, 관광객들이 속속 들어오는 쿠바는 세계에서 빼놓을 수 없는 매력을 지닌 나라임을 실감하게 된다.

카사에서

아바나 시에서 아침을 맞았다. 숙소 창문을 열고 걸터앉으면 모로 등대가 보이는 낡은 7층 건물, 외관은 세월을 고스란히 품었지만 내장재는 중세의 대리석으로 한 품격 있는 숙소에서 바다를 내려다본다.

바다는 여전히 되새김하듯 연신 들이킨 흰 거품을 규칙적으로 토해 내고 있다. 오랜 세월을 건너와 바랜 건물의 외벽은 마치 인고의 풍상을 겪어낸 얼굴로 피곤한 다리처럼 내 앞에 서 있다.

창문 아래로 낡은 건물과 조화롭게 낡고 푸석한 차들이 거리를 바쁘지 않게 돌아다니는 풍경이 창문에 걸쳐 앉는다.

아바나 모로성을 수십 번 내다본 카사의 창문

말라콘을 흔드는 악기야

눈뜨면 양타문 작은 창이

그 아래로 지나가고 돌아오는 다리를 놓은 거리

그 안에서 카리브 해를 페북로 마신다

넘치고도 남은 것들의 사이에서

작아도 초라하지 않은 그 모로 성들이

그득 빈곳을 채워 주고 가는 시간

창문을 열어 백 번을 본들 여기 흙 한 점을 맛볼 수 없는데

유리알처럼 밟아 놓은 대리석 발자국을 뗄 수 없는 일인데

천 번의 창을 열어도 여기는

아바나

육감의 촉수를 열어젖히고 토정의 페이지를 떼어낸들

훗날 어느 굴곡에서 이 호사 덮을까

말라콘을 흔드는 악기야

다시 멕시코로

쿠바에서 다시 플라야 델 카르멘으로 이동해 하루를 보내고, 툴롬 마야
유적지가 있는 해안으로 갔다. 찌는 더위에 65페소를 지급하고 마야 유적
을 찾아가는 길은 쉬웠다.

지금은 해풍과 세월을 견디고 유적들은 허물어지고 사라졌지만 생생하게
마야의 흔적을 보여 주고 있다.

나는 지금까지 해변의 유적지를 관람한 적이 남인도 외에는 없었다. 헌데
바다와 깎아지른 언덕을 이용해 적들의 침략을 막기 위해 지어 놓은 유적

들은 경이로웠다.

그 견고함은 어느 건물에 비교해도 손색이 없을 만했다. 허물어진 템플과 그들이 사용했던 돌기구들, 그리고 천혜의 자연을 이용하여 요새를 만들고 살았을 그 마야의 기운을 느낄 수 있었다.

플라야 델 카르멘의 작은 선착장은 관광 천국이다. 해변의 파도는 세지만 적당한 안전거리를 확보하고 고운 모래의 백사장, 먹고 마시는 충분한 음료수, 각자만의 방식으로 휴식을 취하는 사람들로 모여 있다.

카리브 해가 떠오르는 모습을 담지 못한 아쉬움이 있지만 아침 산책을 하며 현지인들의 일상과 여행자들의 바쁜 모습을 또 다른 눈이 되어 살핀다. 거기에 내 모습도 있다.

이것저것 알아보고, 살피다 한참 만에야 종종걸음으로 부스 안으로 들어간다.

오후 들어 다시 칸쿤으로 돌아왔다. 칸쿤은 세계적으로 이름난 휴양지이면서 신혼여행지다. 호화로운 호텔에서 우리처럼 배낭여행자를 위한 저렴한 숙소까지 있는, 여행하고 휴식하기에 좋은 곳이 칸쿤이다.

나는 수영을 못하니 해변을 거닐고, 그늘에 앉아 오가는 사람 구경하며 시간을 보내는 편이다.

이럴 때는 시내 돌아보는 편이 더 낫다. 시내버스를 탔다. 버스를 타고 있으면 호텔 존으로 돌아 해변과 시내를 거쳐 다니는, 그 버스 R2와 R3다.

이 버스들은 내리는 곳을 알 만큼 내가 타고 다녀 본 노선이다. 정거장은 물론 시내를 돌아 나오는 노선을 다 꿰고 있다. 처음에는 신기했지만 타는 횟수가 잦을수록 여유도 생겨 아예 종점을 돌아 다시 원점으로 도착되는 지점까지 앉아 있는다. 운전기사는 다 왔기에 내려야 한다고 말을 했다. 저렴한 버스로 하는 시내 투어다. 시내버스는 여행하며 꼭 타 본다.

시내를 벗어나 해변으로 가다 보면 사람들이 삼삼오오 올라탄다. 그리고 해변을 돌아 나올 때면 수영을 즐기던 사람들은 그대로 옷 위에 가운 하나만 걸치고 버스에 오른다.

얼마나 편리한 방법인가. 그래도 누구 하나 그 사람을 이상한 시선으로 보는 이 없다. 얼마나 자유로운 사람들인가. 나만 신기해서 부러운 시선으로 그런 복장을 한 채 버스에 올라오는 사람들을 연신 바라보았다.

때로는 호사

배낭여행자에게 좋은 숙소는 부담이다. 40여 일이 넘는 동안 노숙만 빼고 다 해 보았으니 남은 멕시코 일정은 조금 쉬고 싶었다. 장시간 피곤에 지친 몸도 쉴 겸, 사유할 수 있는 시간 여유도 갖고 싶었다.

나쁘지 않은 것 같아 마지막 거금을 주고 4일 동안 쉴 곳의 호텔을 예약했다. 그것도 한곳의 숙소를 4일 동안 사용하는 조건으로 할인받아 192,000원. 이곳의 현지 물가를 생각하면 그래도 저렴한 숙소다.

여행하면서 백 원을 절약해야 할 만큼 허리띠를 졸라 맨 결과로서는 파격적이다. 아마도 남편의 배짱이 아니었으면 결단코 없을 일이다.

마지막 방문지 치첸 잇샤의 체험만 남겨 놓은 여행이다. 택시나 대중교통을 이용하면 하루에 볼 수 있는 곳이다. 택시를 대절해 가면 그만큼 경비가 발생하므로 우리는 대중교통을 이용해 가기로 했다.

간식과 음료수를 준비하여 떠난 출발은 순조로웠다. 문제는 한꺼번에 이동하는 사람들과 시간 약속, 픽업 등으로 한없이 지체되는 시간이었다. 여행자는 신속인데 대중교통이라 바쁠 게 없나 보다. 차라리 관광지에 내려주면 좋으련만 즐비한 상점들을 거쳐 점심시간을 보내고 오후에야 관광지로 향한다.

속수무책이다. 이럴 줄 알았다면 우리는 버스를 타지 않았다. 지금까지 순조로웠으니 그럴 것이라 믿었는데 우리 관광버스와 다를 게 없는, 그러니까 관광지의 상품을 돌아 나가는 코스였다.

속은 터지나 그래도 오늘 점심은 뷔페로 배가 볼록 나올 만큼 채웠으니 그것으로 만족해도 될 것 같다. 유적지에서의 시간은 짧기만 하다. 마음은 바쁘고, 덥기는 하고. 치첸 잇샤의 먼지와 바람, 사람과 탑이 어울려 관광지는 터질 것 같았다.

그렇게 숙소로 돌아온 시간이 밤 9시. 참으로 쉴 사이 없이 하루가 돌아갔다. 그리고 마야 유적, 숨결과 손끝의 예술로 빚어 낸 결과물은 위대했다.

숙소 침대에서 밖을 보니 완두콩 깍지처럼 매달린 나무 열매 커다란 아카시아 열매가 그네를 탄다. 눈감으니 넓은 창 옆으로 나뭇잎이 부비는 소리가 속닥속닥 귀에 들렸다.

2일째다. 여행 정점에서 숙소의 편안함과 충분한 여유를 즐기고 있다. 시원한 풀장, 파라솔의 편함, 거기에 시원한 바다와 요트가 그림처럼 탁 트인 시야가 한없이 멀어진다.

언제나 배낭여행을 한다는 점이 가족 선물을 생략할 핑계가 되었다. 그래도 서운한 사람들 생각이 스친다.

멕시코의 특색 있는 물건을 찾다 보니 핸드 페인팅 그릇이 있었다. 이 그릇들은 내가 프리다 칼로의 박물관을 갔을 때 인상 깊게 보았던 것들과 비슷했다.

손수 도자기에 그림을 그려 넣은 것인데 생활 자기보다는 장식용이어서 화려하기가 공작의 꼬리를 펼쳐 보이는 것처럼 화려하다. 장식용으로 욕심나는 그릇이었다.

하지만 그릇만 만지작거릴 뿐, 도저히 용기가 나지 않았다. 가져가는 것도 문제지만 무게도 상당했다. 혹시라도 잘못해 깨진다면 '산산이 부서진 도자기여'가 되는 것이다. 쓰다듬고, 만지작거리고, 골라 보다 끝내 포기하고 돌아섰다.

여행 중에는 사고 싶은 물건은 열 번 이상 고민하게 된다. 이번 여행도 그랬다. 여행 초반부터 포기할 수 없는 모자를 놓고 처음에는 마음 돌렸고 다음에는 도저히 포기할 수 없어서 다시 그 상점을 방문하여 샀던 모자가 파나마에서 왕골로 만든 수제품 캡이었다.

사는 순간 애물이라는 걸 알면서도 포기하지 못해 사 왔던 대가를 치렀다. 나는 거의 40일 이상을 여행하며 모자를 고이 모시고 다녔다.

이제는 여행을 마무리하고 있으니 마음 놓고 눈요기하고 있다. 이곳은 호텔들이 아파트촌을 이루는, 자기의 취향대로 능력에 따라 들어갈 수 있는 숙소들로 이루어진 '호텔 존'이다.

우리는 존 지역을 벗어나 있는 변두리 호텔이지만 소박한 풀장과 마음만 먹으면 언제든 바다로 뛰어들 수 있는 눈부신 햇살에 빛나는 요트들이 즐비한 바다 언저리에 있는 숙소에 묵는다.

그 덕분에 바다로 가라앉는 일몰과 찬란한 해돋이는 그냥 숙소에 앉아서 감상하는 곳에 머물고 있다.

3일째다. 칸쿤 밤하늘에도 별이 나왔다. 바다를 지척에 두고 파도 흔들리는 소리가 자장가처럼 가깝게 들려온다. 할머니가 별을 보며 나직이 들려주는 옛날이야기처럼 졸리는 밤이다.

침대에 그대로 누워 해 뜨는 아침도, 노을 지는 바다도, 난생 처음 접해 보았다. 이 얼마나 대단한 숙소인가. 아무리 고가의 호텔도 거처하는 동안 편함을 느낄 수 없다면 무용지물이 되기에 나에게 맞는 숙소를 찾아들었다는 것은 여행지에서는 행운이다.

침대에서 해맞이를 했으니 이제 밖으로 나가봐야겠다. 바다로 나왔다. 새벽 공기를 가르며 운동하는 사람, 해변 산책길을 따라 곧게 뻗은 해안 길을 걸어 본다.

어느 바지런한 강태공은 벌써 바다에 낚싯대를 드리우고 멀거니 앉아 있다. 가깝게 가 보니 아직 바구니는 비어 있다. 한참을 바라보다 손 흔들고 돌아섰다.

바다 모서리 수초 속에서 놀고 있는 생명들 움직임을 지켜본다. 맑은 수초 사이를 자유자재로 길을 바꾸면서 놀고 있는 고기떼들, 노는 모양이 꼭 천방지축 악동들의 놀이터 같다.

이리 돌고 저리 돌고, 앞에 장애물이 있든 말든 개의치 않고 잘도 방향을 바꾼다. 길을 가다 길이 아니면 바꿀 수 있는 우리 인생길도 저처럼 자유자재일 수 있다면 우리는 모두 순탄한 삶을 살아가리라.

수초 사이를 선명한 노란, 검정, 하얀 세 줄을 새긴 물고기가 지나간다. 그리고 주둥이가 길게 나온 갈치 모양의 물고기가 서로 떼 지어 놀고 있다. 물고기의 세계도 범접할 수 없는 영역이 있다. 자기의 본분을 지키며 놀고 있는 고기 떼, 그 모습을 보고 있다가 갑자기 떼로 몰려다니는 시커먼 고기 떼를 보았다.

나는 그 모습이 신기해 물고기들을 따라 다니면서 보고 있다. 그때 쏜살같이 도둑질하다 들킨 사람처럼 휙 방향을 바꾸는 물고기 떼, 벼락치듯 물속이 한바탕 살육 현장으로 변했다.

너무도 순식간에 일어난 일이라 원인을 몰랐지만 그렇게 소용돌이 치고 난 몇 초 후 물 위로 은빛 비늘들이 떠올랐다.

큰 고기들이 바다 밑에 숨어 있다가 수면에서 노니는 작은 물고기 떼들이 오는 것을 보고 덮친 것이다. 푸드득거린 살육의 현장. 나는 참 믿기지 않았다. 그 고요했던 바다가 갑자기 요동치는 듯 거품이 나고 그 거품이 사라진 수면 위로 비늘들이 떠오른 현장은 많은 여운을 남겼다.

구름처럼 몰려다니던 고기 떼, 그렇게 조용히 방향을 바꾸며 잘 놀던 고기 떼는 갑자기 초죽음을 맞은 듯 소용돌이 치고 눈앞에서 사라져 버렸다.

아무리 떼로 몰려다녀도 큰 고기들 앞에는 역부족이었나 보다. 초간의 살육이 지나간 자리를 바다는 마냥 지켜만 보고 있다.

고요한 아침 바다, 바다는 물고기 떼의 살육 현장을 보지 않은 듯 귀퉁이에서 얼굴을 감춘다. 얼굴을 감춘 바다를 토닥이고 나는 길게 드리워진 그림자를 밟으며 숙소로 돌아왔다.

이제 우리는 마지막 여행지에서 할 수 있는 것이 제한되어 있다. 할 수 있는 게 아무것도 없는 무일푼이 되었다.

그간 내가 사용하던 지폐들은 하나의 휴짓조각이 되므로 이제 남은 기간 동안 버티고 있을 비상금만 남겨 두고 있다.

내 피부는 코끼리 살

여행을 마치는 전야, 돌아보니 숨 가쁘게 달려온 여정이었다. 꼬박 4일을 칸쿤에서 쉬니 내가 편한 여행을 하고 있다는 착각에 빠진다. 하지만 쉬기 전까지 나는 밤 버스로 이동하면서 삼일이 멀다 하고 강행군을 했다.

44일 동안 긴장의 연속으로 편한 마음일 수 없었다. 이제 나는 다시 일상으로 복귀한다. 책에서나 배웠던 파나마 운하는 내가 상상했던 것보다 몇 배는 더 감동이었다. 도저히 빠져나갈 수 없을 것 같은 거대한 상선이 물폭을 가르며 빠져나가는 묘기 같은 사실을 알았을 때야 운하의 원리를 이해할 수 있었다.

고즈넉하게 살고 있는 멕시코인들을 들여다볼 때는 마치 내 고향 사람들을 만난 착각이 들 정도였다. 이들의 친절한 모습에서 여행이 외롭지 않음을 느꼈다. 왜 그랬을까 자문해 보다 아마도 외모부터 나와 비슷한 친화감이지 않았나 생각했다.

또한 코스타리카는 생소한 변방의 나라쯤으로 보아 크게 기대하지 않았다. 하지만 자연을 좋아하는 사람은 오지 않으면 안 될 나라로 떠나오는 내 내 아쉬운 나라였다.

과테말라 역시 그랬다. 모르는 용기였을 것이다. 두 나라가 내게 안겨 준 그 풍요롭고도 포근한 녹색의 향연 위에서 머물다 떠나온 나를 많이 보듬어 준 여행지였다.

그리고 떠나오기 전부터 많은 기대를 했던, 어쩌면 이번 여행지 선택을 결정짓게 한 나라, 쿠바. 그 기대 이상으로 쿠바는 역시, 훨씬 많은 매력을 지니고 있는 나라였다.

마음 같아서는 한 달 이상 돌아보아야 하는 나라, 일주일 동안 내가 본 것들은 극히 일부였지만, 본 만큼보다 더 많은 매력이 있다는 사실을 직시하면서 참으로 아쉽게 떠나갈 나라다.

사회주의를 빠져나와 이제 막 자유의 물꼬를 튼 쿠바는 급속도로 변해 가는 모습이 눈에 잡히어 기회가 된다면 다시 찾고 싶은 나라다. 그러나 여행지를 다녀온 후 다시 가고 싶다는 생각을 나는 버리려 했다. 아직 가고 싶은 나라가 부지기수인데 다녀온 나라를 방문할 가능성은 매우 희박하다. 하지만 쿠바는 다시 한 번 가고 싶다는 생각을 갖게 하는 나라다.

이제 자기 의견을 내고 자유의 맛을 제대로 느끼고 있는 이들의 모습을 나는 볼 수 있었다. 지금, 쿠바 속살을 들여다보면 아침마다 손에는 자루를 들고 배급받기 위해 식품 보급소 앞에 줄을 서고 있지만, 물건이 바닥나도록 구매력이 솟구치는 이들의 욕망도 머잖아 채워지리란 생각을 해 봤다.

경제는 중요하지 않을 만큼 낙천적인 사람들, 춤과 럼 그리고 시가만 있으면 어느 갑부도 부럽지 않을 이들의 행복 지수는 내가 가늠하기조차 힘들었다. 아니 추구하는 삶의 차원이 나와 다르다는 사실을 많이 느꼈다.

흥을 알고 그 흥에 취해 나도 떠나오기 싫었던 쿠바. 이처럼 한 나라 한 나라 특색을 고스란히 품고 있는 이번 여행을 통해 나는 세상을 보는 눈이 조금 더 열렸다.

강한 카리브 태양에 견디지 못하는 피부는 엉망이 되고 말았다. 여행 기간과 피부 손상은 비례한다는 사실을 어제오늘 아는 것도 아닌 이상 마음 접는다.

이렇게 탄 피부는 다시 또 반년이란 시간을 거쳐야 비로소 제자리로 돌아올 것이다. 내 피부 재생 기간은 육 개월이다.

Part · 3

아프리카

2박 3일의 사파리 투어

밤새워 들리는 북소리에 눈떴다. 오늘부터 박진감 있는 각종 투어들이 나를 기다린다. 그 이름만 들어도 가슴이 뛰었던 아프리카 대자연만이 펼칠 수 있는 서사시를 들을 것이다. 자연에 살고 있는 동물들의 천국 '마사이 마라(Masai Mara) 국립공원'을 만나게 된다.

수차례 들었던 지명이다. 그 국립공원을 향해 우리는 투어 차량에 올랐다.

아프리카에 오는 목적은 많다. 태곳적 대자연을 만나기 위해 이곳으로 향하는 사람들은 여러 힘든 여건을 겸허하게 받아들이고 자연 앞에 선다. 동물들의 생생한 모습을 보기 위해 국립공원을 찾아오는 사람들이 대부분이다.

지프 차량을 이용하여 삼일 동안 동물들의 생생한 현장을 체험해 보는 것이다. 넓은 공원의 면적을 생각하면 결코 긴 시간이 아니다.

공원을 찾아가는 길은 멀다. 이색적인 풍경을 가득 담고 있는 아프리카의 생경함을 보면서 이동하다 보면 지루한지 모르고 장면 장면마다 차창 밖 모습에 눈도장 찍으며 나간다.

공원으로 가는 길 도로 양편으로 현지인들이 수확한 과일이나 채소를 가지런히 늘어놓고 팔고 있다. 빨간 빛을 내는 과일들이 나무판에 진열되어 있다. 까만 피부의 주인과 대비되는 색깔이 유독 내 눈길을 사로잡았다.

이들의 피부가 까맣기 때문에 빨강색은 더 도드라져 보인다. 한눈에 보아도 입맛을 부르는 빛깔이다. 우리는 잠시 차에서 내려 이들과 한데 섞이어 과일도 사고 다정하게 포즈도 취해 보며 이들을 알아간다.

옷가지와 청바지를 도로의 가드레일 위에 죽 걸쳐 놓고 팔고 있는 모습과 큰 보따리를 풀어 놓고 있는 모습이 간간이 여행자의 지루함을 해소해 주었다.

길고도 멀게 선으로 이어지는 녹색 초지에 방목되는 가축들, 몇 시간째 같은 풍경을 보고 있다. 시내를 벗어나니 현지인들이 사는 모습은 대부분 토담집이다. 우리 주위에서는 이제 찾아볼 수 없는 슬레이트와 함석으로 지붕을 덮은 가옥이 있다. 이 집들은 살림살이가 괜찮은 집이다.

일하고 있어야 할 젊은 사람들이 놀고 있는 모습이 많이 보였다. 아프리카도 직업난이 심각하다는 것을 알 수 있다. 우리 차량 기사는 38살인데도 아직 결혼을 하지 않았다. 농담이지만 자기는 한국여자를 만나 결혼하는 것이 꿈이란다. 꿈은 야무지고 대학도 마친 젊은 기사, 아프리카에서는 고급 인력인데 배우자를 만나지 못하고 있다니 남의 말처럼 들리지 않았다.

창밖을 보며 몰입돼 있는 내게 기사는 갑자기 "지금부터는 춤출 준비를 하세요"란다. 이 무슨 뚱딴지같은 소리인가 싶어 한참을 멍하고 있는데 차가 갑자기 높은 굴곡으로 용틀임하며 비포장도로에 접어들었다.

공원으로 들어가는 길이 가까워졌다는 신호다. 물론 잘 닦인 길로 달리는 스피드감도 좋지만, 아프리카에 왔으니 비포장도로를 달리는 것도 아프리카다운 모습이므로 흡족한 기회로 생각해야 했다.

공원길로 접어드는 비포장 도로는 원초적인 길 그대로다. 붉은 먼지 풀풀 날리며 그 꼬리는 길게 이어진다. 차 한 대가 지나가며 그려 놓은 그림이 서정적 풍경화 한 점 그대로 초원에 걸린다.

주위로는 사막에서나 볼 수 있는 풀들, 그 풀냄새를 맡으며 초원을 달리는 사륜구동이 힘차게 땅을 차고 오르는 소리를 들으니 내 발끝도 따라 움직인다.

우기가 막 지난 즈음이어서 군데군데 떨어져 나간 다리, 파편 주위를 지나갈 때 머리칼이 쭈뼛 일어섰다. 도로는 유실된 곳이 많아 새로운 길이 나 있다. 지날 때마다 나도 모르게 몸이 움찔해진다.

내가 마사이 마라에 왔다는 사실을 빨간 망토를 몸에 두른 소년이 알려준다. 휘어질 듯 기다란 다리로 간간이 지나는 소 떼를 몰고 뒤따르는 소년, 마사이족 소년이다. 알 듯 모를 눈빛. 베일에 가린 소년의 신비감에 눈이 멎는다.

국립공원 입구에 도착했다. 아프리카에 왔다는 사실이 확인되는 순간이다. 차량이 도착하자 어디서 왔는지조차 분별할 수 없는 사람들이 민첩하게 차 주위로 몰린다. 상품을 팔기 위해 차량 주위를 에워싸고 우리와 눈맞추기 위해 서로 몸싸움을 한다.

한참 동안 현지인들과 작은 흥정을 끝낸 사람들이 물건을 산다. 나도 궁금하여 끼어들어 물건을 골랐다. 새로울 것도 없는 소박한 물건들이다. 동물이 많은 나라일수록 나오는 물건들도 모두 동물에서 얻어 낸 것이란 걸 알고 있다.

내가 2007년 네팔의 히말라야를 다녀오면서 야크 동물에서 얻어 낸 뼈를 이용해 많은 종류의 액세서리를 현지인들이 만들어 내는 현장을 본 적 있다. 이 상품들도 만져 보니 동물 뼈였다. 나는 1.5달러짜리 가벼운 목걸이 하나를 아프리카에 온 기념으로 목에 걸었다. 그리고 그들을 뒤로한 채 차는 공원 안으로 달렸다.

공원으로 들어서서 저 푸른 초원을 20분이나 달렸을까, 차량이 멈춘다. 얼룩말이다. 이처럼 자연과 잘 어울리는 이름이 또 있을까. 얼룩얼룩 선명한 줄무늬, 도드라진 엉덩이를 보니 나는 다리 가랑이로 숨어들어 '찰싹' 한 대 때려 보고 싶은 충동이 들었다. 뒤태가 요염하다.

또 다른 동물들이 나타났다. 누 떼, 톰슨가젤, 스프링 벅, 버펄로 등 그야말로 집에 앉아서 텔레비전에서 보았던 동물들을 눈앞에서 본다는 사실이 믿기지 않았다.

드넓은 초원에서 동물을 찾아다니는 일은 쉽지 않아 보였다. 뭔가 아른거리는 물체를 보고 찾아가다 보면 어느새 사라져 버리는 동물 찾아 삼만 리 가는 느낌이다. 동물들은 자기의 영역이 있다. 그곳들을 찾아 동물 상태를 보는 것이다. 전적으로 차량 기사의 경험에 의존해야 한다.

어느 곳에 동물들이 모여 있는지에 대한 정확한 파악이 우선인데 제아무리 경험 많은 차량 기사도 움직이는 동물을 찾아다닌다는 것은 무리다. 동물의 종류 또한 다양해 다 본다는 것도 역부족이다. 암기력이 부족한 나는 동물 이름을 열심히 가이드가 언급하지만 돌아서면 잊어버린다.

사파리 투어 기사들은 서로 유대감도 돈독하다. 어느 사파리 차량이 투어하는데 문제가 발생된다면 서로는 내일처럼 도와준다. 우리가 투어를 위해 공원으로 들어가던 중 앞선 차의 기사가 실수를 했는지 도로 웅덩이로 차가 빠졌다.

우리 차량 기사는 가던 길에 차를 세워놓고 자기 일처럼 그 차량을 진창에서 빼내려 진땀 흘렸다. 이들의 일처리 능력을 보면 우리와는 비교되지 않을 답답함이 있다. 모든 투어는 철저한 준비가 되지 않은 채 진행되고 일이 발생하고 나서야 차량을 끌어낼 장비들을 챙긴다.

우리가 투어하는 중에도 다른 사파리 차량이 물웅덩이에 바퀴가 빠져 우리 일행을 만나고서야 서로 차를 마주보고 끌어내는 경우를 보았다. 우리가 탄 차량에 동아줄을 구비해 놓지 않았다면 어떡했겠는가. 지나는 차량을 세워 놓고 도움을 받기 때문에 빠른 것에 익숙한 우리 정서로는 이들의 일처리에 답답함을 느낀다. 그러나 중요한 것은 누구 하나 그 일로 서로를 탓하지 않는 이들의 태도다.

케냐에 와서 차량 고장으로 기다린 시간, 또 교통수단 이용에 대기한 시간들을 모아 본다면 내 일정의 이틀 정도는 손해 본 시간들이다. 하지만 안달한다고 되는 일은 없다. 느긋한 습성을 들이는 것이 아프리카 여행을 잘하는 것이다.

전날 케냐 시내로 들어가는 도중에 차량 퓨즈가 떨어져 차가 멈춰 선 적 있다. 그때도 기사는 한참 차를 뒤져 철사 하나를 꺼내 퓨즈 연결을 하고서야 출발할 수 있었다. 이곳에서는 다반사다.

긴 하루 일정을 끝내고 우리는 국립공원 안에 마련된 텐트에서 휴식을 취하고 있다. 정식 명칭으로 표현해 텐트지 화장실까지 갖춘 고급 텐트다. 여행자들이 불편하지 않게 샤워까지 끝낼 수 있는 잘 갖추어 놓은 공원 시설이다.

늦은 저녁을 끝내고, 아프리카 밤하늘에서 낙엽처럼 떨어져 내리는 별과 함께 잠들었다.

새소리와 곤충 소리, 동물 소리의 합창을 들으며 눈떴다. 이틀째 공원으로 들어가는 날이다. 우리의 상쾌한 기분을 아는 양 하늘에는 물수리(Fisheagle)가 녹색 초원 창공을 진치고 날아다닌다. 기류를 타고 유유히 나르는 콘도르를 페루의 상공에서 숱하게 보았지만 아프리카의 하늘에 날고 있는 고기 떼를 닮은 작은 솔개들을 보니 감회가 새롭다.

공원 입구에 서 있는 선인장이 나를 반겨 주는 아침이다. 이곳은 동물의 낙원이지만, 동물들의 무덤이기도하다.

많은 동물들의 뼈가 공원 입구에 쌓여 있다. 그중에서도 유독 크게 눈에 들어온 뼈는 역시 코끼리 뼈다. 덩치가 큰 동물은 죽어서도 무덤을 커다랗게 남긴다. 먼 훗날 내 빈자리도 그만한 덩치의 무게로 남을 수 있다면 하는 생각을 갖는 사이 가시나무 옆에 뭔가 움직임이 포착되었다.

차는 멈추고 사람들은 수군댄다. 내 눈앞엔 아무것도 보이지 않았다. 그래도 열심히 찾아보았다. 그때 나무 밑으로 움직임이 들어왔다. 기다란 다리였다. 그랬다. 나는 나무만 보았지 고개 들어 하늘을 보지 않았다. 기린의 다리가 어찌나 길고, 또 목은 얼마나 긴지 하늘을 보듯 고개 들지 않았다면 기린이라는 생각조차 못할 정도였다. 나무에 가려 찾을 수 없는 숨은 동물 찾기였다.

기린 두 마리가 긴 목을 마주 감고, 서로를 애무하면서 사랑을 확인하고 있었다. 우리 쪽을 바라보며 방해했다는 듯이 서로 고개를 걸고 머리로 좌우 곡선을 그리며 긴 다리를 옮겨 숲으로 사라졌다.

기린은 24시간 동안 단 30분 잠을 잔다는 충격적 사실을 가이드가 친절하게 설명해 주지만, 난 그 말을 믿을 수 없다. 어떻게 30분만 잘 수 있다는 건가 내 의심증이 고개 들었다.

공원에는 새 종류도 많았다. 생전 처음 보는 새. 이름도 모르지만 화려함만큼은 어느 새도 따라가지 못할 만큼 아름답다. 여행 전 새 종류에 관한 도감 한 번 보지 않고 국립공원에 온 내 나태함이 밉다.

손자와 동물 그림책을 수없이 보았을 때 자주 접했던 새들이다. 집중력을 가지고 제대로 보았더라면, 아프리카의 동식물을 찾아보았다면 더 깊이 있는 여행을 할 수 있었을 것이다. 소시지 트리(Kigelia, 열매가 작두콩의 5배 크기다), 양 모습의 토피(Topi, 엉덩이 부분에 몽고반점이 있다), 하테비스트(Hartebeest, 사슴영양), 사냥새, 물사슴 등 그 이름을 따라하다 이내 외우지도 못한다.

내가 아는 동물들이 나타나 초원을 누비고 몰려다니는 장관은 대자연의 파노라마다.

다시 녹색의 초원 위를 블록버스터의 영화처럼 몰려오는 떼, 물소다. 검은 전사들이 진군하고 있다. 곧 전쟁이 일어날 것 같은 분위기다.

그러나, 저 물소 떼를 대적할 만한 동물로는 바위에 축 늘어져 있는 갈기 달린 사자 한 마리만 내 눈에 들어왔다.

물소가 눕다니

새벽 4시 15분에 눈떴다. 텐트 문을 열고 하늘을 보니 별이 총총 떠 있다. 이내 잠들었다가 다시 깨어 하늘을 보았을 땐 그 많던 별은 사라졌다. 어디로 숨었나? 비도 내리지 않는데 케냐 날씨는 우기의 끝자락에 와 있어

비와 해가 번갈아 변화를 주고 있다.

나는 항상 여행을 시작하고 일주일이 고비다. 마치 신고식처럼 치르는 음식 물갈이 때문에 여행 초반에는 고생한다. 아침에 일어나 챙겨온 지사제 4알을 먹었는데도 계속해서 뱃속이 보글댄다.

난감하다. 오늘은 사파리 투어 마지막 날로 새벽 동물들의 이동 상태를 살피려면 동트기 전 출발해야 한다. 그렇다고 거금을 들인 사파리 투어를 포기할 수 없다. 최대한 수분을 줄이고, 사파리 차량에 올랐다.

초원의 자잘한 나무들이 밀집되어 있는 쓸모없는 듯 보이는 넓은 땅, 아프리카 특유의 하늘에 검은 구름이 퍼질 무렵, 투어 차량에 올라 국립공원으로 다시 들어간다. 끝도 보이지 않는 넓은 초원을 삼십여 분 갔을까, 새끼 세 마리 딸린 어미 사자를 만났다.

아침 황금 햇살을 받으며 초원을 나온 새끼들은 즐겁기만 하다. 그 뒤를 따르는 어미는 사람들의 모습을 보고 불안한지 오던 길을 돌아 옆길로 들어선다. 먼발치서 바라보는 어미 사자와는 달리 새끼들은 우리가 사람인지도 모르고 자기 종족의 일부로 알고 있는 모양이다. 마냥 초원을 뒹굴고 뜀박질하며 형제들과 노느라 정신없다. 동물이나 사람이나 새끼들 노는 모양은 같다.

세 마리의 새끼를 돌보느라 어미 사자의 뱃가죽이 등에 붙었다. 네 발을 옮길 때마다 큰 실로폰을 등에 엎어 놓은 것처럼 갈비뼈가 도드라져 보였다. 가는 길을 막고 선 차량 위에서 우리는 사자의 행동을 훔쳐본다.

우리가 보고 있는 줄 모르고 어미 사자는 새끼 곁을 떨어져 걷다 멈추더니 초원에 수직으로 서 있는 풀을 입으로 뜯기 시작했다.

육식을 하는 사자의 이빨에 가는 풀이 뜯길 리 없다. 몇 번 큰 머리를 돌리면서 풀을 뜯으려 하지만 풀은 번번이 이빨 사이로 빗나갔다. 한참 동안 동물의 제왕 사자가 자기 본분을 잊고 풀 뜯다 포기한 채 그대로 서 있는 모습을 나는 바라본다.

새끼들은 그제야 어미가 멀리 간 것을 알아차리고 한 놈이 종종걸음으로 어미를 향해 걷는다. 곁으로 모인 새끼들을 데리고 어미 사자는 풀숲으로 사라졌다.

걸어가는 어미 사자 다리에 힘이 없어 자꾸 내 눈길이 어미가 사라진 숲 방향을 보았다. 우리는 또 다른 곳으로 이동하기 위해 이곳을 떠난다.

사파리 차량들은 서로 무전을 주고받으면서 정보를 교환한다. 마사이 마라 국립공원은 방대한 넓이다. 공원에서 동물을 찾아 다 돌기란 역부족이고 또한 정해진 루트를 이용하여 관람해야 한다. 그 규칙을 어기면 어디서든 단속차량에 발견되어 범칙금을 내야 한다.

여행자들은 불필요한 행동이나 위협으로 동물을 놀라게 하거나 피해받지 않도록 해야 한다. 목소리도 낮추고 주의해야 하는 것이 이곳을 찾는 여행자의 기본 자세다.

서로 무전을 주고받던 차량 기사는 가던 길을 우회전해 달렸다. 우리는 어느 동물이 아침 인사를 해 올까 잔뜩 기대하고 있었다. 그러다 유독 솟은 녹색 분지의 산등성이에 하얀색 사파리 차량 4대가 몰려 있는 것을 발견했다. 무슨 일일까? 잔뜩 부푼 호기심으로 그곳을 향해 올라가는 차량을 잡고 심호흡한다.

믿을 수 없는 광경이다. 큰 덩치와 생긴 모습도 도전적인 물소였다. 눈앞에 펼쳐진 광경을 보고도 나는 좀처럼 믿기지 않았다. 까만 머리를 잔디 위에 부리고 거대한 덩치가 누운 자세는 처참했다.

사자 세 마리가 공격해 초원 위에 쓰러뜨린 물소, 잔혹한 현장을 나는 평생 처음 보았다.

양쪽으로 위엄 있게 자라난 뿔, 위협적인 거대한 그 뿔이 고개를 처박고 쓰러진 채, 치욕스럽게 매달려 있다. 큰 덩치로 밀어붙여도 세 마리 사자한테는 불가항력이었을 것이다.

그렇지 않고서야 물소가 이런 치욕을 당할 리 없다. 저만한 덩치가 쓰러질 때에는 이유가 있었겠지.

제 몸보다 몇 배나 작은 암사자 세 마리가 풀숲을 포복한 자세로 접근했을 터이고 앞뒤에서 물었을 것이다. 물소는 결코 쓰러지지 않으려 초인적 힘을 다해 발버둥쳤을 것이다. 젖 먹던 힘까지 끌어올려 세 놈이 물고 뜯는 것에 대응했을 것이다.

세 놈이 달려들 때 물소는 큰 뿔로 대항했을 것이고 검은 눈으로 사자들을 공격하고 버티었을 것이다. 그러나 여섯 개의 눈이 사방에서 빈틈을 노리고 달려들 때, 물소는 두 눈으로는 역부족이었을 테지.

한 놈은 목을 물면서 매달렸고, 숨통을 끊기 위해 암사자들은 온 힘을 소진한 뒤 저 덩치를 땅에 뉘었을 것이다.

내가 이런 상상을 하는 것도 무리는 아니다. 사자 두 마리는 지금 가죽을 벗기는 중이다. 그 옆에서 새끼 4마리는 놀이터에 나온 것처럼 장난을 치고 있다. 사자 한 마리는 온 힘을 탕진하고 기진맥진한 표정으로 숨통이 끊긴 물소 넙적다리를 베고 잠자고 있다. 참, 웃을 수 없는 광경이다. 한쪽에서는 배를 채우기 위해 가죽을 벗기고 그 옆에는 지친 몸을 쉬며 잠을 자고 있는 사자들이다.

한참 가죽을 벗기던 사자가 자고 있는 사자의 얼굴을 앞발로 가격한다. 아닌 밤중에 홍두께로 얼굴을 한 대 맞은 사자는 냅다 소리를 지른다. 아마도 가격한 놈은 "너만 피곤하니. 나도 힘들어. 얼른 이걸 벗겨야 애들하고 먹지" 하는 말을 했을 것이다.

뺨을 가격당한 사자는 더 이상 누워 있기를 포기한 채, 합세하여 배에서부터 가죽을 벗긴다. 놀랍게도 사자는 그 속에서 뭔가를 물어내 풀 위에 던졌다. 새끼들은 벌러덩 누운 물소 얼굴만 핥고 있다가 우르르 그쪽으로 몰려와 어미들이 물어 내어 놓은 고기를 먹는다.

백여 미터 떨어진 거리에서 보는 내 짐작으론 부드러운 내장이라고 생각했다. 세 마리의 어미 사자가 이빨로 가죽을 벗기느라 물고 있는 사체를 흔들 때마다 피비린내가 내 코에 연신 들어왔다.

사자들이 물소를 눕히고 새끼들과 뜯어먹는 모습

떼로 달라붙는 초파리와 살육의 현장에서 풍겨오는 피 냄새에 역겨움이 밀려왔다. 나는 살육 현장을 한바탕 보고 나니 더 이상 동물을 본다는 것이 무의미하다는 생각을 했다.

여행하면서 풍광을 다 눈에 담을 수는 없다. 동물들은 주로 새벽에 사냥한다. 오늘 새벽 사파리도 큰 기대는 하지 않았다. 평화스러운 초원을 보는 걸로 충분하다고 생각했다. 초원에서 보는 새벽 일출 하나면 충분했다. 동물들과 함께 아침을 연다는 의미에 만족하려 했었다. 열 번 찾아와 겨우 한두 번 본다는 동물들의 살육 현장을 나는 뜻하지 않게 보았다.

사람들은 분명 행운이라고 하겠지만 생각지 않은 뜻밖의 사건들이 때로는 받아들이기 힘들 때도 있다. 부담으로 남는 체험을 한 것이 아닌지.

저보다 몇 배 큰 물소를 세 마리 사자가 어떻게 쓰러뜨렸을까 하는 의문도 잠시, 저 고기를 언제 다 먹을까 하는 생각이 앞섰다. 생뚱맞은 생각이든 이유는 내가 아침에 차량 위에서 잠시 보았던 풀 뜯던 어미 사자가 생각났기 때문이다.

고기 있는 이곳으로 와서 잡아 놓은 물소 고기를 새끼들과 어미가 배불리 먹을 수 있다면 하는 생각을 해 봤다. 그래야 내 맘이 편할 수 있기 때문이었다.

나는 한 편의 대자연 리얼 드라마를 보고 9시에 공원을 나왔다. 내 평생 동물 구경은 이제 미련 두지 않을 것이다.

검은 대륙의 마사이 부족

마사이 마라 국립공원 안에는 마사이족이 살지 않는다. 다만 부족은 작은 마을에 집성촌을 이루고 공원 가까운 거리에 명맥을 유지하는 형태로 살고 있을 뿐이다. 공원 가깝게 유입된 타 부족들이 더 많이 살고 있기 때문에 그들의 자리는 이미 밀려나 있었다.

그들은 관광 수입의 혜택을 받고 있는 것도 아니어서 어쩌다 방문해 주는 관광객들에게 초라한 물건을 팔거나 마을 방문자에게서 받는 것이 생계수단의 전부다.

우리도 마사이 부족 마을을 방문했다. 이들이 요구하는 비용도 지불했다. 이들을 방문하는 것은 직접적인 혜택을 가져다주는 일이기에 마음적인 여유를 상대방에게 줄 수 있어 흔쾌히 승낙했다.

마사이 부족을 방문하는 데는 어려움이 따랐다. 이들은 전통 방식을 유지하며 살고 있는데 마을 전체를 소똥으로 칠해 살고 있다. 전통이라 생각하면 이해 안 될 것 없지만, 온통 소똥으로 집안과 밖, 마을을 이루고 그 안에서 살고 있는 모습에 내가 적응하기란 쉬운 건 아니었다.

더 가깝게 나는 애써 태연한 척 소똥 위로 발을 옮기지만, 발 딛을 때마다 물컹물컹 발아래서 솟아오르는 푸르딩딩한 소똥, 위만 마른 곳을 밟아도 여기저기 분화구처럼 솟아오르는 그 똥을 밟으며 헛구역을 참고 마을로 들어갔다.

소똥 냄새가 먼저 반긴다. 얼굴로 와락 감기는 벌레들이 떼 지어 우리를 덮친다. 가만 서 있으면 가라앉는 섬처럼 떠 있는 소똥 위에서 빠지지 않기 위해 이리저리 좀 더 마른 똥 위로 발을 옮기느라 진땀을 뺀다.

부족의 설명을 간단하게 듣고, 우리는 이들의 생활상을 들여다보기 위해 다시 성의 표시를 한 뒤 집 안으로 들어가 보았다. 붙은 살이라곤 없이 다리가 긴 가장을 따라 겨우 한 사람이 몸을 옆으로 틀고야 집 안으로 들어갈 수 있는 좁은 통로를 지났다.

통로를 좁게 만드는 이유를 물으니 가장이 설명해 준다. 밤이 되면 집 안의 가축이 밖으로 나갈 수 없게 하고, 밖에서 다른 동물들이 집 안으로 들어오지 못하게 입구를 좁게 만든다는 것이다. 들어 보니 지역 특성상 이보다 통쾌한 답은 없을 것 같다.

설명을 듣고 집 안의 동선을 살펴보니 앙증스럽게 벽에 창문을 낸 것이며, 안에서 밖을 살피기 위한 아주 작은 구멍이며, 맞는 말이다. 참 유쾌한 아이디어다.

이 좋은 아이디어를 나는 어두운 집 안에서 듣고 있다니 세상에 이런 아이러니가 있을까 싶었다. 누가 마사이족을 미개하다 하면 나는 그 말에 항변할 것 같다.

집 안은 온기로 푸근했다. 컴컴해서 나는 앞으로 발을 떼지 못했다. 휴대폰 빛을 사용해 겨우 집 안을 훑어보는데 한쪽 방에서 어린 소가 불쑥 나타났다. 심장이 멈추지 않아 다행이다. 나를 반기는 동그란 눈을 가진 두 마리 소였다.

나는 안다. 어린소의 눈이 얼마나 예쁜지를. 마사이족은 가축이 재산이다. 어린 새끼는 아기처럼 집 안에서 키운다. 어느 정도 큰 다음 다른 소들과 합쳐져 그 집안의 재산이 되는 것이다.

가장은 우리 부부에게 앉으라며 자리를 가리킨다. 겨우 휴대폰 불빛으로 엉덩이를 토방에 막 붙이려다 아뿔싸! 어둠 속에서 반짝거리는 눈빛이 내 코앞 여기저기 보였다. 나는 그제야 휴대폰을 들고 가깝게 비췄다.

어둠 속에서 식구들이 내 행동을 말끄러미 바라보며 앉아 있었다. 부인 둘에 아이가 둘, 그리고 갓난아기는 둘째 부인 품에 안겨 있었다. 가뜩이나 어두운 데다 얼굴색마저 검다 보니 이들은 나의 행동을 주시했지만 나는 전혀 이들을 의식할 수 없었다.

중앙에는 간단한 살림 도구, 거실은 조그만 방, 그리고 부부 침실은 작지만 생활하기엔 충분한 공간이다. 필요한 건 다 있다. 마사이 부족의 전통적 풍습이지만, 한 집안에 두 부인을 거느리고 산다는 것이 어째 내 마음을 아리송하게 만들었다. 내 고정관념일까.

하지만, 이 가장은 두 부인과 나란히 마주보고 앉아 있다. 나도 그 앞에 앉아 두 부인의 표정을 본다. 두 부인 사이의 눈빛을 살피니 냉랭함이 전혀 느껴지지 않는다. 이상했다. 분명 서로는 머리채라도 잡고 있어야 할 텐데 두 부인을 보고 있는 내 자신만 멋쩍다.

참 복도 많은 가장이라고 해야 할지 내 정서로는 좀 더 시간이 지나야 이해의 폭이 생길 것 같다.

외연에서 풍기는 가장의 차분한 성격으로 미루어 본다면 차별 없는 사랑을 두 부인에게 기울임 없이 베풀 것 같은 모습이다. 그걸 보면서 그간의 내 사고 방식으로 모든 세상의 존재를 평가하려는 것은 한쪽의 눈을 가리는 격이라고 자조해 보았다.

인상적인 마사이 부족 마을에서 많은 체험을 마치고, 두 시간 정도 달려 우리는 악명 높은 마라 강으로 갔다. 마라 강물은 진한 황토 흙탕물을 뒤집어쓴 채 오늘도 살벌하게 흐르고 있었다. 그 물속에는 어느 동물이 도사리고 있는지도 모를 위험한 강이다.

마라 강은 유속도 살벌하지만 길이와 깊이도 상상을 초월한 강이다. 400킬로미터가 넘는 긴 강으로 깊은 곳은 수심 15미터가 넘는다. 이 죽음의 강을 건너온 동물들은 마사이 마라에서 두 달간 초원의 풀을 뜯고 마사이 마라 공원이 건기에 접어들면 목숨 건 이동을 한다. 마라 강을 다시 건너 탄자니아로 간다.

초식동물이지만 위험한 하마, 악어들이 숨어 있는 흙탕물이다. 동물들이 두려워 우리는 총을 든 경비원을 앞세우고 마라 강가로 가깝게 가 보았다.

급류 사이를 가르는 거대의 괴물처럼 살벌한 물속은 목숨을 걸고 초지를 찾아 누 떼가 이동하는 물길이다. 시체를 남기지 않으면 건널 수 없는 강이다. 많은 희생을 강물에 치르고서야 마침내 낙원의 초원을 찾아가는 죽음의 현장이다.

강물은 몸을 사린 은신처다. 악어와 하마가 서로 간의 거리를 두고 숨어 있는 곳을 경비원이 가리킨다. 손끝을 따라 찾아보니 정말 악어, 그리고 반대편으로 하마가 보였다. 거리감으로 크기는 짐작되지 않았으나 가이드 설명으로는 이빨 길이가 2미터가 되는 하마란다.

초식동물이라 순할 것이란 짐작은 섣부른 판단이다. 하마는 과시 경고로 입을 벌리고, 그 경고가 무시되어 영역을 침범했다면 악어도 반 토막을 낼 만큼 잔인한 이빨을 가졌다고 가이드는 목소리에 힘준다.

목숨을 바쳐야 하는 죽음의 강, 그 옆에 서니 지금은 단풍 들어 진한 갈색으로 단발한 풀을 떠나 초원을 찾은 수천 마리의 누 떼가 강의 흙탕물과 사투를 벌이고 촉각을 다투는 모습이 눈앞으로 당겨온다. 어디서 덮칠지 모르는 생명들이 '아차' 하는 순간 악어 입으로 먹히거나 하마 입에 통째로 들어가 죽임을 당해야 하는 순간이었을 것이다.

지금 초원에 보이는 풀은 아직 남아 있다. 이미 건너왔던가 아니면 건너갔을 강에는 아직도 시체가 떠오르고 있었다. 우리가 서 있는 반대편 언덕 기슭에 하마 한 마리가 올라선다. 마치 우리를 쳐다보는 듯 바라보고 있다.

악어도 간간이 모습을 드러낸다. 나는 으스스해 몸에 찬기를 느꼈다. 더 이상 서 있고 싶지 않았다. 앞으로 보이는 흙탕물 가에는 누의 시체가 퉁퉁

검은 대륙의 마사이 부족

붉은 채 쓰러진 나뭇가지에 걸려 있다. 알 바 없단 듯 거친 물살은 시체를 툭툭 치며 살벌하게 흐르고 있다.

보는 것으로도 무섭다. 차라리 이런 장면은 집에서 편한 마음으로 보는 것이 더 좋겠다. 다리를 건널 때는 철골로 만들어졌어도 혹여 이 다리가 물 위로 내려앉지나 않을까 두려웠다. 걷고 있는 철골이 끊어진다면 떨어진 채로 내 몸은 악어나 하마에게 통밥이 될 테니까.

탄자니아 가는 길

간밤 싸우는 소리 때문에 숙면을 취하지 못했다. 탄자니아로 이동이다. 낯선 곳에서 눈 뜨는 것은 새로운 세계를 맞는 긴장감을 준다. 신명나는 '탄가' 음악을 들으며 우리는 출발한다. 숙소에서 2시간가량 떨어진 아루사 시내에서 다시 탄자니아의 모시로 가기 위해서다.

봉고차 25인승 좌석에서 시간은 중요하지 않다. 사람이 좌석을 다 채우고서야 차는 출발한다. 케냐의 수도 나이로비를 출발한 차는 황토 흙으로 이어진 푸른 초원을 달린다.

차가 검문소를 지날 때마다 잠깐씩 멈춘다. 경찰은 우리가 내국인이 아니라는 사실을 알고는 차 안을 휘둘러보고 어디서 왔느냐 묻는다. 한국에서 왔다 하면 그들은 "태권도" 또는 "쿵후" 하면서 우리를 반긴다. 하얀 이를 드러내 웃어 준다. 이들은 '한국'이라는 나라는 잘 알지 못해도 '태권도'라 하면 바로 알아듣는다. 이런 경우를 보면 운동 종목은 국가 간 소통의 지름길과 같은 요소라는 걸 확신할 수 있다.

탄자니아로 우리가 들어섰을 때, 기후부터 달랐다. 케냐가 가을 초입의 기온을 보인다면 탄자니아는 이미 여름에 접어든 날씨다. 창문을 열지 않으면 땀이 바로 맺히는 기후다. 비가 멈추고 내리길 자주 한다. 케냐에서 보았던 의상이나 사람들의 모습이 탄자니아도 크게 다르지 않다.

버스에 앉아 있는 시간에도 날씨 변화는 자주 일어났다. 한줄기 소나기가 지나가고, 맑게 갠 그 자리에 여인들 옷자락 색깔이 더 도드라져 보인다. 비 지나간 자리엔 고개 들고 일어나는 생명의 힘이 느껴짐을 알 수 있다. 갈증을 채운 새로움이 가속을 붙인다. 잠시 내린 비로 웅덩이가 생겼다. 그곳을 새들이 날아와 앉았다.

케냐가 갈색이라면 탄자니아는 초록색이다. 케냐에서 볼 수 없는 풍요로운 기름기를 느낀 것도 탄자니아다. 케냐의 수직적인 목마른 벌판에 비해 탄자니아의 땅에서는 유연함이 보이는 것은 왜인가. 텅텅 비워진 케냐에서 허무를 느꼈다면, 탄자니아에서는 잘 가꾸어진 푸른 생명들 속에서 벌컥벌컥 들이키는 땅의 힘을 느낀다. 보는 내 마음이 청청해짐을 느낀다.

지천으로 깔린 과일은 기회만 되면 먹는다. 망고, 수박, 파인애플 그리고 밀감. 밀감은 우리의 천혜향보다 더 당도가 높다.

그 밀감이 1천 원이면 우리가 쉬어 가며 먹을 수 있는 충분한 양이다. 망고 나무는 과실수가 아닌 길가의 가로수로 즐비하다. 나무마다 터질 듯 달고 있는 열매. 딱 한 그루만 집으로 가져가 심어 하나씩 따 먹고 싶다. 주렁주렁 매달린 과일들을 보면 먹지 않아도 배부르다.

반듯하게 지어 놓은 집이며 논밭을 가꾸러 나와 있는 농부들, 이들을 보니 여행자 마음이 편하다. 초원이 방치된 느낌보다 농부가 무엇인가를 심고 있는 것이 내 뿌리다. 그 뿌리는 고스란히 시골에 묻혀 있기 때문이다. 케냐의 텅텅 비운 땅이 허전했다.

이른 아침 땅에서 부지런히 움직이는 사람들을 보니 내 속이 채워지는 느낌이다. 달리는 기차의 속도보다 더 빠르게 모든 것이 달려온다. 아이도, 엄마도, 산도, 들도 기차 앞으로 뛰어온다.

분지형 들판으로 똬리를 틀며 기차는 달린다. 문명은 높은 산에 막혀 길을 찾지 못하고 기차는 신기루처럼 하얀 거품을 뿜어 내며 숨차게 끌고 간다.

생각보다 이른 시간 숙소에 도착했다. 아직 방학 시즌이 아니어선지 숙소는 한산하다. 우리가 묵기에 부족함 없는 시설이다. 푸른 풀장이 딸린 YMCA 유스호텔이다. 배낭여행을 하면서 좋은 호텔에서 숙박하는 것은 어렵다. 뭔가 몸에 맞지 않는 옷을 입고 있는 것 같다. 하지만 편한 시설을 제대로 갖추어 놓은 숙소를 이용하는 것은 여행자의 큰 특별함이다.

잘 갖추어진 숙소를 자주 만나는 경우가 흔치 않아 만족스러운 휴식이 된다. 여행자에게 편리한 시설이란 무엇일까 잠시 생각해 보았다. 여행으로 지친 몸을 편하게 해주는 시설과 공간이다. 그리고 푹 자려면 개운하게 몸을 씻어야 하므로 온수가 필요하다.

식당이 있고, 내 입에 최대한 맞는 음식을 찾아 먹을 수 있으면 된다. 더 욕심낸다면 슈퍼나 상가들이 근처에 있는 것이다. 이 정도면 여행지 휴식에 필요한 것을 모두 갖춘 만족 시설이다.

내가 여행하면서 수차례 경험한 것들이 조합되어 있기에 나는 이곳을 최고의 숙박 시설이라 생각한다. 배낭여행자에게는 최고의 휴식공간이다.

킬리만자로 산 언저리

킬리만자로 그 산은 이름만 들어도 내 가슴의 맥박이 끓는 동경의 산이다. 네팔의 히말라야 안나푸르나와 탄자니아 킬리만자로 산은 내가 꿈에서도 잊지 못하는 산이었다. 안나푸르나는 올랐다.

닭 울음소리에 깼다. 어설피 들으면 시골 어느 농장에 와 있는 느낌이었다. 하얀 눈을 모자처럼 눌러쓰고 살짝 그 모습을 드러낸 킬리만자로 산은 모시 시내 어디서나 볼 수 있다.

멀리서 보면 부드러운 구름이 감싸 포근함을 느끼지만 킬리만자로는 6천 미터에 육박하는 산이다. 순백으로 옷을 입고, 수줍은 모습을 하고 있는 그 산이 내가 머물고 있는 숙소에서도 손에 닿을 듯 가깝게 보인다.

새벽 하늘에 빛나는 별들이 알알이 박혔다. 준비를 끝내고 숙소에서 버스에 올라 40분을 갔다.

가늠조차 힘들 우람한 바오밥 나무 앞에 내렸다. 나무지만 모양은 우스꽝스럽다. 둘레가 10미터인 나무는 굵은 뿌리를 바닥으로 울퉁불퉁 근육을 드러내고 익살맞은 모양으로 우리를 반긴다.

수령 이삼천 년은 돼야 크기가 이만하다니 바오밥 나무의 장수가 놀랍다. 나무 전체가 버릴 것 없는 약초였다. 가이드는 잎과 껍질 등 부위에 따라 진통제나 지사제로 쓰인다고 했다.

우리 산행은 만델라 산장까지다. 앞과 뒤에 가이드와 동행하는 산행으로 7시간 정도다. 정상으로 오르려는 사람들이 쉴 수 있는 산장에 도착했다가 내려오는 산행이지만 산을 잘 오르지 않는 사람에게는 난이도가 높은 산행이다.

입장권을 예매하고 입구에 서니 유럽인 최초로 킬리만자로 산을 등반한 한스 메이어 동상이 우리를 반겼다. 입구 초입으로 걸어갔다. 마치 붉은 카펫을 깔고 우리를 기다리는 것처럼 흙이 붉었다. 입자가 부드러운 흙길을 따라 슬슬 고도를 올렸다. 울창한 열대우림의 완만한 경사 길을 오르는 동안, 진기한 동식물을 관찰하는 산행이다.

　세 시간 반 정도를 오르니 산장이 나왔다. 간단하게 챙겨 온 도시락으로 점심을 마치고 우리는 다시 마랑구 게이트로 내려가 우리의 전용 차량에 오르면 된다.

　산에서는 해가 짧다. 아무리 맛보기식 산행이지만 시간이 많이 소요되기 때문에 간간이 쉬는 시간도 주지 않았다. 산행 경험이 없는 사람은 이것마저도 자꾸 낙오자가 생긴다. 만다라 산장까지 올라온 사람들은 잠시 앉아 숨 고르고 도시락을 비운 뒤 서둘러 내려가야된다.

　트레킹 중에도 이런저런 사고들이 생겼다. 평소에 운동하지 않는 사람들이 7시간의 산행을 견디기 힘들어한다. 나는 산에 오르면 더 힘이 난다. 살아가며 지친 마음을 위로받고 싶을 때, 혼자서 가만히 침잠하고 싶을 때, 나는 자주 산을 오른다. 조용한 시간을 방해하는 이 없이 오롯이 혼자서 산을 오르는 일은 고립된 느낌이어서 좋다.

산 오르기는 내 취미다. 중간마다 적절한 몸 컨디션 조절만 잘하면 7시간 산행은 가볍게 한다.

급기야 함께 오르던 일행 중 환자가 나왔다. 구급차를 불렀다. 킬리만자로에 비치된 구급차량은 모두 무료였다. 그만큼 유명한 산이기에 세계적으로 산사람들을 불러들인다.

분명 만델라 산장까지 다녀왔는데도 아쉬운 마음은 어쩔 수 없어 나는 마지막 돌문을 앞에 놓고 바닥에 박혀 있는 돌과 입맞춤했다. 아쉬운 마음으로 언젠가 다시 한 번 킬리만자로 산을 밟게 해 달라고….

숙소에 앉아 있어도 킬리만자로 산은 보인다. 오히려 더 선명하고 가깝게 보인다. 킬리만자로 산을 읊조린다.

휴게소 음식

오늘은 종일 이동했다. 오전 내내 차는 달려왔고, 잠시 점심 먹으려 우리는 내렸다. 메뉴판을 놓고 음식을 골라 보았지만, 짐작으로 선택하는 방법밖에 없다. 한 시간도 되지 않는 동안 음식을 고르고 해결한다는 것은 서툰 여행지에서 짧기만 한 시간이다.

우리는 음식을 앞에 놓고 서로 바라만 보고 있다. 수저를 들기도 전 기름에 절어 있는 음식을 놓고 배는 고픈데 좀처럼 손이 가지 않는다. 그렇잖아도 뱃속이 불안정한 상태라 기름진 음식을 입에 넣은 채 차에 타기도 몹시 불안하다.

결국 나는 먹는 걸 포기하고 말았다. 남편도 두 숟갈 먹는 둥 하다 눈 딱 감고 음식을 쓰레기통으로 부어 버렸다. 못내 마음에 걸렸지만 어찌해볼 도리가 없었다. 차에 올라와 의자에 앉았을 때 옆 좌석의 사람들은 반쯤 남겨 온 도시락을 맛나게 먹고 있었다.

그 모습을 보니 음식을 버린 것이 후회됐다. 우리는 남은 음식을 차 안으로 가지고 온다는 생각을 못 했다. 또 그러면 안 되는 것으로 알았기에 음식을 통에 버렸다.

이처럼 여행은 늘 의외의 결과들을 가져오는 경우가 많다. 여행하면서 도시락을 통째로 버렸다는 내 죄는 그간 지켜온 음식물 버리지 않기의 다짐을 내가 스스로 저버린 행동이었다.

잔지바르 스톤타운(Zanzibar Stonetown)

모시와 킬리만자로의 고리를 떼고 다르에스살람으로 가는 날이다. 탄자니아의 정치·경제 중심지이자 무역항이다. 다르에스살람은 아랍어로 '평화의 항구'라는 말이 잘 어울리는 항으로, 아랍인들이 건설하여 인도양의 향신료와 노예의 집산지가 된 무역항으로 과거에는 번영을 누린 섬이다.

지금도 검정 차도르를 쓴 눈만 내놓은 여인들이 많다. 온몸을 까만 천으로 뒤집어쓴 여인들이 있어 과거와 현재가 이어져 왔음을 짐작케 했다.

이 항구에서 페리를 타고 잔지바르로 출발했다. '검은 해안'을 뜻하는 푸른 바다, 인도양의 진주처럼 바다는 낭만의 푸른 옷을 입고, 활력으로 넘실대고 있다.

나는 탄자니아의 소득이 케냐보다 높다고 생각했다. 사람들의 심성도 소박하고 주의는 각양각색의 여름 꽃들이 만개했다. 보는 것으로 풍요로움을 느낀다. 감성 또한 풍부한 이들이라 표정도 밝다. 몸짓의 여유가 보는 이를 흥겹게 한다. 붉은 빛이 감도는 밝음이 케냐에서 흐릿한 회색빛만 보았던 내 시야를 밝게 해 준다.

순박한 이들을 가끔 거칠게 만드는 요인이 있다. 그것은 사진 찍기다. 나는 경험을 통해 느꼈다. 그런 이유로 이들의 폐쇄적인 표정을 잡는다거나 가까이 갈 때면 망설여진다. 하지만 탄자니아에 온 후 이들의 표정들이 밝아 사진 찍는 일이 쉬워질 거라 믿었다.

배로 잔지바르 섬으로 들어가는 방법은 만족스러웠다. 물론 여행자라는 이유로 현지인과 차별화된 배 안 VIP실에 앉아 있다. 에어컨이 있는 실내는 시원하지만 현지인들이 타고 있는 아래 칸은 34~35도를 오르내리는 푹푹 찌는 날이다.

탄자니아 기온은 후덥지근해 우리의 한여름을 연상시킨다. 배 안에 현지인들과 섞여 있지만, 피부색이 다르니 상대적으로 우리는 쉽게 눈에 띈다. 거기다 여행객 특혜로 3층 칸 VIP실에 들어앉아 더위를 모르고 3시간 동안 편하게 배를 탈 수 있었다.

나는 한 시간이 지난 뒤부터 아래 칸과 위 칸을 번갈아 다니면서 시간을 보낸다. 아래 칸으로 내려가니 현지인들이 일제히 내게 눈길을 보낸다. 동물원에 원숭이마냥 나를 구경하는 것인지 내가 이들을 보고 있는 것인지 구분이 되지 않았다.

나는 사람들이 북적거리는 난간으로 나갔다. 그곳에는 우리의 시골 장터처럼 오리, 닭, 강아지들이 어디론가 함께 배로 이동 중이다. 이런 광경은 또 처음이다. 배 안의 가축들이 마치 영화의 한 장면을 보는 듯했다.

폐품으로나 분리될 가방이나 잡동사니 꾸러미들, 우리 시야로 본다면 물건들이 고물상에 있어야 할 것들이다. 그러나 이들은 소중한 물건처럼 다룬다. 그 얼굴을 보면 순박함이 정지된 눈동자다.

가축들이 풍기는 냄새가 싫어 나는 다시 배 안으로 들어왔다. 그런데 아기가 울고 있다. 눈이 큰 젊은 아빠는 아기를 달래느라 비지땀을 흘리고 있다. 아기는 아마도 더운 공기에 지쳐 울고 있는 것이다. 텅 빈 우리의 객실로 데려가고 싶은 충동이 일었다. 하지만 현지인과 차별화시킨 여행자 공간으로 제한되어 있어 마음뿐이었다.

아프리카는 북쪽과 남쪽의 기온차가 심하다. 우리가 케냐에 머물 때만 해도 공원에서 오리털 잠바를 입을 만큼 기온이 싸늘했다. 그러나 남쪽으로 좀 내려온 이곳은 벌써 한여름 심한 더위 시름이 시작되었다.

다르에스살람에서

시내는 우리 생활과 다름없이 어지럽게 돌아간다. 엉킨 차량과 상인들, 바쁘게 오가는 사람들 모습이 활기차고 즐거워 보인다. 오전 9시에 출발한 차가 남쪽으로 이동해 갈 때마다 기온은 비례하여 상승한다.

치솟는 기온에 쉽게 적응하고 있는 나에 비해 남편은 애가 탄다. 나는 더위에 강하다. 웬만한 더위에는 끄덕하지 않는다. 거기에 스카프까지 목에 두르는데 보는 사람이 더위를 더 느끼는 것 같다. 내 습관이라 덥지 않다.

아침부터 달려온 차는 점심시간을 겨우 할애하고 다시 달린다. 한꺼번에 많은 사람이 좌석을 메우고 있어 차 안 여건은 좋지 않다. 하지만 누구 한 사람 불평 없는 질서도 수준급이다.

가도 가도 평지의 고원, 보이는 것은 낮은 산과 초목, 달리는 버스가 외로울까 봐 함께 옆에서 달려 주는 철길 외에는 아무것도 없다. 빨간 흙, 그 뒤로 날리는 먼지와 매연, 몇 시간째 이어지는 풍경이다.

간간히 양 떼를 모는 아이들, 이들은 어느 나라보다 폐쇄적인 생활을 하는 것 같다. 여행자의 정중한 자세 없이 앵글을 들이대면 크게 노하며 거부한다. 그들이 허락하지 않았는데 사진을 찍었다가는 손짓발짓해 가면서 무어라 떠드는 소리에 곤혹을 치러야 한다는 걸 안다. 그 말을 알아듣지 못해도 분명 욕이라는 건 그들의 표정을 보면 알 수 있다.

하지만 그들도 진정으로 다가가면 누구보다 반갑게 응해 준다. 사람 사는 곳이면 어디나 다 그렇다. 서로의 교감 없이 소통하려는 자세는 오히려 역효과를 가져온다. 알아듣지 못하는 소나기처럼 부어 대는 랩의 욕을 듣지 않으려면 이들을 대하는 태도에 신중을 기해야 한다.

미로와도 같은 골목과 옛 고성의 박물관이 자리하고 있는 스톤 타운(Stone Town)을 떠나 떠들썩한 어시장을 돌아본 뒤 싱싱 뛰는 새우를 1킬로그램 산 뒤 얼음을 채웠다. 파제(Paje) 능귀(Nungwi)로 들어와 하얀 백사장을 낀 아담한 휴양지에서 여유로운 시간을 보내고 있다.

잔지바르의 휴양지 중 사람들로 북적대지 않아 조용한 시간을 보내기에는 더 없이 좋은 휴양지다. 탄자니아는 사회주의 체제다. 개인은 가게들을 가지고 있지만 큰 소득은 없다. 먼지 풀풀 날리는 휴양지에서 현지인들과는 단절된 구역에 들어와 우리는 여행객이라는 이유로 여유로운 시간을 보내고 있다.

준비물 1호, 정로환

밤사이 들락거린 화장실. 머리가 띵하다. 쫙 걷어낸 배는 가볍다. 머리는 아프지만 기분은 괜찮다.

아침 시장을 찾아 나섰다. 사람들로 북적대는 아침은 생동감이 있다. 호객하는 소리를 들으니 살아 있는 기운이 들쑤신다.

눈에 들어온 것은 하얀 쌀. 그리고 망고, 수박, 바나나가 지천으로 쌓여 있다. 300원(한화)을 주고 쌀 한 컵을 샀다. 내 가벼운 속을 어루만져 줘야 기운을 차릴 것 같다.

숙소로 돌아와 쌀을 끓이니 맑은 죽이 되었다. 쌀 끓는 냄새를 맡으니 살 것 같다. 쌀 냄새만 맡아도 기운이 솟는다.

나는 언제나 여행 계획이 확정되면 정로환부터 챙긴다. 케냐에서 한 번 고역을 치렀기에 괜찮겠지 했지만 대륙만큼이나 아프리카의 힘은 대단해서 탄자니아에 들어와 다시 물갈이로 고역을 치르고 있다. 마치 비누 거품이 뱃속에 채워진 느낌이다.

어디로 여행을 가든 그 나라의 풍습을 익히고, 그곳의 생활에 적응하며, 그곳의 음식을 먹으려 노력한다. 그래서 밑반찬을 챙기지 않는다. 두 번째 여행 품목은 고추장이다. 튜브로 된 고추장 몇 개 챙기면 만족이다.

여행 끝나는 날까지 아끼면서 현지 음식에 적응하는 속도에 따라 한 입씩 현지 음식과 믹싱해 주면 소화제 역할을 해 준다.

삼복더위 아무리 땀이 흘러도 에어컨이나 선풍기를 작동시키지 않고 온전히 몸으로 더위와 맞선다.

에어컨이 일 년에 두세 번 가동되는데 그때는 식구들이 소집되는 날이다. 선풍기도 여름 내 다용도실에 갇혀 있다.

우리는 여행하면서 숙소에 에어컨이나 선풍기가 있으면 그것이 언제나 '부부 다툼'의 원인이 되고 만다. 하루 종일 이곳저곳을 돌아다니다 숙소에 들어오면 남편은 시원하게 에어컨을 켜고 싶을 테지만, 나는 더위는 견뎌도 에어컨 가동 후 3시간 이상 그 공기에 노출되면 견디지 못한다. 그래서 결국은 끄고 만다. 내 머리는 이상도 하다. 두통이 괴롭힌다.

에어컨을 끄자는 것과 켜자는 의견을 서로 주장하다 결국 양단 간의 한쪽은 피해자가 되어야 한다. 오늘도 탄자니아에 들어와 열흘까지 좋았던 우리의 사이가 이 에어컨 때문에 한바탕 시름한다.

서로는 중간 타협점에서 결국 두 침대를 서로 돌려놓고 지내고 있다. 나는 에어컨 바람 방향을 피해 현관문 앞으로 침대를 돌려놓고 살짝 문을 열어 놓았다. 밖의 공기를 안으로 유입시켜 에어컨 바람의 농도를 낮추는 방법이다.

그런 후에야 내 컨디션을 찾을 수 있었다. 장시간 에어컨 가동으로 두통에 시달리면 정신이 혼미해진다. 이 방법을 고수해야만 한다. 내가 즐겁게 여행할 수 있는 나만의 꾀다.

이런 이유들로 매번 여행 계획을 세울 때마다 계절 선택을 무엇보다 중요하게 생각한다. 하지만, 장기간 여행하다 보면 좋은 여건이나 시기만 잡아지는 건 아니다.

노예 시장(Slave Market)

차를 이용해 편한 마음으로 '노예 시장'이라는 간판 앞에 내렸다. 입장료 5천 원 정도를 내고 지금은 말끔하게 교회가 세워진 옛 감옥을 보기 위해 지하 안으로 들어갔다. 조용한 교회라는 것 말고는 새로울 것 없는 정경이었다.

현지 가이드는 우리를 교회 지하로 안내해 준다. 따라 들어가는 통로는 마치 작은 미로 같은 곳이었다. 아직도 현장은 남아 그때의 잔상이 있는 그대로 우리를 맞고 있었다.

노예 문화를 상징하는 노예 시장의 유적(Old Slave Market)을 찾았지만 마음 무거운 관람이었다. 할 말을 잃었다. 다리를 구부린 키 높이의 자세로 지하갱 안으로 들어갔다. 랜턴 빛을 의지하며 가이드 뒤를 따라갔다.

빛이라곤 콘크리트 벽으로 낸 20센티미터 정도의 사각문 3개가 전부인 감방이었다. 그 안으로 4평 정도의 감옥에는 남자 노예 약 700명 정도가 갇혀 지냈다고 했다. 옆으로 붙어 있는 작은 방에는 여자 노예 75명 정도와 셀 수 없는 아이들이 갇혀 있었다.

이 노예들은 시장으로 팔려 나가기 전, 잠시 대기 상태로 수용된 노예들로서 갖은 박해와 시련을 견뎌야 했다. 끌려온 노예들을 삼일 동안 굶겼으며 그 뒤에 살아남는 노예만 이곳에 남아 시장에 팔려 나갈 수 있는 대상이 되었다고 설명해 준다.

노예들은 상품으로서의 상태 등급에 따라 팔려 나갔다. 바닥에는 수로처럼 파인 통로가 길게 이어져 있는데 그것은 통로에 바닷물을 끌어와 그 안으로 배설물들을 바다로 버리는 용도로 사용된 것이었다. 고통을 견디지 못하고 굶어 죽거나 병으로 죽은 노예는 그대로 바다에 던져 수장시키는 방법으로 노예들을 관리했다.

전시된 자료를 보았다. 잔혹한 현장의 빛바랜 사진들만이 사실을 증명하고 있다. 배는 노예를 실어 나르기 위해 칸칸마다 쇠사슬을 채워 노예들을 묶었다. 지금도 그 실제 쇠사슬을 야외 박물관에 전시해 두었다. 노예들 목에 실제로 걸렸던 사슬을 전시한 현장을 보니 역사적 사실에 가슴 저렸다.

노예들이 팔려 나갈 당시의 모습들이 세워진 감옥 밖 조형물에는 노예 목에 실제의 쇠사슬 뭉치가 걸려 있었다. 설명을 듣고 빛바랜 실제 사진들을 확인하는 순간, 눈 끝이 찌릿해 왔다. 나는 의문이 생겼다.

아기들이 불쑥 생각났다. "그 시절 노예 중에 아기는 없었나요?" 가이드는 대답한다. "엄마와 함께 온 아기는 바로 죽고 맙니다" 참 간단한 대답이다.

프레디 머큐리의 생가

한 세대를 평정한 세기의 가수 그 이름 프레디 머큐리, 그는 그룹의 리더였으며 세계적 명성을 누리다 끝내는 에이즈에 쓰러져 삶을 마감한 가수다.

나는 그의 음악에 한동안 심취했었다. 지금도 가끔 생각날 때마다 주방에 놓인 테이블에 음반을 올리는 가수 중 한 사람이다.

그가 태어난 탄자니아, 배로 3시간 건너온 잔지바르 스톤타운에 그의 생가가 있다. 골목으로 숨으면 찾을 수 없을 미로와도 같은 아름다운 항구의 시내, 나는 그의 생가 앞에 서 있다. 하지만 실망스럽다. 아니 망연자실이다. 여행하면서 기대하고 찾는 유적지의 현장이 허탈할 때가 있는데 이곳이 그랬다.

그가 태어났다는 사실을 증명할 수 없을 만큼 초라했다. 무심한 간판과 그가 성장하고 세계적 톱스타로 명성을 얻으며 영광을 누리던 시기의 빛바랜 사진만 20여 장 걸려 있다.

지금, 호텔과 대형 쇼핑몰을 짓기 위해 한창 철골 공사를 하는 중이었다. 기대가 크면 실망도 큰 법, 실망스러운 '머큐리의 집'이라는 간판만 눈에 각인하고 아쉬운 발길을 옮겼다.

프레디 머큐리의 생가터에 신축 중인 호텔

　이곳을 나오며 나는 주옥같은 목소리로 우리를 위안해 주고 떠난 그의 노래 「Love of My Life」를 읊조리며 생전 모습을 떠올렸다. 온 무대를 뛰어다니며 우리에게 힘을 주며 부르던 노래 「Radio Go Go」.

　프레디 머큐리가 살아 있다면 올해로 69살이 된다. 평소에 프레디 머큐리는 "나는 하늘을 뛰어다니는 유성이야"라고 하며 퀸의 대표곡 「Don't stop me now」를 노래했다. 그는 공연할 때마다 무대 위를 뛰어다니며 노래했고, 실제로 그 모습을 이제는 볼 수 없지만 그는 지금 별이 되어 하늘 위를 날고 있을 것이다.

　"나는 스타가 되지 않겠다. 나는 전설이 되겠다"라고 했던 그의 노래들이 그립다.

능귀(Nungwi)와 기억

　최고의 해변과 새하얀 백사장이 그림처럼 펼쳐진 능귀다. 누리안 나무가 가로수처럼 즐비하다. 집집마다 그 나무 한 그루만 키워도 한 집안 식구를 먹여 살릴 거대한 나무다.

파란 해변, 그 이웃에 살고 있는 이들의 생활을 체험할 수 있는 기회다. 지난해 여름 남인도 해변에서 나는 '죽음의 선'을 넘었다. 너울에 휩쓸려 죽음을 경험했다.

그 후 트라우마가 생겼다. 물가는 가지 않겠다고 결심했다. 그러나 일 년 만에 해변을 찾았다. 그날처럼 파도는 없다. 바닷물이 겨우 발등을 조금 넘는 백사장을 걸으니 그날이 생각난다.

사람들은 해변에 오면 물속으로 뛰어들고 싶은 충동을 느낀다. 분위기에 몰입해 물속에 도사린 위험 같은 걸 느끼는 건 잠시 잊는다. 해변의 평온함에 묻힌다.

얕은 물가를 걸으면서 투명한 해변에 취한 사람들을 보고 있다. 나는 잠시 그날의 악몽을 잊고 발등을 담가 본다. 바다 속에서 수영하는 이들을 보면서 그날을 생각하다 다시 나온다.

내가 인도의 어느 해변에 변사자가 되어 있는 모습을 생각해 본다. 그날 나는 파도에 밀려 물속에서 두 번 너울에 밀렸다. '이렇게 죽는구나! 이처럼 가면 안 돼!' 순간, 막내딸을 떠올렸다.

결혼을 앞둔 딸이었기에 초간에 그 생각이 떠올랐을 것이다. 물에 둥둥 떠 파도에 밀리며 힘을 잃고 마지막 필사적으로 허우적거릴 때, 천사처럼 나타나 내 손을 잡아준 그 묘령의 여인. 그 여인은 지금 무엇을 하고 있을까? 여인의 손끝을 잡고 밖으로 나와 눈물을 쏟아내며 "고맙다"는 말만 되뇌는 내게 "천천히, 천천히"라고 대답하며, 모래에 나를 앉히고 다시 바닷가로 뛰어들던, 인어처럼 뒷모습이 예뻤던 그 여인이 아니었다면 나는 지금 세상에 존재하지 않을 것이다.

이름도 성도 모르는 그 여인을 위해 나는 오늘 깊은 마음의 감사를 다시 한 번 빌고 있다.

남인도 파도에 쓸려 흔적도 없이 사라질 수도 있었다는 생각에 깊게 빠지다 보니 다시 눈물이 난다. 죽음의 순간에 떠올랐던 막내딸이 올 9월에 결혼하고 알콩달콩 사는 모습을 보는 건 다 그 여인의 도움의 손 끝 덕이다.

한 번쯤 그 여인을 다시 만날 수 있다면. 내가 이처럼 여인을 마음에 두며 살고 있는 것처럼 그 여인 또한 자기가 손잡아 준 작달막한 동양 여행자를 한 번이라도 생각하며 살까? 이미 마음에서 잊어진 일이 되었을지 모른다.

살다 보면 본인에겐 작은 일도 상대는 긴박한 순간이 될 수 있다. 나는 다시 홀가분한 마음으로 여행을 떠나 왔다. 그리고 잠시 악몽을 잊고 잠잠한 바다 앞에 다시 섰다. 마음이 편해서일까 보는 이가 없어서인가 잠옷을 입고 바닷가로 나왔지만 나는 무죄다.

한낮 티끌만도 못한 목숨이 우리 인간이란 걸 모르는 바 아니나 그 일이 있고 난 내 삶은 더 진지해졌다. 한 치 앞을 모르는 '나' 그리고 '우리'다.

친절도 때로는

우리는 한동안 밥 냄새를 맡지 못했다. 빵과 과일로 생활해 왔고, 여건도 좋지 않아 밥을 해 먹을 수 없었다. 오늘은 열일을 제치고 쌀을 사러 나섰다. 한적한 시골 마을, 그것도 도시가 아닌 외지로 나와 있다 보니 잡곡 파는 상점을 만날 수 없었다.

숙소를 나와 물어물어 마을길을 헤매다 현지인을 만났다. 가게가 어디쯤 있는지 물으니 알려 준다. 그리고 자기가 안내해 준다 했다. 불필요한 친절의 의미를 모르지 않는 바, 우리는 한사코 그냥 가겠다 했다.

그러나 친절한 그 사람의 의중을 알 수 없고 말과 태도로 보아 거짓말은 아닌 것 같았다. 우리는 한 번 믿어 보자며 그와 함께 가게로 향했다. 잠깐일 것 같은 거리는 꽤 가야 했다. 가는 동안 몇 번을 우리가 갈수 있으니 그냥 가라고 해도 자기는 대가를 요구하지 않으니 문제없다고 했다.

그리고 덧붙이는 이야기가 우리에게 더 신뢰를 주었다. 철저하게 순수했다. 그 내용은 이렇다. 현지인들은 피부가 하얀 사람이 물건을 사러 오면 물건 값을 두 배는 더 받는다는 것이다. 그러니까 같은 까만 피부면 제값을 받는다. 들어 보니 믿음이 갔다.

현지인은 가격을 그대로 받지만 물가를 모르는 여행객들에는 현지가보다 두 배를 더 받는다니 맞는 말이었고 호감을 갖게 하는 말이었다.

그가 우리를 안내해 주어 필요한 쌀을 샀다. 나는 그의 친절이 고마워 커다란 야자 두 개와 과자도 몇 개 사서 그의 손에 들려 줬다. 돌아오는 길에 그는 북한 사람들도 가끔 이곳에 오는데 그들은 무섭다는 말을 했고, 반면 한국 사람들은 돈이 많아 돈을 잘 쓴다고 했다.

한국 사람들의 돈 자랑은 이 시골 마을까지 소문나 있는 것 같았다. 어느 여행지든 내가 후발 주자로 나서 그 나라에 도착했을 때는 이미 돈 자랑하는 한국 사람들이 한바탕 지나간 자리가 많았다.

한 번쯤 여행하는 사람으로서의 태도가 얼마나 중요한가를 새겨 보게 하는 말이었다. 그렇게 나는 사고 싶은 쌀을 샀고 고마움의 표시도 했다. 하지만 그의 본심은 그게 아니었다.

자기 때문에 쌀을 싸게 살 수 있었으니 그 차액을 자기에게 주라는 것이었다. 뒷북을 때려도 유분수지 우리는 그의 말을 잘못 들었는가 싶었다. 다시 남편은 차근차근 물어본다. 사실 그대로였다.

처음에는 대답을 회피하고 가던 길을 걸었고 목적지에 도착하니 그는 더 노골적으로 따라붙는다. 아니 치근덕거린다. 나는 기분이 몹시 상해 그냥 가려 했다. 남편은 자꾸 내게 얼마 안 되는 돈이니 그냥 주자고 했다.

그러나, 나는 그게 아니었다. 내가 자기를 믿었고 순수하게 청을 받아들여서 그와 함께 갔다. 그 믿음이 무너져 버리는 것이 더 화났다. 그래서 버티고 있는데 그에 아랑곳하지 않고 끈질기게 달란다. 그래봐야 2천 원이지만 나는 그 문제가 아니었다.

흥분된 나는 그가 가지고 있는 과자와 야자를 내놓으라고 하고 돈을 주고 돌아서 왔다. 그건 배신 행위였다. 아무리 좋은 관계도 배신에서 나오는 흥분은 나도 참지 못한다. 내 믿음에 대한 내 방식의 방어 행위다.

앙칼지게 인사도 없이 돌아와 숙소에 앉아 있지만 마음이 편하지 않다. 여행 나오면 좀처럼 화내지 않는데 오늘 나는 몹시 화냈다. 그도 강하게 화내는 내 모습을 보고 미안한 듯 총총 사라졌다.

그리고 남편과 나는 조금 전 문제를 놓고 이야기해 본다. 개운치 않은 기분을 조절하지 못하면 서로는 불편하다. 남편은 언제나 그런 면에서는 내가 따를 수 없는 조절 능력자다. 언제나 말은 내가 하지만 남편이 백전백승이다.

사회주의 나라에 휴양지가 즐비하다. 우리의 1960~1970년대의 삶을 살고 있는 이들의 순수성마저 한국인들이 변화시키지 않았나 생각했다.

그가 그래야만 했던 이유가 있을 터인데 나는 내 방식대로 행동한 것이 결코 잘한 일은 아니다.

우리에게 대중화되지 않았던 여행지들이 어느 날 갑자기 텔레비전이나 신문에 언급되다 보면 많은 사람들이 그곳을 다녀가는 경우가 많다. 그리고 우리에게 익숙한 여행지로 급부상한다.

한국인들을 태운 관광버스가 세계 어느 곳이든 구석구석 누비고 다닌다. 그만큼 우리의 여행 문화도 폭이 넓어졌다. 지금까지와는 다른 태도로 여행에 임해야 한다는 것을 여행자들은 알아야 한다. 내가 여행하면서 만나는 한국 사람들의 행동을 보면서 내 여행 태도를 바르게 갖으려 노력한다.

간혹, 단체 여행객들이 분위기에 휩쓸려 필요 이상의 팁을 내거나 동정에 휘말려 바르지 않은 판단으로 금전을 남용하는 자세는 고스란히 다음 여행자들에게 후유증이 되어 파급된다는 것을 알아야한다.

내가 딸과 함께 크로아티아를 갔을 때다. 어느 카페서 현지인이 물었다. 한국에 무슨 일이 있느냐고. 아마도 모 방송에서 여배우들이 그곳을 방문했는데 그 이후 한국인들이 봇물처럼 자기 나라로 들어오는 것을 보자 이들은 의아했던 것 같다.

이처럼 한 사람, 한 사람은 한국의 얼굴이다. 얼굴을 깨끗이 해야 이어지는 후발 주자들이 환대받는다.

헤비급 파인애플

탄자니아에 들어와 해를 가릴 만큼 큰 나뭇잎을 보니 반갑다. 우리의 아주까리와 똑같은 잎을 보니 들기름에 볶아 먹고 싶은 충동이 일었다. 이역만리 떠나와 같은 종의 아주까리 잎을 보니 집 떠나온 거리감이 줄어든다.

그것뿐 아니다. 완두콩도 우리의 작물과 똑같다. 맛도 같고 모양도 같다. 이곳이 탄자니아라는 사실만 다를 뿐, 밭에 자라고 있는 채소와 농작물은 모두 같은 종이다.

낮에는 활동이 힘들만큼 더위가 심하다. 그래도 다행인 건 불쾌지수가 높지 않다는 것이다. 아침나절을 이용해 해안가를 돌아보고 바다에서 막 잡아오는 생선을 들고 어디론가 바쁜 발걸음을 떼는 어민들의 뒤를 따라가 보았다.

들통에 든 무거운 짐을 지고 초라한 슬레이트 건물 안으로 어부들이 들어간다. 한곳에 생선을 부어 놓는다. 나도 비집고 들어가 그 안에 끼어 그 광경을 재밌게 본다. 생선을 한군데 모아 경매하는 모습이 한국 경매장과 같다.

그곳을 빠져나올 때, 어디서 아이들 소리가 들렸다. 유치원생이라는 직감으로 소리 나는 곳으로 찾아갔다. 건물 한 채로 된 작은 학교였다. 무슬림 복장을 한 선생은 눈만 가린 검정 복장으로 한 손에는 막대기를 들고 칠판에 뭔가를 적어 놓고 열심히 아이들과 함께 합창했다.

그 모습을 카메라에 담고 싶었지만 그 여인의 검은 복장과 강렬한 눈빛에 기가 눌려 나는 보는 것으로 만족하고 돌아서야 했다.

사람들이 살고 있는 가옥은 참 소박하다. 야자수 잎으로 집을 엮고 간혹은 슬레이트로 지붕을 엮어 사는 사람이 대부분이다. 짚을 엮어 움막을 치고 사는 집 안을 들여다보면 한곳에서 여인들이 화덕을 놓고 눌러앉아 난을 굽고 있는가 하면 뭔가를 요리하고 있다.

들여놓은 세간을 보면 매우 초라하고 소박한 것이어서 그때마다 나는 많이 지니고 산다는 것을 느꼈다.

먼지 속으로 들어갔다 나온 것처럼 동네 어귀마다 흙이다. 그 속에서 아이들이 왁자지껄 놀고 있다. 그 모습이 천진하다. 집마다 기웃거리며 숙소로 돌아가는 길에 이들의 생활을 들여다본다.

어떤 이는 집 주위로 빙 둘러쳐진 바나나 나무를 쳐 내느라 바쁘다. 지천으로 깔려 있는 야자나무 열매는 떨어지는 곳에서 열매를 줍는 이가 임자다. 밀감, 사과, 수박, 망고 이제 모두 질려서 싫다. 물리도록 먹은 과일이다.

어제부터 새로운 과일, 파인애플이다. 나는 파인애플은 신맛 때문에 즐겨 먹지 않는다. 아프리카에 들어와서도 허구한 날 보는 파인애플은 내 관심 밖 과일이었다.

그러나 탄자니아에 들어와서 본 파인애플 덩치에 놀랐다. 크기가 엄청나다. 쉽게 들지 못한다. 그러다 능귀로 들어온 후 파인애플을 삼 일째 먹고 있다. 몇 개를 샀나? 딱 하나다.

능귀에 들어와 파인애플을 먹어 보며, 나는 세 번 놀랐다. 처음은 크기, 그리고 가격, 당도. 파인애플을 잘라낸 나무를 보고 놀랐다. 보통 파인애플은 밭 농장에서 자란다. 잘라낸 모양을 보니 나무에서 도끼로 잘랐다.

긴 가지가 파인애플에 그대로 달려 있어 들기도 좋다. 어찌나 큰지 과일 가게에서 들지 못해 남편은 어깨에 둘러메고 땀을 흘리며 숙소로 왔다.

이렇게 큰 과일이 과연 맛있을까 궁금했지만 싼 가격에(4킬로그램에 1,800원) 그만 덜컥 샀다. 헤비급 바나나를 위부터 잘라 입에 댔다. 아! 이건 설탕이다. 게다가 수분이 어찌나 많은지 여름과일로는 맞춤이다. 파인애플을 산 것은 통쾌한 선택이었다. 이 소소한 선택 하나가 주는 효과의 파급이다.

먹고 남은 나머지를 비닐 씌워 숙소 문지방에 보관했다. 그렇게 채 20분도 안되었는데 벽으로 까만 띠를 만들며 개미들의 습격이다. 어느 사이 단맛을 보고 몰려든 개미 떼가 늘러 붙어 소름끼치게 놀랐다.

능귀에서는 과일만 먹어도 끼니 걱정 없다. 과일 가격이 비싼 우리의 실정에 볼멘 내가 이곳에서 날마다 과일을 먹지 않을 수 없다.

쾌적한 생활은 아니어도 사방에 널려 있는 과일나무와 싼 과일들이 있어 배곯는 일 없으니 탄자니아에서는 사람들이 허기에 시달리는 위협은 없을 게다.

10달러 마사지

해변에서 일몰을 맞고 돌아오는 길, 숙소 옆 마사지 상점 여사장이 내 뒤를 졸졸 따라온다. 이유를 몰라 물으니 낮에 장난삼아 인사로 해넘이하고 오며 마사지한다는 내 말을 잊지 않았기 때문이었다. 내가 숙소로 들어오기를 기다리고 있었다.

숙소까지 따라와서 묻는다. 나는 내키지 않는 말로 가격을 물었다. 원래는 20달러인데 15달러에 해 준단다. 나는 안 되면 그만이라는 생각으로 가볍게 "10달러에 하자" 말하니 주인은 망설임 없이 "예스"다. 나는 마사지실로 갔다.

여행에서 발 마사지는 몇 번 해 보았다. 그 효과를 알고 있다. 피곤할 때 발 마사지를 하면 피로가 풀린다. 하지만 이건 전신 마사지란다. 지금까지 나는 전신 마사지 경험이 없다. 피부 마사지도 마찬가지다.

휴대폰에 10달러를 끼워 넣고 마사지실로 들어갔다. 인상 좋은 여인은 나를 엎드려 놓고 마사지를 시작했다. 10분이 지나니 내 생각은 달라지기 시작했다.

여인의 손길과 힘은 내가 생각한 마사지가 아니었다. '비용을 많이 에누리했으니 틀림없이 하는 둥 마는 둥 할 거야'라고 생각했다. 그래도 저렴하니 손해될 게 없다는 내 방종이었다.

여인은 진정한 프로였다. 장난처럼 깎아 내린 10달러의 마사지가 그러려니 했던 내 생각과 달리 여인은 한 시간 동안 내 몸 구석구석을 이완시켜주고 있었다. 그녀의 진정 있는 손길이 빨리 멈추기를 바랐다. 얼굴이 화끈거려 여인을 제대로 볼 수 없었다. 10달러만 휴대폰에 끼어 나온 것이 후회됐다.

여인을 바로 보지 못하고 10달러를 지불한 뒤 나가려는 내게 고마운 인사까지 해 준다. 내 뒤통수가 간지러웠다. "이러지 말자" 하면서도 여행하면서 순간마다 약삭빠르게 계산하고 1달러에 필사적 대응을 하는 경우가 매번이다.

더구나 몸이 편하면 마음이 풀어져 이런 실수를 저지르고 만다. 나는 창문을 후다닥 닫고 내 방으로 뛰어들어 왔다. 그녀의 얼굴을 얼른 피해야 했기에.

개미군단 습격

개미군단이었다. 능귀에서 3박을 하기 위해 가져간 짐 보따리와 그곳에서 산 당도 높은 파인애플에 붙은 개미 유입이 화근이었다. 숙소를 나올 때 옷가지 하나하나 다 털고 점검을 했건만 숙소에 돌아와 보니 개미는 견과류, 쌀 봉지, 그리고 과자 봉지에 붙어 나와 함께 바다를 건너고 차를 타고 이동해 왔다.

갈아입는 옷마다 숨어 있던 개미는 살갗을 톡톡 쏜다. 군데군데 몸을 물곤 했다. 옷을 뒤집어놓고 보아도 아주 작아 잡는 것도 한계가 있다. 자세히 보니 작은 점보다도 작다. 몸에 착 붙어 물곤 했다. 일일이 잡을 수는 없었다.

옷가지들을 물에 담가 두었다 빠는 수밖에 없다. 그러나 옷 말리는 것도 관건이다. 좋은 생각이 떠올랐다.

나는 향신료 농장에서 이것저것 챙겨준 나무의 열매들이 생각났다. 일일이 이름을 다 알 수 없지만 그중에 로즈마리과로 향 나는 식물이 있었다. 모기나 각종 벌레 퇴치에 쓰이는 약초라는 가이드 말이 생각났다. 그때 나는 그 식물 한 주먹을 뜯어서 챙겨 넣은 것이 생각났다. 더운 나라의 여행은 각종 물것들에 신경 쓰이는 일이 자주 발생한다. 그래서 그 향신료를 대비하는 차원으로 한 주먹 가방에 넣었었다. '그래, 그것을 옷 속에 함께 두면 될 거야.'

나는 봉지에 넣어온 약초 몇 잎을 꺼내어 옷 속에 넣어 놓았다. 아니나 다를까 다음날 입은 옷에서 개미는 쏘지 않았다. 이렇게 세상에 존재하는 것들, 어느 것 하나 제 나름으로 쓸 이유를 가지고 세상 밖으로 나온다.

이제야 편한 마음으로 옷을 입는다. 가장 작은 미물로부터 받는 큰 것의 시달림은 결코 가볍지 않았음을 나는 기억한다.

잠비아를 향해

이제, 탄자니아를 떠난다. 많은 사람들의 생활상을 속속 들여다보며 이들의 사는 모습을 보았다. 어느 곳이나 사는 모습은 같다. 단지 주어진 삶을 어떻게 살아내느냐가 각자에게 주어지는 몫이다.

내가 가지고 있던 생각, 선입견이 무너져야 내 방식을 벗어난 사고를 가지고 시야를 확장시킬 수 있다. 동남의 아프리카 여행을 준비하면서 새롭게 발전된 모습을 기대했던 나라는 남아공과 케냐였다. 남아공이야 우리가 알고 있는 그대로 아프리카의 부국이다.

케냐는 친숙해서 많은 기대를 했지만 오히려 탄자니아가 내 마음을 사로잡았다. 여행은 반전이다. 자기가 믿었던 것이 전부가 아님을 안다. 반전은 여행의 묘미를 배가시킨다. 이제 탄자니아의 일정을 아쉽게 끝내고 2박 3일간 기차로 이동하여 잠비아로 들어갈 것이다.

잠비아는 어떤 감동으로 나를 맞을까. 기차 타기 전 남은 두 시간을 역사 근처에서 기다린다. 역사는 잘 지어진 건물로 손님들이 자리에 앉아 여유롭게 쉬고 있다.

무리지어 기다리고 있는 현지의 사람들 틈에 끼어 있으니 내가 신기한 듯 다가와 함께 사진을 찍자 한다. 이들에게 나는 생소함 그 자체다. 코도 낮고 눈도 작고 피부도 자기들과 다른 내가 다른 우주에서 날아 온 동물쯤으로 보이는지 한 무리가 사진 찍고 돌아가면 다른 이가 와서 자기도 사진을 찍자 한다.

나는 그들과 함께 대합실에 앉아 가지고 온 스티커를 그들의 휴대폰에 붙여 주며 놀고 있다. 한결 시간이 빨리 갔다.

내 몸에서 잔뜩 풍기는 마늘 냄새도 냄새지만 이들과 몸을 밀착시키고 앉아 있으니 이들의 냄새가 역하지 않다는 건 거짓이다. 하지만 그럴수록 이들에게 스스럼없이 손도 잡고 허리도 끌어안다 보면 나도 자연스럽게 감염되어 냄새 같은 건 견딜 수 있다.

손을 잡고 어깨를 잡다 보면 어느 사이 이들과 같은 냄새에 중독되어 나 또한 어디를 가든 냄새를 묻히고 다닌다. 내가 할 수 있는 여행이다. 준비한 스티커로 너와 나는 친구라는 친근감을 표시하면 이들의 눈빛은 금세 부드러운 천사들이 되어 스스럼없이 다가온다. 우리의 모습을 폰에 담기 위해 여기저기서 '찰칵' 소리가 들린다.

나와 함께 앉아 있는 여학생은 16살이라는데 지금 중학생이면서 기차 통학을 하기 때문에 기차를 기다리고 있는 중이다.

입고 있는 의복, 음식, 거기다 지천으로 깔린 신선한 과일. 오히려 나보다 이들이 더 복 받은 이유다.

우주 어느 곳과도 견줄 수 없는 대자연과 함께 여행하기 좋아하는 내게 딱 맞는 여행지라는 쾌감이 사라지질 않는다.

예전, 인도 역에서 수도 없이 마주쳤던 맥 놓고 누워 있는 사람들도 없다. 활기찬 여행지의 현실이 여행 가치를 높인다. 내 입으로 들어가는 먹고 마시는 것조차 인도에서는 현지인들이 힘들어 보여 마음 편치 않았다.

하지만, 여유로운 사람들과 함께하니 내 입에 들어가는 것들도 맛있다. 어차피 인간은 이중적 존재이므로.

탄자니아 기차역 앞에서 현지인들과 담소하며

잠비아 열차 투어

아낙들은 보따리 짐을 이고 사내는 자기 몸보다 더 큰 가방을 들고 밤새 달려 온 열차 안에서 내린다. 아침 일찍 바지런한 농부는 밭을 일군다.

내가 밤새워 타고 온 기차 안에서 눈떠 처음 마주친 광경이다. 힘들여 심지 않아도 자생하며 열매 맺은 바나나 나무들이 즐비한 나라, 나무마다 망고, 열매를 달고 서 있는 풍경이 풍족하다. 간간이 불쑥 나타나는 바오밥 나무가 보는 이 마음을 익살스러운 동화 속으로 안내해 준다.

바오밥 나무는 보는 이에게 아득한 동화 속 나라를 찾아 주는 나무다. 무언가 막연하게나마 그 우람한 나무통에는 요정 난장이들이 들어앉아 있을 것 같다는 상상을 불러낸다.

밭이랑을 타고, 새벽길을 나선 아이는 학교로 가는 길인지 아빠 따라 밭고랑을 둘러보러 나왔다. 걷히지 않은 안개 속에서 아버지 뒤를 따르고 있는 아이 둘, 새벽이슬 깔린 풀밭을 걷고 있다.

열차 식당 칸으로 들어갔다. 현지인들이 떠드는 시간, 나는 식사를 기다리는 사이 사람들을 살핀다. 주문받아 아침을 준비하는 사람과 주문받는 소리로 열차 안이 떠들썩하다. 열차 관리 매니저는 한쪽 의자에 커다란 몸을 넣고 앉아 열차 안의 돌아가는 모든 상황을 손으로 지시하며 식당 안을 관리하고 있다.

사실은 국물이 먹고 싶다. 아침을 주문했는데 빵 두 조각, 계란말이, 자그만 수박 한쪽이 전부다. 물론 이거면 충분한 식사가 된다. 하지만 나는 연일 과일과 빵으로 며칠을 살았는지 모른다.

사람들이 내 앞에서 먹고 있는 국물을 보았다. 고기 한 점이 들어 있다. 마치 우리가 먹는 우족탕 같은 것이다. 내일은 주문에 실패하지 않으려 눈여겨 봐 놓았다. 저 고기를 꼭 한 번 먹어 보리라. 그 이름, 야크 고기다.

항상 이국땅에서는 고기 한 점이 그리울 때가 있다. 이 아침이 그런 시간이다.

잠비아는 어느 서사시가 그려질까. 우리가 생각하는 문화나 경제적으로 낙후된 나라가 아니다. 이들의 하나하나 개인을 들여다보면 휴대폰은 기본으로 소지하고 있다. 2박 3일을 기차에서 본 광경들은 지루할 틈 없이 없다. 자연의 볼거리가 속속 지나갔다.

높지 않은 적당한 분지의 산과 파란 초목, 어느 것 하나 지루함을 주지 않는다. 간혹 쓸모없는 화전지를 태워 밭을 만들고 있는 풍경도 정겹다. 나무들을 적당하게 잘라내 새로운 가지를 달고 올라오는 녹색 잎도 봄을 알리는 전령으로 친근감 있다. 부족함은 자연에서 얻고 자연으로 만족하는 사람들, 내 눈에는 그런 사람들만 보였다.

집, 나무들이 콩처럼 휙휙 차창 밖에서 튀겨 나간다. 눈앞으로 창밖의 정경들이 정면으로 뛰어든다. 짙은 흙냄새, 오렌지 냄새, 그리고 과일들이 벚꽃처럼 쏟아져 내린다. 과실수 철길을 헤치고 기차는 달린다.

군데군데 나무를 태워 거름을 만들고, 그 거름은 다시 양분을 끌어와 나무가 자라고 있다. 검은 살 속에서도 솔 색으로 물드는 모습이 탄자니아에서 잠비아까지 평원으로 이어진다.

열차 안에서 3일째 맞는 아침이다. 검은 구름 위로 생명의 빛이 솟는다. 검은 구름과 회색빛 들판, 차는 화살처럼 양 길을 달린다. 눈꺼풀이 무겁게 내려앉을 무렵 신기루처럼 나타나는 십자가 둘. 흙먼지 날리며 어린 목동이 간다. 누군가의 생각이 흐려질 무렵 나의 길을 더 선명하게 간다.

기차를 향해 손 흔드는 아이가 있다.

기차가 지나고 설 때마다 가지고 있는 것들을 하나씩 던져 준다. 미안한 마음으로.

어쩌다 손에 초콜릿이나 껌을 받아든 아이는 입이 귀에 걸릴 만큼 기쁘다. 그렇지 못한 아이는 미간을 찌푸리고 있다. 이 또한 하지 못할 짓이다. 내 유년 시절에 시내가 지적인 미군 비행장 부근에 살았다. 미군들이 주둔하고 있는 비행장이었다.

훈련 중 그들이 트럭을 타고 가면서 아이들에게 사탕이나 초콜릿을 던지고 지나갔다. 그거 하나를 손에 넣기 위해 나는 마라톤 선수처럼 달려야 했다. 기절하다시피 달려 초콜릿 하나를 손에 쥐었을 때는 월계관을 쓴 기분이 되었었다.

기차를 향해 달려오는 아이들.

산도, 들도 달리고, 나도 그렇게 달렸다. 불내 나는 오후, 사람들은 기차를 보고 달려온다.

꿈도, 희망도 기차처럼 속도가 붙는 것은 모두 숨 가쁘다. 삶도 가속이 붙으면 숨 막힌다.

새벽 아침, 아이들이 열차가 잠시 서는 간이역마다 망고를 이고 서 있다. 아이가 움직일 때마다 머리 위 망고들이 함께 흔들린다. 나는 아이에게 망고가 얼마냐고 물었다. 망고 한 바가지에 600원인 것을 모르고 나는 한 개에 600원으로 계산했다. 나로서는 한 개에 600원을 준다 해도 싼값이다.

돈을 들고 망설이는 아이와 흥정하느라 소란한 사이 한 청년이 지나다 한 개가 아니고 한 바가지에 600원이라고 말해 준다. 어찌 이런 일이, 나는 아이가 이고 있는 망고 바가지를 차창 안으로 들이고 망고를 봉지에 부었다.

망고 값에 거스름돈도 넣어 준다.

망고를 앞에 놓고 보고 또 봐도 믿기지 않는다. 그래 이 많은 망고를 먹고 남으면 누군가 주면 된다. 그랬던 망고를 삼일 동안 위에 다 넣었다.

잠비아 열차투어 중에 산 망고

빅토리아 폭포

도대체 차 속도가 붙지 않는다. 차는 우리의 고속버스와 비교할 수 없으나 이곳이 아프리카라는 사실을 감안하면 쾌적한 편이다. 속도가 붙지 않는 이유는 제한 속도였다. 40~60킬로미터 속도로 구간 따라 제한하고 있다. 도로 사정이 좋지 않으면 40킬로미터이다. 가도 가도 끝이 없는 들판을 기어가는 잠비아의 차 속도다.

탄자니아와 다른 모습이라면 시내를 벗어나면서 달라진 흙빛이다. 짙은 적포도주 색으로 온통 칠해 놓은 것 같다. 그래도 회색빛이 아

니어서 고즈넉하다.

버스에서 7시간을 버티고 리빙스턴 시내로 들어오니 살 것 같다. 아프리카풍의 캠프장에 들어왔다. 근처에는 세계적인 폭포 빅토리아가 있다. 폭포와 영국 여왕을 떼놓고 이 나라를 얘기할 수 없다.

'조이보이스 백패커'는 여행자들이 모여 쉬다가 이동하며 서로 정보를 나누는 숙소로 여러 가지 여건이 맞는 이들이 모여 있다. 애써 서로를 알려 하지 않아도 자연스럽게 서로 알게 되는 숙소다.

짐 풀고 제일 크다는 마켓으로 갔다. 숙소에서 먹을 물건들을 사고 돌아와 주위를 둘러본다. 모든 시설과 수영장까지 겸비한 숙소는 여행자들이 쉬기에 부족함이 없다.

폭포는 '포효하는 연기'로 불린다. 이것은 부족민들의 표현이다. 스코틀랜드인 모험가이자 선교사였던 데이비드 리빙스턴은 아프리카를 탐험하다가 1855년 11월 16일 유럽인으로서는 최초로 거대한 이 폭포를 발견했다. 그 영광을 돌리기 위해 폭포 이름을 여왕인 빅토리아의 이름으로 지었다.

이처럼 밖으로 퍼져 나간 소문은 지금의 세계적 명성을 얻어 관광객을 불러 모은다. 오늘도 많은 사람들이 폭포를 보러 속속 모여 들고 있다.

잠베지 강이 흘러들어와 쏟아져 내리는 시점에는 많은 양의 강물이 여러 갈래에서 한곳으로 모아지는 현장을 목격할 수 있다.

그 거대한 폭포 시작점은 그저 우리의 어느 강과 다를 바 없는 폭 좁은 강이다. 나이가라 폭포의 2배가 된다니 아직 그곳을 가 보지는 않았지만 미루어 짐작은 할 수 있었다.

빅토리아 폭포는 더 가까이에서 보려면 잠비아 쪽에서 봐야 한다. 짐바브

웨에서도 볼 수 있다. 폴스 시에 위치한 폭포는 전체적인 폭포의 풍광을 볼 수 있는 색다름이 있다. 거대한 폭포를 다양한 각도에서 바라보는 두 색다름이다.

지구에 큰 파급 효과를 부르는 엘니뇨가 아프리카에서는 심각한 가뭄을 일으키고 있다. 지금 아프리카 지역은 댐과 논밭 농작물이 메말라 소 수만 마리가 떼죽음을 당하고, 식량 부족으로 음식 값이 폭등했다. 내가 있는 이 지역도 음식값이 치솟아 여행이 부담스럽다.

아프리카에서도 특히 남부에 있는 짐바브웨 지역이 더 심각함을 느낄 수 있다. 더구나 세계적인 폭포를 품고 있어 모든 생활의 여건이 여행자들에게는 적잖은 부담을 주고 있다.

망고 벼락

어느 곳이나 기후, 그리고 편안한 마음, 내 기대와 맞는 장소가 있다. 그것은 여행 덤이다. 오늘 숙소가 그렇다. 숙소로 들어오면서 눈에 꽂힌 망고 나무가 숲을 이루는 나무로 덮인 곳에서의 캠프는 특별한 체험이다.

숙소 주위에 널브러져 있는 망고가 눈길을 잡았다. 떨어져 있는 망고를 줍는 사람이 없다. 나는 사람들이 주인을 의식해 줍지 않는 거라 생각했다. 그 널려진 망고 유혹에 나는 견딜 수 없어 사람들 눈을 피해 건물 뒤쪽으로 도는 사이 망고 두 개를 손에 들었다.

배낭을 방에 내리자마자 망고를 씻어 입에 물었다. 달다. 숙소로 오기 전 시장에서 커다란 망고 3개를 이미 사 먹었는데 그 맛과 똑같은 단맛이다.

밤이 되어 텐트에서 잠들었다. 오밤중 침대 천정이 뚫리는 소리로 벼락이 쳤다. 나는 질겁해 눈떴다. 도둑인가 싶어 남편을 깨웠다. 이곳에는 도둑 같은 건 얼씬도 못한다. 여행자들의 신변 보호는 철저하게 해주기 때문에 들고 나가는 사람들을 다 체크하면서 보안을 해 주었다. 도둑일 리 없다. 잠을 깼으니 용무는 해결해야 했다. 남편을 앞세우고 텐트 밖으로 나왔다.

불빛이 환해 대낮 같지만 그래도 정적이 감도는 밤중이라 살금살금 화장실로 걸었다. 여기저기 밤사이 떨어진 망고가 나뒹군다. 자석에 끌리듯 하나 둘 망고를 줍다 보니 어느새 한 팔 가득하다. 나는 화장실 가는 것도 포기하고 망고를 더 줍기 시작했다.

　남편과 팔에 가득 주운 망고를 텐트로 가져왔다. 다시 남편은 나갔다. 망고 한 봉지를 다시 주워 왔다.

숙소 텐트 지붕에 떨어진 망고들

망고 맛은 최고다. 따서 익히지 않고 나무에서 그대로 익은 채 떨어진 망고 맛은 내가 사서 익혀 먹는 그 맛과는 비교되지 않았다. 그제야 망고의 제 맛을 나는 확실히 알았다.

크고 좋은 씨알을 나중으로 미뤄 두고, 터진 망고부터 먹기 시작해, 나머지는 다시 봉지에 담아 놓았다. 싱싱한 맛은 물론 당도도 최고다. 아프리카 과일은 우리나라 과일과 비교할 수 없다.

사람들은 나무에서 떨어지는 망고는 줍지 않는다. 그도 그럴 것이 이들은 일 년 내 보는 망고 나무엔 관심이 없다. 우리가 망고를 주워 먹으니 이들은 자기 집에도 망고 나무가 많다며 맛있느냐고 묻는다. 맛있게 먹는 우리 모습을 신기한 웃음으로 바라본다.

우리나라 길가에 가로수처럼 즐비한 망고 나무는 크기도 클뿐더러 가지가 찢어질 듯 망고 열매가 달렸다. 익기 전의 녹색 망고, 익어서 떨어지는 노란 망고가 지천에 널려 있다. 잠비아에 머무는 동안, 나무에서 떨어지는 망고로 길가다 한 번은 망고 벼락을 맞을 것 같다.

바오밥 나무

하늘은 잿빛으로 덮였다. 흙도 검은 흙이다. 한 줄기 비가 지나고 어둠이 거두어지니 시야가 트인다. 시원한 바람이 더위를 거두어 갔다.

캠프를 나와 잠비아 쪽에 위치한 빅토리아 폭포로 간다. 가는 길에 700년 된 바오밥 나무가 있어 들러 가기로 했다.

나무는 묘한 마력을 지녔다. 나무 둘레와 생긴 모양이 왠지 신비감에 싸여 호기심 잔뜩 불러오는 나무다.

이 바오밥 나무에는 많은 전설들이 전해 온다. 전설에 담긴 나무 이야기지만 인간의 욕망과 견주어 보는 좋은 예가 된다. 나는 바오밥 나무를 세세하게 살펴본다. 결코 우리의 욕심과도 무관하지 않음을 느낀다.

700년을 버틴 신령스러운 나무

　신이 세상을 만들 때, 이 나무는 처음 생겨난 나무였다. 그 다음으로 만든 나무가 야자나무다. 그러나 시기심이 많은 바오밥 나무는 자기도 야자나무처럼 늘씬한 나무로 해 달라고 신에게 애원했다. 그 주위로 빨갛게 꽃을 피우는 아름다운 불꽃나무가 옆으로 생겨났다. 그러자 바오밥 나무는 이 아름다운 꽃들도 부러워하고 시샘했다. 그러다 다시 또 옆에는 풍만한 무화과 나무가 자랐다. 먹음직한 열매를 보자 자기도 풍성한 열매를 만들 수 있게 해 달라고 신에게 부탁했다. 바오밥 나무의 시기심에 화가 난 신은 이 나무를 뿌리째 뽑아서 더 이상 말 못하도록 거꾸로 심어 버렸다.

　이 전설을 생각하며 나는 호기심에 바오밥 나무 앞에 섰다. 두 팔을 쫙 펴고 나무에 붙어 돌아가며 숫자를 세 본다. 자그마치 8번하고 반쯤 벌리니 그제야 나무 한 바퀴를 돌았다.

　바오밥 나무도 꽃을 피운다. 꽃피고 열매 맺으면 그것을 먹으러 원숭이들이 이곳으로 몰린다. 그 꽃이 피기까지는 쉽지 않아 꽃을 보는 것도 흔치 않다. 하지만 나는 오늘 이 나무 아래에서 바오밥 나무에 피어 떨어진 꽃과 열매를 보았다.

바오밥 나무 꽃이 땅바닥으로 퍽퍽 떨어져 흩어진 광경에 푹 빠져본다. 피멍 든 동백꽃이 떨어져 있는 모습이 연상되었다. 또, 봄이면 피는 우리의 목련꽃과 흡사했다. 순백의 드레스를 입은 여인처럼 지는 목련과 닮은 꽃잎의 아련한 모습에 괜스레 마음 울적해진다.

바오밥 나무의 꽃은 분홍빛을 띠고 꽃잎은 목련과 닮았다. 두터운 목을 자르고 땅으로 떨어져 퍽퍽 울고 있는 모습까지도 동백을 닮았다.

나무 몸통은 이미 나무가 아닌 신령이다. 신령이 서 있다. 온몸의 상처를 견디면서 안으로 세월을 품었다. 누군가 자기만의 흔적을 남기기 위해 나무 허리를 긁고 할퀴었다.

인간은 나무에도 상처를 내면서 흔적을 남겨야만 하는 불안의 존재다. 나무의 몸통을 파내고 심지어 그 앞에 표석을 세웠다. 그 낙서를 피해 나무는 온몸을 보시하고 결국은 새살로 덮으며 흔적들을 치유하고 있다. 덕지덕지 군상들이 달아 준 서낭당 걸레 같은 꼬리표를 붙이고 서 있다.

말로 형언하지 못할 속살의 아픔을 신령 나무는 품으며 가슴을 활짝 하늘로 받치고 서 있다.

바오밥 나무는 위대했다. 몸도 튼튼하고 가지는 또 하늘을 향해 굵고 우람하게 뭉툭한 모습으로 자란다. 얼마나 이 나무가 컸으면 악마가 나무의 주위를 돌아다니다 나무에 걸려 넘어져 화가 났을까. 악마가 바오밥 나무를 거꾸로 처박았다는 전설도 깃들어 있다.

어느 전설이 맞든 이 나무의 모습은 마치 위아래가 뒤집힌 모습을 하고 있다. 줄기들이 나무의 기둥과 가지를 떠나 전부 위에 달려 있는 특이한 모습은 웃음을 자아낸다.

바오밥 나무는 살아서 천 년, 죽어서도 천 년을 산다는 주목보다 더 오랜 시간인 2천 년 동안을 산다. 심지어는 5천 년을 산다고 주장하는 사람도 있다.

매끈한 원통형 모양이 있는가 하면 잘록한 허리에 풍만한 술병 허리를 닮아 있는 모양의 바오밥 나무들도 있다. 나는 나무들을 보며 아프리카를 여행하는 또 다른 재미에 빠진다.

나는 나무가 한 종류라 생각했는데 자그마치 아홉 종이 있다는 가이드 설명에 놀랐다. 나무를 본 뒤 우리는 다시 차에 올랐다.

케냐에 마사이 마을이 있다면 잠비아에는 추장 마을이 있다. 우연하게도 내가 오전에 보았던 바오밥 나무의 수명처럼 7백 년 동안 7백 명 정도의 주민이 모여 산다는 추장 마을로 가 본다.

지금까지 이 마을에는 18명의 추장이 나왔는데 7백 년 동안 그 풍습과 전통을 버리지 않고 살고 있는 마을이다.

나는 이 마을에서 내가 지니고 있는 액세서리들을 내놓았다. 이곳에 도착했을 때 부녀회장을 만나야 마을을 구경할 수 있었는데 그녀는 아이들에게 과자를 좀 달라는 부탁을 내게 했다. 나는 과자 대신 액세서리라도 주고 싶었다.

큰 배낭에는 과자와 사탕이 들어 있다. 아침에 출발하며 그것들을 잊고 챙기지 못했다. 건망증이다. 후회해도 소용없는 일, 나는 액세서리로 보답해야 했다. 이들을 보면 내가 가지고 있는 모든 것들이 사치로 보인다.

이들이 만든 투박한 나무그릇 두 개를 샀다. 물론 짐이 되지만 이런 상황에서는 사지 않으면 안 된다. 나는 그릇이 빤한 짐 덩어리로 남지만 그들의 눈빛을 보면 사야만 했다. 그릇 두 개를 더 사고 마을을 나왔다.

바닥을 드러낸 폭포

잠비아 쪽은 빅토리아 폭포가 침묵하고 있다. 폭포의 임무를 멈추고 바닥을 드러낸 채 나를 맞아 준다. 아프리카 지역에 가뭄이 심하다는 소식은 들었지만 세계 최대의 폭포 길이를 자랑하는 3대 폭포 중 하나가 바닥을 드러내고 있다는 사실이 적잖은 충격이었다.

포효의 물살이 검은 직벽을 타고 흐르는 포말을 상상했다. 빅토리아폭포는 한 번에 떨어지는 낙차 수위가 일품으로 명성을 얻는 폭포다. 그러나 말라붙은 바닥 전부를 드러내고 있는 이런 광경은 내가 상상한 폭포 이미지를 깡그리 짓밟는 배신 같았다.

빅토리아 폭포의 기대가 무너지면서 나는 개운치 않은 기분으로 숙소에서 시간을 보내고 있었다.

경비행기 투어를 주선해 준다. 그것도 저렴한 가격이다. 여행자에게 아무리 저렴해도 140불은 거금이다. '언제 또?' 하는 물음은 내가 용기를 내는 내 방식의 여행 명분이다.

나는 궁금하면 못 견딘다. 하지만 남편은 봐도 그만, 못 봐도 그만 나만큼의 서운함은 느끼지 않아 나 혼자만 경비행기에 올랐다.

하늘에서 본 폭포는 그나마 짐바브웨 쪽에서 흐르는 물로 겨우 폭포의 맥을 이어 가고 있었다. 빅토리아 폭포의 기대를 잠비아에서 일축시키고 하늘을 날아 보았지만 그 또한 아쉬움은 남았다.

경비행기 투어를 끝내고 다시 우리는 짐바브웨 쪽으로 들어가 폭포를 관람해야 했다. 시내에서 20분을 직접 걸어 폭포로 갔다. 그리고 정문으로 들어서려는데 이른 아침부터 현지의 관광객들이 버스로 속속 들어오고 있다.

사람을 가득 태운 버스는 안내소 앞에서 멈추었다. 헌데, 차가 흔들린다. 나는 차 안을 보았다. 그 안에서 흥겨운 음악 소리에 맞춰 사람들이 엉켜 춤을 추고 있다. 나는 그 모습이 반가워 손 흔들어 주었다. 하얀 이를 드러내고 아줌마 한 분이 나를 보며 웃는다.

아줌마들의 관광 춤은 세계적으로 공통적인가 보다. 지금이야 비난받는 대상이 되었지만 아낙들이 찾은 새로운 삶의 돌파구인 흥겨운 즉석놀이 문화를 무조건 비난하는 것이 마뜩치 않았다.

내 엄마가 힘든 논밭일을 끝내고 하던 유일한 나들이가 단풍놀이였다. 그런 놀이는 우리의 관습이고 놀이문화를 좋아하는 서민들의 자연스러운 놀이의 발상이었다. 음지에서 즐기는 놀이문화보다 얼마나 원초적인가. 정작 음성적으로 지하에 숨어들어 즐기는 놀이문화보다 더 신선하고 순박해서 인간적이다.

서로 마음 맞는 사람들이 모여 오랜만에 나들이하면서 흥에 겨워 하는 행동에서 나오는 인간의 자연스러운 표현마저 이해의 눈으로 보지 못한다면 참 세상 사는 것이 삭막할 것이다. 이들의 모습을 휴대폰으로 찍으려는데 어느새 여자는 창밖으로 손과 얼굴을 내밀어 준다. 감사의 표시로 나 또한 엄지로 친근감을 표시한다.

입장권은 30불이다. 불과 10분 정도를 걸으니 낙차 하는 물소리가 들린다. 어느 폭포나 그 근원을 들여다보면 싱겁다. 폭포의 근원인 상류 물을 보았다. 활짝 벌어진 부채 살 모양의 줄기는 한곳으로 모아지는데 물은 그다지 위엄을 갖추지 못했다. 다만 흐르는 물과 같다.

잠비아 짐바브웨 사이에 흐르고 있는 길이 2,740킬로미터의 잠베지 강은 물을 부풀리며 흘러가고 있다. 아프리카 최대의 폭포이자 세계 3대 폭포에 이름 올린 이 폭포를 영국의 탐험가 리빙스턴이 발견하지 않았다면 움직이는 영원한 폭포를 여왕에게 바치지는 일도 없었을 것이다.

폭포는 물줄기가 모아져야 한다. 폭포를 두 시간 돌아보는 동안 수십 차례 물보라 속에 무지개가 피었다. 연기처럼 날리는 물보라를 맞으며 현지인들이 군데군데 모여 있다. 그들은 주술을 외며 신음하듯 주문을 외고 있다.

어떤 이들은 물보라가 풀 위에 내려앉아 물이 되어 흐르는 흙탕물을 마신다. 일부는 병에 담느라 부산하다. 또 폭포에서 날아 온 물방울로 몸을 적시는 이도 있다.

인도 바라나시 강가에서 목욕하는 이는 보았어도 폭포에서 날아 오는 물방울로 몸 적시는 장면은 생소했다. 몸에 바르는 것은 종교적 행위 같아 나는 그 장면을 한참 동안 보고 있었다.

흙탕물을 스스럼없이 마시는 저들의 행동은 이해할 수 없지만 이들의 종교적 의식이라 생각하면 어설픈 의구심은 버려야 한다.

이들 속에 있으면 나는 구경거리 인물이다. 심지어 연인과 데이트를 하다가도 자기 연인을 나와 세워 놓고 사진 찍기를 원했다. 그렇게 찍다 보면 금방 시간은 지나 버린다. 내 손을 잡아당기는 여자, 남자, 아저씨, 아줌마 처음에는 마치 내가 스타가 된 것처럼 좋았지만, 그것도 한두 번이지 나도 해야 할 구경을 못하니 점점 귀찮아진다. 이들의 요구에 다 응해 줄 수 없어 이들을 피해 나오기도 하는데 그런 상황과 몸싸움하다 보면 기운이 빠진다. 내 좋은 체력도 에너지가 고갈된다.

이런 애로사항 때문에 인기인들이 자기를 찾아 몇 시간을 기다리는 팬들을 외면하는구나. 쌀쌀하게 돌아서는 이유를 알 것 같다. 팬들을 제치고 들어가는 행동을 왜 하는지 이해되었다.

한바탕 시달리니 점심이 꿀맛이다. 이제 여행도 후반이다. 여러 나라 여행지를 돌다 보면 미리 사야 할 물건들이 있다. 그 여행지를 떠나고 나면 만나지 못하는 물건들이 있다.

아프리카에 왔으니 아프리카를 잘 표현해 놓은 선물을 골라 보았다. 아프리카인 부부다. 그리고 아프리카 각종 새, 야생동물을 새긴 돌 제품이다.

이들이 만든 돌 조각은 욕심나는 품목이다. 부드럽게 동물을 새긴 작품들은 부르는 대로 값이 된다. 그러나 잘만 흥정하고 사면 두고두고 이곳을 기억하게 하는 선물이기에 우리는 무거움을 견디고 몇 점 사 들고 숙소로 왔다.

숙소에 들어와 옷을 걸고 있는데 하늘이 번쩍거린다. 아프리카 여행 후 처음으로 엄청 퍼붓는 소나기다. 비가 내리니 촉촉하다.

애타게 기다리는 비, 많이 와야 하는 비다. 비가 내리고 있다. 더구나 짐바브웨는 더욱 척박하다. 어느 곳이든 물이 생명이다. 비가 쏟아지니 풍요로워진다.

비가 내리지 않았다면 찌는 더위로 이 한가한 오후 시간을 더위와 시름했어야 했다. 처마 끝에 떨어지는 낙수를 보니 어렸을 적 비 오는 날 솥뚜껑에 부침개를 부쳐 주던 그분이 그립다.

그렇게 찌더니 이 비를 내리려 그랬나 보다. '으르렁 꽝', '으르렁 꽝' 요란하게 창문을 흔든다.

시내라고 해야 반경 2킬로미터, 돌아보기 쉬운 빅폴 시내다. 나는 시내를 돌아 집으로 오는 길에 아프리카풍의 랩 스커트를 하나 사왔다. 굳이 품질을 따지자면 선택하지 말아야 하는 제품이다.

내가 좋아하는 것은 면제품이다. 면제품은 친환경적이다. 구입한 옷들은 여행 중에도 입지만 여행이 끝나고 난 뒤에도 회상의 시간들을 주기에 한두 벌의 옷은 꼭 구입해 입는다.

이곳은 세계적 폭포가 자연문화 유산으로 등재되어 모든 제품들이 뛰어나진 않아도 물가는 비싸다. 아마도 세계적 관광지가 없다면 아프리카에 많은 사람들이 찾아오지 않았을 것이다.

가게에서 치마를 정성스럽게 입혀 준 안주인처럼 멋스러운 여인을 아직 만나지 못했다. 훤칠한 키에 흑인 여성의 머리칼이 아닌 노랑 염색머리를 한 얼굴도 빼어난 미인이었다.

나는 상점을 어제 다녀갔다. 제품보다 비싼 가격에 망설이다 나갔다. 오늘 다시 상점을 찾았다. 안으로 들어서는 나를 한눈에 알아보고 반긴다.

그린 색을 권한다. 나 또한 그 색이 마음에 들었던 터라 에누리하려는 마음을 접고 20불에 샀다. 사진을 찍자며 여인은 나를 안았다.

보츠와나

보츠와나로

오늘은 보츠와나로 국경을 넘어간다. 보츠와나공화국이 정식 명칭이지만 내겐 영 생소한 나라다. 보츠와나는 세계 2위의 다이아몬드 생산국이며 풍부한 자연 광물을 기반으로 빠르게 경제 성장을 하고 있는 나라다. 나는 그 사실을 국경으로 근접하면서 실감했다.

이동하는 길 내내 평면의 초원을 달린다. 한참을 달리다 도로에 나와 있는 코끼리 떼와 마주쳐 차는 속도를 줄인다. 코끼리가 도로에 배설물을 군데군데 싸 놓았다. 도로 사방으로 배설물이 튀겨 나갔다. 그때 도로에 나와 있는 코끼리를 보았다. 산 하나가 움직이는 줄 알았다. 아프리카에 들어와 많은 동물을 보았지만 코끼리를 대적할 동물은 지구상에 없을 것이다.

아프리카에서 보츠와나 국경을 넘고 환전을 끝내고 나서 내 생각의 모든 것을 일순간에 뒤집어버린 나라가 보츠와나다.

보츠와나는 에이즈 환자가 많고 소득이 낮을 것이라 예상했지만 여행하는 국가 중 물가가 제일 비싼 곳도 보츠와나다. 잠시 돌아본 도시는 잘 정돈되어 있다. 상품들의 진열이 지금까지 보아 온 아프리카의 모습이 아니다. 눈이 휘둥그레질 만큼 화려한 쇼윈도, 그리고 비싼 물가에 나는 질겁했다.

물론 시내의 일면이지만 사람들의 꾸밈 또한 여느 시내와는 달랐다. 뭔가 새로움을 찾아 상점을 기웃거리다 물건 가격표에 한 번 더 놀라 차에 올랐다.

시간을 잃어버린 듯 달려왔지만 그 모습 그대로다. 길가 양옆으로는 낮은 분지 들판이 끝도 없이 이어졌다. 아프리카의 길이 다 이렇다. 그저 달렸다 하면 시간을 잊고 잠을 자거나 아니면 자기만의 시간 녹이기를 잘해야 한다. 마음 밭을 가꾸지 못하면 길만 보는 것이요, 시간 요리를 잘하면 오롯이 자기만이 활용할 수 있는 여행 공간으로 남게 된다.

나 또한 긴 시간을 가다 보면 처음 의도한 사유와는 달리 소득 없이 머리만 복잡해지다 목적지에 도착하고 만다.

말라 죽거나 혹은 벼락에 맞아 까만 나무가 되어 수도승처럼 서 있는 검은 나무들이 수도 없이 휙휙 지나간다. 나무 가지에 봄이 매달렸다. 누구라도 좋아하는 연둣빛의 옷이다.

낡은 도로가 새 길로 난 길을 따라붙는다. 새로운 도로로 완공시킨 지 이제 2년이 되었다 한다. 아마도 새 도로가 되기 전 이곳을 지나는 이들은 엉덩이에 솜이불을 갖다 댄대도 아팠을 것이다.

예전에는 구 도로로 12시간 동안 엉덩이를 찧어 댔다고 한다. 지금은 6시간, 강하게 차창 안으로 들어오는 햇살에 비지땀을 흘린다.

길을 달리는 동안에 마을 정승처럼 혹은 저승사자처럼 멋없이 서 있는 개미집들이 시야를 툭툭 치고 지나친다. 뾰족탑처럼 저만큼의 높이를 쌓아올리려면 얼마만큼의 시간과 노력이 개미군단은 필요했을까. 개미집이 아닌 정교한 건축이다.

잠시 차에서 내려 산으로 들어갔다. 푹푹 빠지는 흙과 아카시아 종류의 억센 가시 풀 외에 산에서 자라는 생물이 없다. 이 척박한 땅에 살아남을 식물이 없을 것이다. 하지만 이 땅도 생명이 스쳐간 흔적은 있다. 낙타인지 코끼리인지 커다란 배설물이 사방으로 널려 있다. 성냥만 그어 대면 그대로 불이 당길 부쩍 마른 배설물이다.

움직이는 모든 것들이 졸고 싶은 시간이다. 눈이 초점을 잃어갈 때 쯤 신기루가 나타났다. 나는 그것을 바다로 착각했다. 바다로 착각할 이유가 있다. 지금 내 눈에 보이지 않지만 잠베지 강의 물줄기는 사방 어디서든 만날 수 있기 때문이다.

보츠와나로 들어가면서 최대의 볼거리는 차에서 보는 해넘이다. 자로 잰 듯한 도로를 가다 보면 정면으로 해가 진다. 일직선으로 달리는 도로 위에서 그대로 앉은 채, 해넘이를 보는 장관은 한 편의 드라마다.

빨간 불덩이 같은 해가 수직으로 도로에 걸쳤다. 이 모습을 꿈에라도 상상해 보았는가. 도로를 관통하고 차창에 반사되어 떨어지는 생명이 가슴 끓인다.

한 나라에 들어왔다는 실감은 그 나라의 관문인 입국장으로 들어설 때다. 입국장 심사대를 거치면서 배낭에 두었던 슬리퍼와 신었던 신발을 벗어 양손에 들었다. 신고 있는 신발을 약품에 문지른다. 마치 우리의 구제역 장소를 빠져나가듯 이곳에도 많은 가축들을 방목하므로 소독만큼은 철저히 감독하고 있다.

짐바브웨 빅폴에서 보츠와나 마운까지 달려 온 투어 차량의 힘든 엔진 소리가 잠자고 나도 쉬는 시간이다. 국립공원에 마련된 숙소 텐트에서 마실 나온 촘촘한 별을 세며 쉰다.

국립공원

보츠와나에 들어와 동물들이 살고 있는 국립공원 오카방고델타(Okavan-go Delta)에 가려 했던 일정을 취소했다. 지금까지 여행에서 없었던 배앓이로 일주일을 보내고 나니 체력은 바닥이다. 겨우 진정되나 싶었는데 3일 전부터 목감기로 계속된 기침에 시달렸다. 여행하며 오랫동안 배앓이하는 것도, 스케줄을 그만두는 것도 처음이다. 몸이 아프면 의욕이 떨어진다.

나는 겉모습과 달리 모든 냄새나 감각에 예민하다. 아프리카 지역의 매연, 날마다 마주하는 모래먼지와 흙바람에 기침까지 겹치니 하루가 괴롭다. 휴식을 취한다 해서 마냥 눌러 앉기는 싫었다. 우리는 택시 타고 시내로 나갔다. 시내 구경을 끝내고 마트에서 그간 먹고 싶었던 고기와 필요한 물건들을 사고 현지 사람들이 이용하는 봉고차를 타고 숙소로 돌아왔다.

사람들이 이용하는 대중교통은 우리의 봉고차와 비슷하다. 모든 대중교통이 이 방식으로 운행된다. 좌석은 12개지만 타는 사람이 많으면 엉덩이 한쪽만 의자에 기대고 서로 정답게 양보하며 간다. 정류장이 정해진 곳도 없다. 차량이 지나갈 때 미리 손들면 태워 주고 목적지가 나오면 내려 준다.

행여 뒷좌석에서 사람이 내리려면 앉았던 사람이 일제히 일어나 자리를 바꿔야 하는 번거로움이 있지만 누구 하나 군소리 없이 그 행동을 반복한다. 우리나라 사람이 이곳에서 산다면 조급증만은 확실하게 고쳐 갈 것이다.

시간도 보낼 겸, 현지인들이 살고 있는 마을로 내려갔다. 그들이 살고 있는 집에 양해를 구하고 들어가 보았다. 20살 된 아기 엄마는 반갑게 자기 집에 들어와도 된다고 허락해 준다.

집 안으로 들어서니 마당 한쪽에 모기장을 치고 자다 일어난 흔적이 있었다. 마당 귀퉁이에는 마침 나무로 불을 지피고 있었다. 커다란 솥에 물이 끓고, 그 물로 차와 밥을 짓는다고 했다. 지역 특성상 남한보다 북한을 더 알고 있었다.

아프리카를 돌아보는 동안, 남한보다 의외로 북한을 아는 사람이 더 많았다. 현지 분위기는 그랬다. 보츠와나 시내에서 외곽으로 10킬로미터 정도 떨어져 있는 보츠와나에서는 제일 큰 캠핑장에 우리는 숙박하고 있다.

이곳은 세계 각지에서 모여든 배낭족들로 넓은 캠핑장이 늘 북적댄다. 청소년 캠프장도 갖추고 있어 학생들의 체험장으로 이용되고 있다. 내가 삼일째 머물고 있는 동안도 20여 명의 학생들이 지도교사 3명과 캠프에 머물고 있다.

나는 가끔 그들을 들여다본다. 선생님은 지시한다. 학생들은 그 주문대로 각자 직접 텐트를 쳤다. 그리고 일행들은 저녁 시간에 맞추어 각자 파트로 저녁을 지어 재미있게 식사를 끝낸다.

밤 9시 무렵 일제히 학생들은 텐트에 들어가 취침했다. 내가 새벽 일찍 일어났을 때 이들은 벌써 텐트를 걷고 있었다. 일사천리의 규칙생활. 그들이 떠난 자리엔 아무 일도 없는 듯 깨끗한 흔적만 남았다. 떠난 자리를 보며 나만 아쉬운 것은 왜인가.

캠핑 문화를 통해 이들은 단체 생활과 자연의 품을 느끼고 배우며 성장해 간다. 떠나는 학생들이 무척 부러웠다. 그들은 호주에서 온 학생들이었다.

우리도 다음 날 장작과 나무를 모아 불을 피웠다. 돼지고기와 감자를 구워 먹었다. 이제 내일 아침이면 우리의 여행지 보츠와나도 추억의 한 페이지로 넘길 것이다. 보츠와나에서 배앓이 때문에 딱히 한 일은 없지만 이들이 살고 있는 가옥도 들여다보고 생활하는 모습도 피부로 느껴 보았다.

마을버스와 택시, 이들이 움직이고 있는 동선도 따라가 봤다. 그러나 우리 생활과 다른 건 없었다. 다만 기후가 덥다 보니 오전을 길게 쓰고, 오후는 짧게 마무리한다는 것이 달랐다. 그 예로는 오후 7시만 되면 모두 문을 닫는 시내의 상점들이 있다. 단지 생필품과 직결된 음식점, 마트 등은 한두 시간 더 열 뿐이다.

저녁 소찬을 마치고 텐트로 돌아오니 바람이 몹시 분다. 아프리카의 바람은 살인적이다. 시내를 제외하곤 거의 모래지역이 많기 때문에 바람이 불었다 하면 모래를 동반한다. 모래먼지 바람이 얼굴을 때린다. 샤워장에서 텐트로 돌아오는 그 짧은 순간도 입으로 모래가 들어와 연신 침을 뱉어 냈다.

텐트 안에 있지만, 바람에 흔들리는 요란한 소리는 텐트를 덮치지 않을까 걱정된다. 남편은 밖으로 나가 텐트를 돌아본다. 과연 이 밤을 잘 견딜 수 있을지.

어젯밤과 바뀐 능청스레 맑은 날이다. 숙소 앞으로 흐르는 강은 오카방고의 축소판 습지의 강이다. 물이 준 강가에 대여섯 명의 아이들이 낚시하며 놀고 있다. 운치 있는 낚싯줄을 사용하여 아이들이 놀고 있다.

미끼도 끼우지 않았다. 낚시 바늘 하나만 던져 놓고 손으로 팽이 돌리듯 던진 줄을 다시 잡아당기는 방법이다. 물속에서 헤엄치다 걸려드는 눈먼 고기를 낚는 격이다.

아이들이 하루를 저리 기다려도 고기는 물 것 같지 않았다. 내 염려를 비웃듯 가까이 가 보니 이미 커다란 물고기 세 마리를 풀줄기로 아가미를 끼워 물속에 넣어 두었다.

살펴보니 내가 어릴 때 잡았던 수염이 길고 녹색의 보드라운 몸통이 미끄러운 메기 종류였다. 한참 아이들을 지켜보는데 한 아이의 손동작이 바빠졌다. 작은 고기 한 마리가 낚시줄에 걸려 나온다. 이렇게 아이들은 강과 모래와 가깝게 놀고 있다.

저녁이 되었다. 나는 해넘이를 보러 강가로 다시 나갔다. 청년 셋이 지나가고 있다. 손에 든 물고기를 보았다. 낮에 본 고기 종류가 아닌 크고 긴 붕어 종류 15마리, 메기 3마리가 손에 들려 있다.

하루 동안 잡았느냐고 물으니 청년은 고개를 흔든다. 3시간 동안 잡은 거란다. 나는 메기를 들여다보았다. 살이 통통 오른 메기를 보는 순간, 시래기를 넣고 매운탕을 해서 한 그릇 먹고 싶은 생각이 간절했다. 세상 부러움 없이 자연 그대로 살고 있는 고마운 이들이 진정한 자연인이었다.

청년들이 잡아온 물고기를 보며 나는 마음으로 먹고 싶은 음식들 종류를 그린다. 우리 토종 음식이라면 무슨 음식인들 지금 먹고 싶지 않을까.

거대한 개미집

보츠와나와 나미비아를 여행하면서 내가 본 개미집들은 신비함 자체다. 화석처럼 거대하게 굳어 뜬금없이 석조물로 나타난다. 나는 처음 호기심으로 개미집을 보았다. 그리고 내가 보츠와나 가우디 캠프에 머무를 무렵, 그 거대한 개미집을 직접 부숴 볼 기회가 왔다.

물론 개미집 전체를 의도적으로 부수긴 불가능이다. 모양도 거대해 파손하는 것이 거의 건물 하나를 부수는 격이다. 견고하고 단단해 무너지지 않는다. 잠시 개미집을 내가 건드려 보았다. 돌이나 강한 나무를 이용해도 겉만 조금 부스러질 뿐, 돌기둥 같다.

그 속을 흠집내 보니 시멘트로 콘크리트 공사를 한 것처럼 튼튼하다. 흙 입자 알맹이 하나하나가 강력 본드처럼 붙어 있다. 개미 군단이 만들어 내는 분비물에 다져 놓은 개미 무덤을 나는 본드 개념을 생각하며 이해했다.

개미집은 내 키 두 배를 훨씬 넘긴다. 간혹 세월의 풍파에 견디면서 자연적으로 무너져 내린 개미집들은 폐허에서 허물어진 중세 유적처럼 버티고 서 있다. 어떤 충격도, 재해도 피해 갈 견고한 걸작품이다. 개미집은 개미들과 자연이 만들어 놓은 땅의 위대한 전령들이다.

그간 크고 작은 사고들이 개미집을 보면서 떠오른다. 삼풍백화점, 성수대교, 무너진 건설 현장 등. 가장 작은 미물이 만들었다고는 믿기지 않을 개미집을 보면서 건물을 짓겠다는 이들이 개미집에서 지혜를 얻어 가야 한다는 생각이 들었다.

개미들이 쌓은 거대한 건축물

가우디(Gaudi) 캠핑장을 떠나며

나귀, 염소, 양, 소들이 풀을 뜯고 있는 아침, 가우디 캠핑장을 떠났다. 보츠와나에 머무는 동안 강으로 떨어지는 해를 보았고, 그 강에서 생명들이 꿈틀대는 소리도 마음껏 들었다.

구성진 그룹 'UB40'의 레게 음악을 들으며 떠나는 보츠와나는 더 자연스럽게 가슴으로 파고든다. 내가 아프리카 레게 머리들을 만나는 동안 수없이 들었던 음악이며, 즐겨 듣던 음악이다.

아프리카에 들어와 처음 산 시디도 UB40다. 나는 여행하면서 필요한 시디들을 현지에서 구입한다. UB40 그룹의 시디는 2장 가지고 있지만 이곳에서 구입한 시디는 또 달랐다.

시내를 벗어나 비포장 도로다. 도로 곳곳에는 여경들이 카메라 단속을 하고 있다. 수시로 양옆 도로에서 튀어나오는 동물들 때문에 속도 단속을 철저히 한다. 가축 출몰로 차량 기사들은 자주 급브레이크를 밟는다. 우리는 모처럼 가는 길이 새롭고 8시간을 가야 하기에, 간간이 구경거리가 되어 주는 동물들의 출연이 반갑지만 운전하는 기사에게는 고역이다. 순간마다 동물 출연에 심장이 덜컹거릴 것이다.

누구나 안다. 대자연을 보려면 아프리카로 가라고 했다 꾸미지 않은 그대로의 자연이 있어 도로를 달리고 있는 동안 자연에 깃든 많은 것을 접한다. 더 보탤 수 있는 수식이 없다.

대자연뿐이다. 도로에 동물들은 차가 코앞까지 다가와도 절대 서두르지 않는다. 차가 그 앞에 서면 그제야 방향을 틀고 아무 일 없다는 듯 풀숲으로 점잖게 들어간다. 아름다운 광경이다.

처음부터 이곳의 주인은 동물이었고, 지금도 동물은 대자연을 빌려 사용하는 인간들과 조화롭게 살아가고 있다. 그렇기에 인간은 반드시 동물이 지나간 뒤 길을 가야 맞다. 사람들은 자연 앞에 순응한다. 도로는 문명 수단일지라도 자연에서는 동물이 우선이다. 사람은 길에서 멈추고 동물을 제자리로 보내는 것이 순서다.

나미비아로 들어가는 길은 멀었다. 가는 길가 양편에는 어제 내린 비로 얼굴을 씻은 나무들이 깔끔하다. 이 길로 코끼리 떼가 지나가며 상상할 수 없는 배설물의 양을 도로에 남겨 두었다.

코끼리 떼가 가끔씩 마을로 내려와 농작물을 초토화시키기 때문에 농민들은 긴장한다고 가이드가 귀띔했다.

나미비아 역시 국경 도로는 짐바브웨에서 보츠와나로 들어올 때와 다르지 않다. 단지 눈에 띄는 것은 도로가 이제 막 포장되었다는 것이다. 새로 단장된 도로는 깨끗하고 팬 곳이 없어 따끈따끈한 도로다. 특이점은 도로에 가깝게 사람들이 살고 있다는 것이다. 교통량이 적어 소음이 없다는 이야기일 것이다.

보츠와나에서 나미비아로 나가는 길에도 군데군데 검문이 자주 있었다. 양손에 신발을 들고, 소독 물에 발을 담그고 가지고 있는 보조 운동화도 양손에 들고 소독을 한다. 보츠와나에서 간지를 지나 나미비아에 들어서면 그 유명한 칼라하리 사막에 닿는다.

세계의 모래를 다 퍼다 놓은 것 같은 사막은 나미비아, 앙골라, 짐바브웨, 잠비아에 걸쳐 있으나 보츠와나 국토가 상당 부분을 차지하고 있다.

인간의 한계에 도전하는 더위로 〈동물의 왕국〉에서 자주 언급되던 그 사막에 내가 접근해 간다는 사실이 믿기지 않았다. 살을 태우는 태양, 생명이 발붙일 수 없는 극한 지대의 사막, 그 사막이 칼라하리 사막이다.

더위를 알리는 신기루다. 분명 바다가 눈앞에 있었다. 그 앞에 가면 바다가 사라진다. 차가 나타난다. 도로에는 차들이 뜸하다.

조금 전 사고가 났다. 막, 경찰차가 도착했다. 차창으로 확인하니 한 대의 차가 거의 반 접힌 채로 숲속에 나뒹굴었다. 아직은 뒤집힌 바퀴가 돌고 있다.

나미비아로

나미비아 하늘은 어떨까? 보츠와나 남쪽으로 이동하고 있다. 대낮이지만 하얀 보름달이 나왔다. 도시 간 도로에는 차들이 뜸하게 달린다. 두 번째 사고 현장을 본다. 여성 운전자다. 소를 쳤다. 소가 눈을 뜬 채 풀밭에 누워 있다. 채 목숨이 끊어지지 않았다. 차라리 죽는 것이 좋을 만큼 아팠을 고통이다. 아니, 그냥 죽었으면 싶은 아픔이다. 출몰하는 동물들이 염려되더니 끝내는 못볼 지경을 만났다.

속없는 멧돼지 출몰이 빈번해진다. 달리는 차창 밖을 한 컷씩 담아둔다. 여행이 끝나도 이 시간들은 가끔씩 캐낼 것이다.

누런 들판 금빛 물결이 살랑대는 풍광이 펼쳐진다. 가을 논에서 벼를 베어 낸 풍경 빛이다.

그 위로 스프링 벅이 이상한 자세로 뛰어간다. 바빴나 보다. 푸른 초지로 이어진 들판이 지금껏 보아온 정경이다.

이제는 다른 방향 칼라하리 스트리트를 지나 고속도로로 접어든다. 나미비아 입국장을 돌아 우회전하니 다시 칼라하리 사막이 이어진다. 이곳에는 부시맨들이 살고 있다. 그들 중에는 외지로 나가 일자리를 갖고 있는 이들이 많다는 설명을 가이드가 들려준다.

드디어 나미비아 입성이다. 느릿느릿 일 처리하는 아프리카 사람들 특유의 습관에 우리도 이제는 익숙해졌다. 입국장에서 수속을 마친 뒤 칼라하리 사막의 뜨거운 기온을 몸으로 체험하는 동안 차는 시내로 향한다.

국경을 넘고 차가 주유소에 들어섰을 때 그곳에서 일하는 중년의 여인, 부시맨을 보았다. 한 눈에 보아도 이들은 다른 부족임을 알 수 있다. 얼굴은 마르고 양쪽 볼은 약간 찌푸린 상태로 두 볼이 팬 것을 볼 수 있다. 특이한 모습은 눈빛이다. 키는 크지 않지만 이들과 눈을 마주치면 이상하리만치 그 눈빛의 광채에 움칫함을 느낀다.

주유를 끝내고 나오는 길에 나는 그녀에게 손 흔들어 주었다. 무표정했던 그녀의 얼굴에 웃음이 번진다. 그녀가 행복하게 살기를 나는 빌어본다. 주유소를 나오며.

유럽에 온 착각

유럽풍의 아담한 숙소에서 사막 투어를 위해 준비물을 챙기고, 나우클루프 사막으로 떠났다. 기사가 볼륨 높인 레게 음악을 흥겹게 듣는 모습에 나도 따라 신났다. 이곳이 아프리카라는 것이 믿기지 않을 만큼 유럽을 여행하는 느낌이다. 나미비아는 한때 독일의 지배하에 있었기 때문일 것이다.

도시에서 보는 건축물과 풍기는 모습이 모두 유럽식이다. 그 모습도 외지로 나가면 다르다.

아프리카 대륙을 여행하면서도 나미비아에 대한 사전 정보가 없었다. 사막만 자주 접했을 뿐, 유럽 스타일의 집이나 건물들은 생각해 본 적 없다. 그리고 나미비아는 크게 기대하지 않은 나라이기도 했다.

그건 내 실수였다. 잘 닦여진 도시, 유럽에 와 있는 느낌의 빨간 기와집, 그 집들마다 갖추어진 수영장. 처음에는 내가 유럽 어느 나라를 여행하는 것으로 착각했다. 외형이 예쁜 도시와는 달리 속살을 들여다보면 아프다.

남아공에 구속돼 있던 나미비아는 독립한 지 얼마 되지 않았다. 그래서 지금까지 그 흔적이 아직 남아 있다. 제일 실감되는 것이 화폐 사용이다. 가령 남아공 화폐는 나미비아에서 얼마든지 사용할 수 있다. 심지어 남은 동전까지도 사용한다. 그러나 나미비아를 떠나 남아공으로 들어가면 나미비아 화폐는 휴지가 된다.

힘없는 나라의 비애다. 아래로는 남아공에 치이고, 위로는 보츠와나의 힘에 눌려 기를 펴지 못하는 나라 나미비아. 또한 빈부차가 심하다. 흑백의 갈등도 아직 가시지 않았다. 우리는 나미비아 국립묘지를 좌측으로 두고 편하게 달린다.

이들을 살펴보다 나는 혼자 실소를 자아낸다. 자기들끼리 대화하는 것을 듣는다. 이들은 대화할 때 입에서 바람 새는 발음을 한다. 우리가 혀로 천장을 치는 발음을 중간에 섞어 대화하는데 참 신기하다.

아마도 발음 과정에서 나는 소리 같다. 마치 대화의 장단을 맞추는 듯한 혀로 입천장 치는 소리라서 나는 매번 알아들을 수 없는 대화보다 이들이 내는 신기한 소리에 귀를 모아 듣는다. 아주 정교한 기계음처럼 천장 치는 혀 소리는 들어도 들어 봐도 풀리지 않는 수수께끼다.

우리는 나미비아의 수도 빈툭(Windhoek)에서 4시간 거리에 위치한 세계에서 가장 오래된 나미브 사막과 아프리카 최대 규모 보호구역인 나우클루프(Noukluft) 공원으로 갔다. 세상에서 가장 높은 모래언덕 소수스블레이(Sossusvlei)를 가기 위해서다.

나미비아는 전 국토의 80%가 사막이다. 나미비아에 들어왔다면 반드시 사막투어는 필수 품목이다. 그만큼 사막 투어는 나미비아의 국민투어가 되어 있다. 우리가 도착한 시간은 사막의 달구어진 모래가 뜨거운 차원을 넘어 살을 익힐 만큼 달아오른 시간이다.

곳곳에 길을 닦느라 땅을 파헤쳐 놓았고 먼지와 모래, 사막하면 떠오를 대명사의 것들이 모두 기다리고 있다.

먼지바람에 기침은 계속된다. 몇 시간을 달려도 고작 차 몇 대가 전부인 사막을 사람들은 더위와 고생을 사 가며 들어온다. 자기만의 만족을 위해 뜨거운 대가를 지불한다.

땡볕이 내리쬐는 사막에 내 키의 두 배는 될 법한 타조 떼들이 나타나 나는 것처럼 뛰어간다. 거기에 비해 우리 차 속도는 아기 걸음마다. 그렇게 조금 지났을까, 깨끗한 한복을 갈아입은 선비처럼 도도한 자태의 오릭스(Oryx)들이 커다란 뿔 왕관을 머리에 달고 꼿꼿한 자태로 우리 차량을 바라보다 망망히 사막을 걸어간다.

이따금 생명이 흐르는 젖줄 같은 풍차가 돌고 있다. 풍차가 돌고 있는 것은 사막 어딘가에 사람과 짐승들이 있다는 지시다. 그들이 필요한 물을 찾아 목을 축이고 또 물을 길어갈 것이다. 물이 없어 어쩌나 하는 내 걱정은 기우다. 다시 돌아가는 풍차를 보았다. 내가 서부 영화에서 보았던 사막 한가운데의 물, 지친 말의 목을 축이기 위해 막사로 들어서는 거친 총잡이들이 말에 물 한 바가지를 퍼 주는 장면, 그런 기억을 이 사막에서 만났다.

두레박을 매달아 끌어올리는 도르래가 멀리서 지나가는 동안 보인다. 물을 물탱크에 보관해 필요할 때 쓰는 용도의 풍차다. 사막에서 풍차가 바람개비처럼 돌고 있다. 지금 내 눈에 보이는 것은 가끔 동물의 모습뿐이지만 어딘가에 사람이 산다 생각하니 자꾸만 지나가는 차 뒤로 뭔가를 찾아 두리번거린다.

사막의 선인장

사막의 선인장은 정열이다. 색도, 빛깔도 몸체에 달려 있는 가시도, '사막의 선인장'이라는 말이 이보다 더 잘 어울릴 수 있는 조합은 없을 것이다. 냄새 또한 강하다. 나는 지금껏 선인장 냄새를 구분하지 못했다. 그런데 사막에서 만난 선인장 꽃은 죄다 신분을 내밀고 있다.

선인장 꽃 안에 들어 있는 독특한 보석 수술들은 꽃에서 꽃을 피워내고 있다. 흥부가 제비 다리를 고쳐 준 대가로 물어다 준 박 씨를 심어 쏟아진 금은보화를 본다면 이럴 것이다.

선인장은 사막의 상징이기도 하다. 고작해야 일 년에 비 한 번 내릴까 말까 하는 척박한 사막에서도 질긴 생명력은 자란다. 양분을 저장하기 위해 잎보다 몸통으로 햇볕을 견디면서 사막의 뜨거운 열기와 타는 갈증을 몸으로 견뎌 내고 있었다.

사막에서 만나는 선인장을 선인장으로만 볼 수 없는 이유다. 고초를 견디고 피워 낸 모든 것들은 전부가 기적이다. 이 사막에서 만나는 꽃이라서인지 더 색은 강하고 한층 곱다. 기적이 바로 여기다.

새둥지에 담은 꿈

세상에 존재하는 것들은 다 아름답다. 불모의 땅에서도 더위를 피하고 살아가면서 식솔을 거느리는 가족이 있다. 열사의 나라 사막에도 아름다운 광경을 요소요소에서 만난다.

생명이라고는 찾아볼 수 없을 만큼 작열하는 태양 아래서도 새들은 집을 짓고 식솔을 거느리며 먹여 살리느라 바쁘다. 쉴 틈 없이 날아다 붙이고 다듬는 생명을 보았다. 아무리 크게 보려 해도 크지 않은 작은 사막의 새, 내가 잠시 더위를 피해 겨우 몸 하나 가릴 수 있는 나무 그늘에 앉아 있는 동안에도 새는 쉼 없이 둥지를 수십 번 들락거린다.

그 작은 몸으로 집채만 한 둥지를 만들려면 수년을 끊임없이 무거운 풀을 입에 물어 날랐을 것이다. 오직, 가족을 생각하면서 붙이어 둥지 안에 행복한 꿈을 담았다. 포근한 꿈을 꾸면서 태양을 깡그리 머리에 이고 날랐을 작은 새를 생각하다 보니 어린 날이 떠올랐다.

우리 초가집은 해마다 이엉을 엮어 지붕을 만들었다. 그 짚이 처마를 내려오고 그에 맞추어 잘라낸 틈으로 겨울이면 참새들이 추위를 피해 숨어들었다.

호기심에 손전등을 켜고 그 안을 비추면 참새는 놀라 바들거렸다. 그때를 생각하니 "너를 알겠다" 하고 나무에 올라 말해 주고 싶다. 그때 너를 놀라게 했던 그건 사랑이었다고 바쁘게 들락거리는 너를 향해 소리치고 싶었다.

작은 새들의 큰 둥지

붉은 사막 둔 45(Dune 45)

사막에서 야영하다 부엉이 우는 소리에 눈떴다. 4시 전, 4시 30기상이니 지금쯤 정신 차리고 준비한다. 나미브 사막과 대서양이 만나는 곳, 붉은 사막의 '사구(Dune) 45'에서 아프리카를 잊지 못할 또 하나의 과거를 만들 일출을 보기 위해서다.

산이 있었다. 전 국토의 80%가 사막으로 이우어진 모래의 산, 인간의 손때가 전혀 묻지 않은 사막에서 손으로 만든 관광지란 없다. 태곳적 자연 그대로 고스란히 간직하고 있는 곳이 나미비아 사막이다.

한반도보다 땅덩이가 4배 더 넓지만 인구는 겨우 200만 명에 불과하다. 남아프리카공화국의 북서쪽에 위치한 생소한 나라가 갑자기 눈앞에 툭 나타나니 어리둥절하다. 나미브의 본래 의미는 '텅 비어 있다'라는 뜻이나 내 눈에 잡히는 모든 것들은 비어 있는 사막이 아닌 숨 쉬고 있는 거대 공간이다.

아프리카에 서식하는 대부분의 포유류와 파충류, 조류 등이 손 내밀면 잡힐 듯 사막 근간의 거리에 닿아 있다.

지금은 바람이 모래를 산 위에 앉혔고 그 모래는 세월을 안고 켜켜이 지내 오면서 붉은 철분을 흡수해 사막은 얼굴빛을 붉히고 있다.

모래언덕에 서 있는 동안, 햇빛의 굴절에 따라 언덕의 빛이 카멜레온처럼 변한다. 오렌지색, 붉은색, 자주색, 그러다 회색빛으로 모습을 바꾼다. 언덕 위에서 바라보는 광활한 사막의 모습은 나를 자꾸만, 작아지게 만들어 버렸다. 붉은 사막은 전설이 되었다.

모래언덕 칼날 능선은 감촉이 부드럽다. 발을 옮길 때마다 무너지고 마는 모래능선, 언덕을 오르는 내 발은 천근이다. 푹푹 모래 속으로 발이 빠진다. 뗀 발을 따라가다 흔적도 없이 무너지는 모래에 그대로 앉아도 보지만 체력은 고갈됐다. 거친 숨소리를 모래에 묻으며 능선을 다시 오른다.

아침 해, 버려진 자연 그대로의 모래협곡, 밟으면 모래가 무너져 내가 묻힐 것 같은 예리한 능선, 어느 것 하나 호락한 것이 없다. 45도의 칼날을 세운 모래산은 분지 형태로 일반적인 산 능선을 오르는 것의 몇 배가 되는 체력을 소모시킨다.

이른 시간, 쌀쌀한 사막 바람에 옷깃을 덮지만 해가 뜨고 나면 사막의 기온은 무섭게 상승한다. 사막의 이중 모습이다. 음지와 양지로, 빛과 어둠은 순식간에 바뀐다. 해가 뜨면서 사막 언덕 한 면이 붉은 빛으로 물들었다. 다시 한 면은 음지다. 서늘한 기운이 돈다. 음영이 대조를 이루는 자연만이 손댈 수 있는 권리를 내가 훔쳐 보고 있다.

'사막에도 뭐가 있기는 했을까?' 하는 생각이 문득 떠올랐다. 사막에 신이 거처하다 사라져 버린 느낌이다. 신이 사라지고 남은 빈 터가 사막이 되었을 것이다. 텅, 빈 공터에 서 본 지 얼마만인가. 모래산에 올라와 본 적 있는가. 칼 능선으로 이어진 모래길 끝에는 뭐가 있을까? 그 능선 끝에는 쌍둥이별처럼 사막과 하늘이 붙어 있을까? 한참을 바라보니 눈에 백태가 낀다.

황금빛이 물든 사막에서 와인 한 모금을 마셨다. 내 생에 상승된 맘으로 여행하며 술병을 든 것이 두 번째다. 남미를 여행하면서 모레노 빙하 트레킹을 끝내고 그 서슬 퍼런 얼음 한 조각을 떼어 섞은 위스키 한 모금의 추억이 첫 번째였다. 평생 남을 그 맛을 나는 알았다.

비록, 술 한 모금 못한다 할지라도 모래언덕 듄의 이 순간만은 오래 기억해 두고 싶어서 나는 와인을 마신다.

소수스블레이(Sossusvlei)

소수스블레이의 붉은 산을 둘러 본 뒤 7시간 되는 긴 여정의 사막을 빠져나간다. 끝없이 넓은 사막, 모래언덕, 산처럼 누워 있는 능선에 움직이는 물체라고는 달리는 차 한 대다. 황갈색으로 날리는 사막 먼지를 바람이 털어준다. 앉은뱅이 풀들은 잎에 쌓인 먼지를 털고 타는 갈증에 몸을 맡겼다. 흙은 마르고 풀은 먼지로 자란다. 흙먼지와 모래바람이 없으면 사막의 풀들은 자라지 못하는가? 풀마다 잔뜩 머리에 황갈색의 먼지를 이고 있다.

모래 산 지역을 지났나 싶었는데 다시 평원으로 펼쳐진 모래사막이다.

오늘은 새벽부터 강행군해서일까, 이틀을 보낸 시간처럼 길다. 소수스블레이, 데드블레이(Deadvlei)는 전설에서나 볼 수 있는 괴기한 환경이다. 신비한 이야기 한 편을 듣고 나온 느낌이다.

지금, 내가 서 있는 곳도 예전에는 호수였다. 강수량이 많은 시기에는 호수가 된다. 그 예로 바닥은 콘크리트처럼 딱딱하다. 드러나 있는 호수 자리가 굳어 있지만 사람이 걸었던 발자국들이 화석처럼 남아 있다. 바닥을 밟고 있어도 믿기지 않는 현장이다.

서 있는 검은 나무들이 예전엔 호수였다는 사실을 말해 준다. 700년 동안 자리를 지키는 나무들이다.

소수스블레이는 규모는 작지만 우기에는 수영해서 반대 장소로 가야 할 만큼 많은 양의 비가 온다.

나무는 죽을 수 없어 지금껏 검은 채 살아 있다. 우기가 되면 살아날 꿈을 꾸며 서 있다. 언젠가는 호수가 되기를 꿈꾼다. 사막에 생명의 근원인 물이 차오르면 이곳은 다시 숨을 쉰다.

붉은 모래산의 칼날 능선

소수스블레이와 데드블레이의 죽어 검은 나무와 소금

소수스블레이라는 말은 프라이팬의 둥근 모양처럼 되어 있다는 뜻이다. 소수스블레이에 비가 많이 오면 호수로 남아 있다가 다시 사막으로 말라 버린다.

아무리 많은 비가 내리고 호수가 된대도 용광로처럼 끓는 사막의 열기에 남아날 것은 없다. 가마솥처럼 달아오른 사막뿐일 것 같아도 숨은 움직임은 있다.

국립공원에는 많은 동물인 쿠두, 엘란, 오릭스, 코끼리, 기린, 코뿔소 등과 또 이것들을 노리는 포식자인 사자, 표범, 치타, 하이에나, 자칼 등도 만날 수 있다.

새벽 4시부터 시작된 투어는 모래가 달아오르기 전 11시가 되어서야 끝나고 우리는 텐트로 돌아왔다.

소수스블레이와 붉은 산 사구 트레킹을 끝내고 7시간가량 황량한 사막을 나오니 어디서 시원한 바람이 불어온다. 황갈색의 넓은 벌판 한 조각이 툭 떨어져 나가는 느낌이었다. 신기루를 보았나? 바다가 거짓처럼 나타났다.

　주택과 아파트가 바다 옆에 딱 붙어 있다. 사막이 바다와 만나는 지표면을 따라 주택들이 줄지어 있다. 현실이 아닌 풍경 같다. 이 척박한 사막의 끝자락에 펼쳐진 진풍경은 숨 멎을 만큼 아름답다. 반대편은 사막이요, 그 반대쪽은 바다가 도로와 착 붙어 있다. 반전이다.

검은 대륙의 소수 부족

　잠비아는 조류, 나미비아는 오릭스 종류와 역대 대통령 얼굴, 남아프리카 공화국은 코뿔소, 물소, 얼룩말, 산, 누구나 다 알고 있는 만델라 전 대통령 얼굴이 각 나라의 지폐의 주인공들이다. 시간 나면 재미 삼아 아프리카의 지폐를 들여다보는 것이 재밌다.

　케냐에 부시맨이 있다면 나미비아는 함바족이 있다. 처음은 무서웠다. 잘못 보았다면 사람 아닌 것으로 착각할 수 있다. 짙은 갈색 피부는 땅과 잘 구분되지 않았다. 얼굴색은 흑갈색, 이들이 바로 원주민 함바족들이다.

　인디언들이 그랬듯 이들 또한 이 땅 주인이었다. 땅을 내준 이들은 땅을 빼앗아 주인으로 세상을 호령하는 그들에게 손수 만든 잡다한 공예 수제품을 길거리에서 팔고 있었다.

　그들 옆을 지나다 아기가 엄마 곁에서 떨어져 나와 땅바닥을 기며 노는 모습을 보았다. 예쁜 눈을 가진 아가였다. 상의를 입지 않아 가슴을 모두 드러낸 여인의 모습이 태곳적 모습을 보는 것 같다.

　문명으로 살아 온 나는 얼굴만 달아오른다. 그녀는 알아들을 수 없는 말로 악다구니를 내지른다. 아마도 관광객들에게 불만이 있었나 보다.

　나는 별일 아닌 척 애써 옆을 지나가지만 엄마 곁에 기고 있는 아기가 눈에 밟힌다. 어떤, 아기는 요람에서 기지만 함바족 아기는 땅위를 기고 있다.

　이제 며칠 남지 않은 여행, 돌아가려니 모든 것이 아쉽다. 아프리카는 여행 자체가 문제가 될 수 있는 요인도 많다. 돌아가 이런저런 사람들에게 마음 표시할 요량으로 상점을 찾지만 살 만한 물건이 없다.

　우리 제품과는 비교되지 못할 어설픈 물건들, 아프리카의 풍경을 담아가는 것만이 유일한 선물일 듯 싶다.

아프리카 기억을 오래오래 간직하기 위해 아프리카인 한 쌍의 부부 원석을 하나 샀다. 빼어난 작품은 아니어도 내가 이 도시를 돌아다닌 흔적의 끈을 놓지 않는 마음이다. 투박함 그대로 아프리카인을 간직하고 싶다. 내 여행 같은 거친 아프리카다.

많은 사람들이 선호하는 여행지, 서유럽을 나는 가지 못했다. 사람들은 이구동성 "여행하기는 서유럽보다 더 멋진 곳은 없다" 한다. 맞는 말이다. 그런데 이상하다. 나는 도시의 화려함보다 별빛과 달빛을 쫓아 자꾸만 사람의 발길이 닿지 않은 그곳으로 숨고 싶다. 그곳에 버려지고 싶다.

사막에서 불어오는 바람, 대서양에서 밀려오는 파도소리, 문명의 가로수가 야자 잎을 친다. 잎은 큰 손을 벌려 바람과 파도를 온몸으로 맞고 있다. 야자수는 보는 방향도 모두 같다. 동작도 한 방향으로 리듬을 맞춘다.

배낭 챙기기 실패

나는 배낭 꾸리기에 자신 있었다. 배낭을 풀고 쌌던 경험이 쌓였다. 그러나 한 번도 꺼내지 않은 옷과 물건이 나왔다. 짐 덩어리 애물로 배낭구석에 끼여 여행 막바지까지 왔다.

계절에 맞지 않았다. 아프리카 대륙의 대체적인 기후만 참고했지 각 나라마다의 특성을 살피지 못했다. 꾸린 짐이 합리적이지 못했다.

아프리카는 나라마다 기온 차이가 크다. 케냐는 아프리카 중에서도 북쪽에 위치하고 있어 12월이지만 한국의 늦가을 날씨다. 밤이 되면 오리털 잠바를 꺼내 입어야 할 만큼 춥다.

하지만, 나미비아 사막에 들어오면 남쪽으로 많이 이동했기 때문에 더위가 심하다. 그러다 밤이 되면 사막 기온이 내려가고, 바람 불면 보온이 필요할 만큼 춥다. 그래서 아프리카의 여행은 배낭 꾸리기를 잘해야 여행의 질도 높일 수 있다.

나는 배낭에 짐을 넣고 나서도 3~4킬로그램의 공간을 남겨 둔다. 매번 집으로 돌아올 때 짐 보따리 하나가 늘어나는 걸 방지하는 차원이다.

가져갈까 말까 한 물건들은 분명 '말까'한 물건으로 남는다. 그런 물건은 반드시 10번 생각하고 넣었다. 대신 여권이나 현금은 불편해도 꼭 허리에 착용한다.

그래서 나는 여행 중, 배가 나온다. 자주 사용하는 지갑, 메모지와 필기구 카메라는 크로스백이나, 작은 배낭에 넣어 다닌다. 이때도 반드시 가방 지퍼에 갈고리 모양의 고리를 건다.

붐비는 기차역 대합실, 선착장 등 더욱 조심해야 하는 장소에서는 작은 배낭도 앞으로 멘다.

내 여행은 비교적 기간이 길다. 배낭 꾸리며 처음 기억으로 입력해 두었던 품목들도 여행 동안 자주 쓰고 꺼내다 보면 뒤죽박죽이다.

귀중한 것은 내 장기 기억의 한계로 항상 메모해 둔다. 여권 사본이나 각종 증명서들과 열쇠 비밀 번호, 사진들을 따로 챙겨서 잘 보관한다. 찾을 때 혼란이 없도록 나만의 메모지에 기록해 둔다.

자주 국경을 지나다 보면 잘 보관하고 있던 것들을 그때그때 찾지 못해 당황했던 순간들이 있었는데 그걸 재연하기 싫어서다.

현지 음식에 최대한 적응하지만 사무치도록 토종 음식이 먹고 싶을 때를 대비해 나는 고추장은 꼭 챙긴다. 또 여행지가 어디든 배낭에 작은 선물들을 챙겨 간다. 지금까지 여행하며 챙겨 간 소소한 물건들은 어느 여행지든 현지인들과 소통할 수 있는 끈이 돼 주었다.

쉽게 조달할 수 있는 가벼운 옷들은 현지에서 구입한다. 그 물건들은 여행이 끝난 후에도 과거를 회상할 수 있는 나만의 밀화자다. 그 오롯함은 때로 삶에 활력소로 활용할 수 있어 환산 가치를 셈하기 어렵다.

스와콥문트(Swakupmund)

어제 더위로 지쳤던 사막에서 시내로 들어온 지금, 더위는 사라졌다. 대서양 기후가 아프리카 더위를 몰아낸 결과다. 마치 가을을 연상시키는 날씨다.

시내는 크지 않다. 사방 다 합쳐야 한 시간 정도 거리다. 시원한 바다, 바람을 맞으면서 유유자적 걷는다. 공원 그늘과 해변에서 불어오는 바람이 감미롭다. 그간 더위로 시달렸다.

오전 시내를 돌다 제일 큰 중국 레스토랑에 들렀다. 그간 빵만 먹던 터라 얼큰한 마파두부와 북경요리로 그간의 힘든 여정을 보상해 주었다. 호화로운 음식을 먹었다. 중국음식을 주문하는 데 실패하지 않아서다. 내가 재미삼아 배워 둔 중국어 덕분이다. 능숙하진 않아도 요리 정도는 주문할 수 있었으니 중국음식점을 간 것을 좋은 방법이었다.

이제, 우리는 나미비아를 떠난다. 떠남이야 여행하며 수없이 반복하는 일이지만 유럽 어느 도시에 와 있는 것처럼 포근한 매력에 심취해 본 경우는 흔치 않다.

늦게까지 잠자도 되는 여유로운 시간이다. 스와콥문트(Swakupmund) 시내, 이제 마지막 여행지 남아공이다. 대자연이 만들어 준 때 묻지 않은 나라들을 돌아보면서 많은 것을 보았다.

시내를 돌아보다 고등학교 교문 앞에 섰다. 내가 그대로 걸었다면 학교라는 사실을 알지 못하고 어느 관공서나 박물관 건물로 생각했을 것이다.

게다가 한쪽 귀퉁이에 크지 않은 간판, '하이스쿨(High School)'이 달려 있다. 야자나무에 둘러싸여 있는 운동장은 넓고 창문이 큰 교실이다.

도시 인구를 알고, 거리의 인파를 생각한다면 학교 운동장이 퍽 인상적이다. 학생들이 얼마나 행복할까? 이 운동장에서 뛰노는 아이들이 부러웠다. 동화 속 이야기에 나오는 성처럼 꾸며진 학교. 교정을 나는 한동안 바라보았다.

나미비아는 가랑비에 옷이 젖듯 은근하게 다가오는 매력의 나라다. 선입견을 가지고 내 마음대로 나미비아를 변방의 나라로 생각한 것이 얼마나 섣부른 판단이었나를 도시로 들어서며 알았다.

한 가지 의문이라면 아프리카 대륙의 원주민보다는 백인이 더 많다는 사실, 유럽에 들어온 착각을 일으킨다는 것이다. 못내 다 들추어낼 수 없는 비밀을 품은 현실이었다. 여행자로서 도시 곳곳에 드리운 흑백의 갈등을 감지할 수 있었다.

그도 그럴 것이 한때는 독일이 나미비아에 군림하지 않았던가.

나미비아 공항

사막이 따라왔다. '설마' 했는데 공항까지 사막일 줄이야. 신기했다. 비행기는 일반 버스만 했다. 활주로는 모래와 모래산이다. 짐도 사람도 모두가 원초적이다. 트랩에서 내린 승객들은 직접 비행기 몸체에서 짐을 내리고, 오를 때도 직접 가방을 들고 트랩을 오른다. 생소한 모습, 색다른 경험이다. 숱하게 내리고 오른 트랩, 이것도 나쁘지 않다. 신선한 충격이다.

바람과 모래가 사방으로 날리는 아침, 우리는 공항에 와 있다. 굳이 공항이랄 것도 없다. 사막 한가운데 건물이라곤 딱 한 채에 간단한 입국 심사대가 마련돼 있다. 짐과 여권 검사를 끝내면 바로 옆 초라한 건물 의자에 앉아 기다리면 된다.

사막, 또 사막인 곳을 돌다 보니 입안으로 모래가 사막처럼 사각거린다. 나를 반긴 건 다시 사막이다. 떠나는 길에 사막은 다시 누워서 카펫을 깔아준다. 살빛이었다가 다시 붉은 빛이 된다.

지금껏 많은 공항들을 다녀 보았지만 사막 공항은 처음이다. 이색 체험은 모두 생경하다. 바람은 부는데 환경은 척박하다. 나는 괜스레 불안하다. 앉지 못하고 공항 밖과 안을 수시로 드나든다.

공항에 머무는 동안, 헬기 이륙을 지켜본다. 모래가 풀풀 날리는 활주로에서 비행기 한 대가 점검을 마치고 굉음을 낸다. 시범 중이다. 다시 수십 분 기다린 동체는 하늘로 올랐다. 그 옆에는 구급차를 대기시켜 놓았다. 혹시 모를 만반의 준비를 하고 이륙했다.

기장도 승객도 바닥을 걸어서 트랩을 오른다. 짐을 들고 캐리어를 밀고 모래밭을 지나 동체로 접근해 갔다. 모든 것이 아날로그 절차다. 그나마 다행인 것은 허름한 공항 건물을 날릴 것 같던 바람이 잠잠해졌다는 사실이다.

기내에 앉아 있어도 불안한 마음이다. 비행기는 활주로를 향해 움직이기 시작한다. 나는 습관처럼 절실한 마음속 기도를 한다. 이륙이다. 그리고 몇 분 지나지 않아 다시 사막이 눈에 들어왔다.

버스를 탄다면 꼬박 이틀 거리다. 그 시간 동안 사막을 달릴 것이다. 하지만 우리는 비행기를 탔다. 남아공까지는 하늘 길로 2시간 거리다. 대서양과 인도양이 맞닿아 있으니 바다와 남아공의 해안이 많은 이야기를 해 주리라 믿고 있다.

황갈색과 회색빛 모래가 번갈아 모습을 바꾸다 다시 붉은빛 사막이다. 하늘에서 보는 사막의 모습은 말로 형용할 수 없다. 그간 보았던 파란 초목의 산과 옹기종기 모여 사는 마을 집들 형태는 사라졌다. 눈에 보이는 풍광은 모래와 모래먼지로 뿌연 회색 물감을 사막에 타 놓은 것 같다.

간간이 눈에 잡히는 검은 빛의 점, 그것이 모래사막에 생명이 흐르는 오아시스임을 알린다. 구름도 잿빛으로 돌고 있다. 영화에서나 볼 수 있는 달의 표면을 배회하는 풍경 같다. 사막에서 달궈진 열기의 위력이 비행기 동체에 와 닿는다. 내 발바닥이 뜨거워진다.

더운 기류의 영향이다. 모르고 비행기에 올랐지만 이런 이색 경험까지 얼마나 많은 생소한 체험이 나를 긴장시키는지 모른다.

나미비아 투어 때 일몰을 보려고 붉은 모래 산에 올랐을 때의 두려움이 다시 엄습한다. 그날 나는 잔뜩 겁을 먹었다. 산을 오르는 동안 달궈진 모래 온도는 상상을 초월했다. 의욕만 앞서 모래언덕을 오르다. 달궈진 모래 사이로 발이 푹푹 빠졌다.

시작 때는 온도가 올라도 내 신발이 있어 괜찮았다. 모래 속을 걷는 동안 달아오른 열기와 끓는 열사에 나는 헉헉댔다. 밟으면 무너져 버리는 모래 속을 걷는 것이 두려웠다. 걷다가 넘어지면 나는 모래에 파묻혀 그대로 통구이가 되거나 심장마비를 일으켰을 것이다. 그날 내가 인간구이가 되지 않은 건 자연의 행운이었다. 불안에 떨면서 모래 산을 올랐던 그날의 악몽이 이 순간, 떠오른다.

비행기 동체가 더워 파열하는 것은 아닌가 하는 걱정, 그렇게 불안한 시간을 보내다 밖을 보았다. 바다다. 모래사막과 대서양 바다가 만났다. 만남이 이루는 파도를 하늘에서 내려다본다. 사막을 날아와 대서양 바다를 본다.

인도양과 대서양이 만나는 바다 위를 날고 있는 비행기 안에서 그 모습을 보는 감회는 '아름다운 정경'이라는 말만 되풀이하게 한다.

하늘과 바다에 선이 무너지고 파란빛이다. 기이하지 않다. 바다는 그대로 하늘이 되었다.

같은 색으로 하나가 되어 버렸다.

바다 전체가 파랗다. 어느 것이 비행기인지 어느 점까지가 바다의 분기점인지, 그대로 멈추지 않는다면 모른다.

하늘 길을 2시간 날아오는 동안 끝없을 것 같던 사막도 끝이 났다. 대서양과 인도양이 만나는 남아공 남단은 파란 바다가 하얀 거품을 잔뜩 물고 모래 옆에서 춤을 춘다. 상공에서도 파도의 거침을 알 수 있다.

테이블 마운틴, 희망봉, 사자산까지 육안으로 눈도장 찍어 둔다. 세계적으로 이름난 남아공의 해안선은 경치가 빼어나다. 부호들의 별장이 바다를 바라보며 빼곡하게 들어서 있다. 불과 두 시간을 날아온 거리감이 반전된 풍경이다.

남아공의 모습은 어리둥절했다. 같은 공간도 여행에서는 드라마틱할 때가 있다. 그런 매력에 우리는 여행의 마술에 빠진다. 시내로 들어와서 본 느낌은 황당했다. 5시만 되면 상점 문을 닫는다. 시내에는 현지 사람들 발길은 줄고 여행자들이 더 많다. 내가 아프리카에서 의문을 떨어내지 못한 것도 일찍 문 닫는 시내의 현실 때문이었다.

잠시 숙소에 여장을 풀고 슈퍼를 찾았을 때는 여행자들만 들고 나는 상황이었다. 오가는 차 몇 대뿐, 도무지 시내가 한산하다. 이유는 보안이었다. 거리거리에 돌아다니는 사람들은 부랑자와 구걸인들, 심지어 쓰레기통을 뒤지고 다니는 사람들의 모습만 눈에 잡혔다.

슈퍼에 들러 오는 길에도 따라붙는 구걸꾼의 모습이 보였다. 꼬마 하나가 옆으로 달라붙어 배고프니 돈을 달라는 것이다. 막 도착한 나는 동전이 없었다. 그렇다고 큰돈을 줄 수는 없다. 나는 매몰차게 돌아서 걸어갔다. 내가 상대에게 도움 줄 준비가 안 됐다면 미련 주지 않아야 상대도 포기한다. 그렇지 않으면 숙소까지 따라붙는다.

시내는 음식물 쓰레기통이 즐비했다. 사내가 그 통을 뒤지고 다닌다. 뚜껑을 열고 이것저것 꺼낸다. 먹을 수 없는 것이 전부다. 다시 닫고 다른 통을 향해 갔다. 그런가 하면 젊은이들은 주점에 눌러앉아 술잔을 놓고 게슴츠레 눈이 풀리도록 물담배를 빨아 대고 있다.

내가 슈퍼로 갈 때, 앉아 있던 젊은이들은 다시 돌아올 때까지 그 자세로 물담배를 빨며 앉아 있다. 어느 나라나 빈부의 격차는 있다. 하지만 남아공은 유독 심하다.

월드컵도 치른 나라요, 아프리카 대륙에서 앞서가는 나라다. 잠시 시내를 돌아보는 동안 느낀 예감이 빗나가기를 바랐다. 공항에서 시내로 접어들 무렵 판자촌 집단을 이루고 사는 사람들을 보았다. 이런 모습들을 보고 나니 흥이 나지 않는다.

현대식 건물들로 채워진 고루 잘사는 나라를 여행할 때, 마음 편하다. 같은 호모 사피엔스로 비참한 현실을 보면 좋은 기운을 받을 수 없다.

　나는 여행자다. 나라의 단면을 보고 미리 건너 짚지 말자. 생각이 흩어지는 건 여행자로서 좋은 태도는 아니다.

남아프리카공화국

남아공 투어

시내 투어다. 우리는 렌터카를 대여했다. 비용 절감을 위해 봉고차를 이용해 다른 일행과 함께 시내를 돌아보는 투어다. 9시부터 투어는 '보캅(Bo Kaap)'을 시작으로 남아공 절경 해안도로를 따라 시내를 한 바퀴 돌아 희망봉을 다녀오는 투어다.

보캅이라는 작은 마을은 '포토 존'이다. 알록달록한 색들이 조화를 이루는 마을이다. 무슬림 말레이 후손들이 모여 사는 작은 마을로 300년 전 네덜란드 통치 시대에 만들어졌다.

집 외벽을 밝고 화사한 각양각색으로 칠해 놓아 사진 찍기에 좋은 색채다. 여행자들을 유혹하는 곳으로 시내에서 가깝게 근접하고 있어 우리는 이곳에서 잠시 색채의 마술에 빠져 본다. 그리고 서둘러 차에 올랐다.

깔끔한 해안도로는 절경을 곳곳에 두고 있다. 아름다운 해안선을 따라 벤치와 휴양객을 위한 하얀 색들이 즐비하다. 해변 주위를 거슬리지 않는 멋으로 시설물들이 도열해 있다.

해변을 바라보는 언덕에 고급 빌라와 주택들이 들어앉아 있다. 사람들은 그 여유를 마음껏 누리고 있다. 가이드는 말할 때마다 힘을 준다. "이곳 주위에 흑인들은 얼씬도 못합니다"라고 했다. 내가 짐작한 대로였다.

남아공의 주택 가격을 들먹이고 있어서 처음에는 불만족했지만 계속되는 가이드의 설명 의도를 알 수 있었다. 말하는 어조를 보니 부러움 반, 절망감 반으로 말하고 있었다. 그러다 덧붙이는 말이 충격이었다.

지금도 부촌에 살고 있는 백인들은 임금이 싸다는 이유로 흑인들을 고용하고 있단다. 흑인들이 이 부촌을 들어올 때는 반드시 출입증이 있어야 출입할 수 있다는 말도 덧붙였다.

그랬다. 아직도 백인들의 우월의식은 남아 있었다. 그 분위기를 느끼며 지금까지 나는 여행해 왔다. 하지만 이곳처럼 드러내놓고 차별하는 나라들은 없었다. 아직도 피부색 때문에 인격을 유린당하는 흑인들이 많다는 사실을 나는 한동안 잊고 살았다. 그랬는데 아프리카 7개국을 돌아오면서 '아직은'이라는 생각을 갖게 됐다. 물론, 개인적 느낌이다.

지금도 흑인 서로 간의 부족 정체성이 남아 있어서 남자는 만 20세가 되면 금식하며 약물을 복용하면서까지 견뎌야 하는 성인식의 고통을 감수하고 있다는 이야기도 들려주었다. 여자는 손가락 하나를 잘라 자기의 정체성을 증명해 보여야 남녀 서로가 결혼할 수 있다고 가이드는 설명해 준다.

믿고 싶지 않은 이야기지만 현지인 가이드의 말이라 안 믿을 수도 없다. 그의 목소리가 힘을 잃을 쯤 해안도로를 끼고 가다 선착장에 닿았다. 물개(Fur Seal)를 보러 가야 했다.

해안가는 방파제가 터져나갈 만큼 파도가 거칠다. 배는 탔지만 성난 대서양의 파도를 가르고 바다로 깊게 들어가는 것이 싫다. 나는 겁났다. 또 후회다. 배를 왜 탔을까? 이처럼 흔들리는 배, 파도가 높으니 워럭 겁부터 났다.

그런 후회로 긴장할 때, 배 속도가 느려진다. 사람들 시선이 한곳으로 몰린다. 물개다. 물개들이 집단으로 서식하는 작은 돌섬에 배가 멈춘다. 배는 내 속도 모른 채 좌우로 흔들린다. 이대로 서 있다 배 흔들림 반동에 바다로 튕겨 나갈지 몰라 주먹을 조인다.

물개 천여 마리가 바위섬에서 헤엄치며 놀고 있다. 서로 힘겨루기 하는 것을 본다. 미끄러운 몸으로 물속을 유영하며 장난치는 물개들을 보면 놀이는 인간이나 동물이나 같은가 보다. 서로 찧고 까불고 악을 쓰며 다투다 다시 화해하고 어우러져 놀고 있는 악동들이다.

다시, 최남단 포인트로 갔다. 인도양과 대서양이 만나는 곳, 희망봉이다. 물빛도 다르다. 파도 또한 다르다. 한쪽은 파도가 순한 양의 모습을 한 인도양이라면, 다른 한쪽의 대서양은 처음부터 거칠고 차갑다. 두 바다는 한몸처럼 살며 서핑도, 수영도 허락하지 않는다. 그저 먼발치서 눈에다만 넣어야 하는 파도다.

파도가 집채만 한데 죽을 마음이 없는 다음에야 바다로 뛰어들 리 없다. 나미비아에서 남아공으로 들어 올 때, 상공에서 본 느낌 그대로다. 하늘에서도 하얀 거품을 바다는 마구 물어뜯었다. 옥빛 바다는 해변을 포말의 하얀 띠를 두르고 선을 나누었다. 그만큼 해변이 아팠다. 그만큼 힘들고 거친 파도다.

희망봉을 발견한 사람의 묘지도 그 희망봉을 바라보고 누워 있다. 탐험해 들어온 사람은 그 반대편으로 기념비가 누워 있다. 가이드 말로는 두 사람이 서로의 희망봉 탐험을 주장하지만 어느 쪽이 사실인지 자신도 알 수 없단다.

작은 꽃들이 분지를 이룬 대정원이다. 거친 기후에서 꽃들은 몸을 낮추어 버티고 견디는 법을 익혔다. 희망봉으로 오르는 길은 꽃들이 낭창거리게 피어 있다. 식물원 같은 모롱이 길을 오른다.

나는 케이블카를 타지 않았다. 발품으로 결과를 얻어야 후련하다. 두 시간 동안 희망봉을 오르는 투어지만 두 발로 걷는다.

산에 지천으로 핀 꽃을 보는 것도 큰 기쁨이다. 바람 맞는 꽃들은 한결 낮은 키를 하고 있다. 산다는 건, 그래야 사는 길이라는 걸 꽃들은 안다. 경이로움은 큰 것이 아니다. 나는 애꿎은 카메라 셔터만 누른다.

거친 파도의 최남단 포인트

이곳은 대항해 시대에 유럽과 인도 무역상들의 중간 기착지로 휴식을 취하며 물과 음식을 공급받는 장소였다. 길고 거친 항해 끝에 지친 몸을 달래며 이곳만 무사히 지나면 집으로 돌아갈 수 있다는 희망을 품을 수 있었고 그 힘이 생기는 곳이라 하여 '희망곶'이라 불렀다.

인도양과 대서양이 만나는 지점을 바라보는 감회는 먹먹하다. 긴 항해의 여정 끝자락에서 잠시 쉬면서 고향에 두고 온 처자식들을 생각하며 새 힘을 얻었을 선원들을 생각해 본다. 내가 바다를 바라보는 동안에도 바람은 나를 쓸어 바다에 버릴 듯이 불고 있다.

옆에서 말하는 소리도 윙윙윙 지나는 바람도 윙윙윙 모두 파도 소리에 윙윙 묻히고 만다.

희망봉에 오르며

테이블 마운틴

오늘은 테이블 마운틴이다. 산 정상이 마치 테이블을 펼쳐 놓은 형상을 닮았다 하여 붙여진 이름이다. 남아공에 왔다면 아무리 일정이 빠듯해도 이곳은 꼭 가 봐야 하는 곳이다. 물론, 기다림이 필요하다. 한꺼번에 내국인과 외국인 여행자들까지 몰리니 일찍 서둘렀다. 긴 행렬에 기가 눌린다. 인내심이 필요하다.

바람이 심하게 부는 날은 케이블카 운행이 중단된다. 이곳을 찾는 반 이상의 관광객이 바람 때문에 발길을 돌린다. 오늘은 땡볕 아래 길게 줄 서 있다. 날은 덥다. 케이블카도 더위에 지친 채, 올라가고 내려가느라 곤혹을 치른다. 일 년 중 테이블 마운틴에 오를 수 있는 사람은 절반 정도라니 이쯤 수고는 감수한다.

케이블카에 오르니 만족이다. 애써 조망하려 사람 곁을 기웃거리지 않아도 된다. 그냥 서 있으면 케이블카가 알아서 척척 회전해 준다. 갓 5분이 지났을 시간이다. 내리려니 허탈하다. 하지만 실망하지 말자. 천상의 화원이 나를 안내해 준다.

정상 주변으로는 대략 12개 정도의 봉우리가 있다. 이는 예수 그리스도의 열두 제자를 상징하는 것이라 했다. 아마도 테이블에 차려 놓은 다양한 식물군들을 보면서 만찬을 즐기기에는 부족함이 없다.

나는 테이블 마운틴만큼은 걸어서 오르고 싶었다. 문제는 남편이다. 세네 시간이면 오를 수 있는 산이다. 남편은 감기로 더운 날씨를 피하길 원했다. 나는 하는 수 없이 따라야 했다.

케이블카 비용, 시티투어 신청비로 우리는 1,050랜드를 썼다. 우리 화폐로 9만 원이다. 투어와 관광지 입장료가 비싸 여행자들은 남아공에 들어오면 상승한 물가에 곤혹스럽다. 주머니가 털리는 느낌이다. 아프리카 여러 나라에 머물 때는 주머니가 가벼워도 그다지 춥지는 않았다. 주머니가 가벼우니 마음이 춥다.

테이블 마운틴에 내려 평평한 상 위를 걷는다. 인도양과 대서양이 만나는 포인트를 산에서 내려다본다. 절경이다. 확연히 물빛도 다르고, 파도와 모래빛도 다르다. 한쪽의 파도가 야성이라면 반대쪽은 순응적이다. 거칠고, 잔잔한 두 바다가 만나는 진풍경을 산 위에서 바라본다. 현실이 아닌 듯하다.

나미비아 사막을 날아오던 날, 잠시 하늘에서 내려다보았을 때, 그 느낌 그대로 테이블 마운틴은 시야를 가로막는 장애물이 없다. 한눈에 모든 정경이 들어온다. 탁 트인 산 아래로 인도양과 대서양이 입맞춤하고 있다.

테이블 위에는 온갖 꽃과 이색적인 앉은 키의 나무들이 잔칫상에 올라 있다. 나는 마음껏 공복을 채우면 된다. 테이블 마운틴의 둘레는 자그마치 3.2킬로미터다. 나는 홀린 기분으로 사뿐히 걷는다. 많은 길을 걸어 보았지만 꽃으로 차려진 밥상 위를 걸어 보는 것은 이색 경험이다.

자석에 끌리듯 걷다 보니 바다가 보인다. 그대로 걸으면 수직으로 떨어지는 바다다. 얕게 쌓아올린 돌탑이 끝임을 알린다. 반환점이다. 통째로 바위를 깎으며 신도 혼신을 다했으리라. 산을 나는 발로 밟고 있으니 감개무량 (感慨無量)하다.

2시간이 넘게 테이블 위를 돌았다. 내려가는 길이 막막하다. 땡볕에 내몰린 관광객들이 길게 꼬리를 물고 케이블카를 타려고 서 있다. 마음 같아서는 내처 내려가면 잠깐일 듯 싶은데 맨 뒤로 꼬리를 다소곳이 물었다.

바람은 불지만 강한 태양은 내 손등을 단풍색으로 물들인다. 잠시 내놓은 사이, 손등이 좀 탄다고 호들갑 떨 필요는 없겠지. 다 태양의 위력이다.

빨간 투어버스

시내를 순환하는 버스는 종류도 다양하다. 시내와 외지, 그리고 시내를 두루 돌아볼 수 있는 연계된 버스다. 한 번 예매한 승차권으로 이틀간 횟수 제한 없이 시내를 돌아다닐 수 있다. 어느 버스를 타든 그 영수증만 보이면 된다. 여행자에게 딱 맞는 연계 노선이다.

이층 버스에 앉아 시내와 시외를 돌고 연계해 찾아다니는 재미가 쏠쏠하다. 버스에 앉아 시내를 돌아보는 재미는 편함 그 자체다.

현기증이 일 만큼 태양이 쏟아지는 동안 연계 버스가 왔다. 구경할 때 느끼지 못한 배고픔에 버스에서 내렸다. 무엇이든 먹어야 했다.

해안선이 빼어난 해변에서 사람들이 저마다의 몸매로 태양을 반기고 있다.

남아공 부자, 세계의 부호들이 해변 언덕으로 모여들어 빌라와 고급주택을 짓고 산다. 고개 들면 테이블 마운틴의 십이봉이 탁 들어오는 곳이다. 명품 별장들이 다툼하는 고급 휴양 지역에 내렸지만 가난한 여행자가 갈 수 있을 만한 음식점은 없었다.

우리는 해변에서 조금 떨어진 곳으로 발길을 옮겼다. 그리고 500미터쯤 걷다가 마음에 드는 음식점을 만났다. 여행하다 보면 직감들이 가끔은 맞아떨어질 때가 종종 있다. 현지인들이 이용하는 어시장이었다.

사람들도 많다. 시푸드 식당. 우리의 예감은 맞았다. 이곳 물가 대비, 싸고 맛나다. 회와 각종 튀김, 그리고 볶음밥까지, 우리는 서로 대화 한마디 없이 먹기 시작했다. 먹기 대회에 참가한 선수처럼 꼴뚜기, 생선튀김, 감자튀김, 거기에 겨자 소스까지 곁들인다.

투어를 끝내고 돌아오면서 말레이시아인들이 처음 남아공에 도착하여 정착했던, 지금은 작은 마을 형태를 이루어 살고 있는 보캄 마을을 한 번 더 돌아보았다.

마트까지 들러 숙소로 돌아오니 뿌듯한 하루가 저문다.

끝이 시작이다

여행 계획 공식 투어는 오늘로 끝이다. 이제 휴식을 마치고 귀국한다. 투어 버스는 외곽과 공원, 그리고 크고 작은 관광지를 돌아오는 코스로 돈다.

남아공에서의 긴 일정보다 보츠와나와 나미비아에서 더 머물러야 했다. 나는 한곳에서 푹 쉬는 것이 서툴다. 몸이 쉬라는 신호를 보내지 않는 한, 움직일 때 살아 있음을 느낀다.

관광 요소를 두루 갖춘 남아공은 누구나 어렵지 않게 여행할 수 있는 나라다. 휴식이 필요한 여행자에겐 최고의 휴양지다. 해변 어디든 자리만 깔면 휴식처로 아름답다.

오늘도 마음은 '사자헤드' 사자가 누워 있는 형상의 산을 오르고 싶다. 안전이라는 '어휘'가 발목을 잡는다. 케이프타운 시내 어디서나 이 사자의 형상을 볼 수 있다. 사자가 누워서 쉬고 있는 모습이다. 사자가 기다리는 산이다.

투어 버스는 케이프타운 시내를 벗어나 외곽을 달리고 있다. 우리는 '허브 가든'에서 각양각색 꽃들의 향연을 본다. 조금 떨어진 포도 농장을 가본다. 남아공은 와인 생산의 강국답게 포도 농장들이 테이블 마운틴이 버티고 있는 산 반대편으로 끝없이 이어진다.

싱그러운 포도 농장이 도열해 있다. 탐스러운 열매를 주렁주렁 달고 햇볕에 익고 있는 모습을 볼 수 있다. 같은 키에 같은 나무들이 서로를 잡고 있다. 포도나무들은 청정함 그 자체다. 포도송이를 달고 군인들이 열병하는 형태로 서 있다.

남편은 시음장에서 와인 맛을 음미하고 있다. 다섯 종류의 와인을 탐하느라 바쁘다. 나는 술 옆에서도 취한다. 시음장이 불편해 포도 농장으로 나왔다.

원칙이라면 포도밭으로 들어가면 안 된다는 것이다. 촘촘하게 달린 포도송이들이 손짓하며 나를 부르고 있었다. 한쪽 밭고랑을 타고 포도밭으로 들어갔다. 언제 보았는지 남편도 따라 들었다. 이 넓은 포도밭에서 우리는 동심으로 돌아가 숨바꼭질하듯 이 나무 저 나무들을 살펴본다.

알알이 박힌 포도송이를 보니 익지 않은 상태로도 알 하나 따서 맛보고 싶은 충동이 인다. 사진 몇 컷 찍고 나오려는데 우리를 본 아이들 넷이서 무방비로 포도밭에 뛰어든다.

마치 저희들 세상처럼 포도밭으로 달려드는 아이들이 포도처럼 푸르스름하다. 아이들 노는 모습은 어디나 똑같다.

거리의 악사

워터 프런트는 항구 도시다. 관광객들과 여행자들이 어우러져 도시는 들끓고 있다. 거리마다 젊음이 넘친다. 많은 수산물과 쇼핑 상가들, 굵직한 건물들이 파랗게 물든 바다와 어우러져 정열이 넘치는 명소다.

각종 레저 스포츠는 물론, 여행자들이 자기 취향대로 즐길 수 있는 레포츠 종목들이 많다.

도시가 터질 듯 활력을 불러 오는 사람들이 있는데 그들은 거리의 악사들이다. 이들의 공연은 특별할 것도 없다. 창고에 보관하다 방금 가지고 나온 듯한 고물 전통 악기들을 사용한다. 초라한 즉흥적 팝으로 된 공연이다. 그러나 그 타악기들이 뿜어내는 열기와 젊음의 함성은 그 자체로 사람을 흥분의 도가니로 몰아넣는다.

여행자, 관광객들이 어우러져 쏟아내는 함성은 사람을 움싹 못하게 잡아

둔다. 나도 한곳에 자리 잡고 앉아 이들의 공연을 본다. 큰 실로폰 위를 두드리는 연주자의 손놀림과 금속 위를 튕겨나가는 실로폰 스틱의 조화가 햇볕에 보석처럼 빛나고 있다.

연주자가 땀으로 범벅된 채를 두드리는 실로폰 가락에 나도 엉덩이가 들썩거린다. 나란히 놓은 작은북과 큰북을 두드려 대는 악사의 몸 동작에 리듬을 따라가며 몸을 움직인다. 그룹 중에 체구가 제일 작은 연주자다.

아는 팝송이라도 나오면 나도 연주에 뛰어들고 싶은 충동이 인다. 스티비 원더(Stevie Wonder)다. 레게머리를 흔들며 부르던 명곡, 「I just Called To Say I Love You」. 모두가 일어나 신나게 분위기를 탄다. 노래는 세계의 공통어가 되었다.

이들은 시디를 팔았다. 거리 공연으로 살아가는 악사들이다. 세련된 음악성은 없어도 여행자들이 두루 알 만한 팝송들을 재편곡하고 악보도 자기들의 취향에 맞도록 다듬은 곡들이 대부분이다.

가창력과 스타성으로 무장한 음악이 듣고 싶어지는 요즘이다. 아름다운 인간의 목소리가 뒤로 묻히고, 이름도 모를 숱한 기계 전자음과 자신의 재능과 독창성을 소리 높여 노래하지 않는 무늬만의 괴성에 식상해 있는 터라 나는 차라리 이런 음악들이 좋다.

연주하는 악기들도 자세히 들여다보면 그렇게 소박할 수가 없다. 찌그러진 트럼펫, 덕지덕지 헝겊을 감아 맨 북채, 음악에 동원된 악기들은 소박하다 못해 초라하다. 그래도 사람을 전염시키는 음악을 매개로 발을 묶고, 소박한 방법으로 사람들을 현혹시키는 그들이 정겹다.

오늘 거리의 악사들 중 가장 눈에 띈 사람은 큰 실로폰 위를 신들린 듯이 긁어 대며 연주하는 남자다. 뒤에서 본 그의 도드라진 엉덩이가 남자의 뒤태도 이처럼 요염하며 탄력이 있을 수 있음을 알게 했다.

노래들은 거의 타악기에 실어 내는 곡들이다. 실로폰을 두드릴 때마다 엉덩이와 탄력 붙은 팔의 근육들이 마치 전파를 타듯 건반 위를 훑고 다닌다. 묘기에 가까운 연주다. 보는 이의 혼을 뺄 만큼 숙련된 연주다.

돌아오는 길, 다시 숙소 앞 공연을 본다. 연주를 마치고 돌아서는 악사와 나는 기념사진 한 장 부탁한다. 내 귀를 부드럽게 해 준 고마움의 대가로 악기 통에 성의 표시를 해 준다. 입이 귀에 닿도록 미소 짓는 악사를 바라보았다.

다 낡은 트레이닝복과 허름한 바지에 슬리퍼를 신은 남자들이다. 그나마 입은 트레이닝복은 뒤집어 입었다. 옷 속의 라벨이 무슨 훈장이나 받은 것처럼 밖으로 나왔다. 연주하는 동안 그의 움직임을 따라 라벨은 달랑거렸다.

살며시 다가가 알리고 싶지만, 나는 그 말을 꾹꾹 참았다. 그가 아무렇지 않은데 내가 긁어 부스럼 만들 이유는 없다. 마음으로 그 악사가 진정한 음악을 할 수 있기를 바라고 싶다.

눈 깜짝할 사이

남아공을 떠나는 날 비로소 실감했다. 케이프타운에서는 안전이 중요하다는 것을. 누구나 자기가 직접 경험하지 않은 일에는 쉽게 수긍하지 않는다. 나도 이 도시로 들어오면서 그랬다.

이들의 외연을 보면 부족함 없는 생활이다. 그러나 아직도 굶주림에 시달리고 있는 사람들은 의외로 많았다. 눈에 보이는 것이 전부는 아니다. 풍족한 듯 보여도 살기 위해, 배를 채우기 위해 몸부림 치고 있는 사람들이 많았다.

귀국길에 오른다는 사실에 마음이 느슨해진 탓도 있지만 한 달 이상 안전이 절실한 상황도 없었다. 치안이 느슨하단 말도 믿지 않았다. 사람 사는 곳은 어디나 마찬가지건만, 유독 아프리카에서 안전을 강조하는 말을 믿지 않았다. 이들의 순수함을 나는 믿었다.

오늘도 나는 배낭을 메고 시내를 다녔다. 여기저기 기웃거리고 있을 때, 내 옆을 스치는 청년이 있었다. 워낙 순식간의 일, 무언가 등에서 배낭이 눌리는 기운을 받았고, 이상한 예감이 들었다.

도로가 붐비는 길이 아닌데 청년과 눈이 마주쳤다. 앞으로 가방을 돌렸다. 가슴이 철렁, 배낭의 지퍼가 반쯤 열렸다. 지나가며 배낭을 치는 척하면서 지퍼를 열었다.

지퍼를 열었지만 지갑을 꺼내기는 역부족이었다. 손을 넣기엔 가방속이 깊었다. 지갑은 배낭을 앞으로 돌렸을 때 가방 안에서 보였다. 물론, 마지막 여행지에다 귀국 출발 전이어서 쓰다 남은 달러 몇 장과 잔돈이 전부였다.

청년에게 지갑을 빼앗겼다면 그보다 내 마음 상처가 더 컸을 것이다. 남아공은 소매치기와 강도가 많다고, 여행객들이 번번이 당하고 있어 주의를 해야 한다고 현지 가이드가 말해 줬는데도 난 그 말을 실감할 수 없었다. 당해 보고서야 실감했다.

그 청년과 눈이 마주쳤을 때, 눈빛이 나를 원망하는 듯했고 얼굴에 난 흉터를 보았다. 순식간에 불발탄이 된 자기의 기술을 탓하는 듯 나를 조소하는 눈빛으로 바라보다 앞으로 가던 길을 돌아 반대편 도로로 뛰어가 버렸다.

여행을 망설이는 요인은 안전이다. 목숨을 담보로 하는 여행은 있을 수 없다. 겉으로 보기에는 평온한 듯 보이지만 이런 요소들이 있다면 여행을 끝내고도 그 여운은 오래간다.

여행지마다 아무리 좋은 절경을 보았다 해도 남아공에서 오늘 내가 무슨 일이 있었다면, 그래서 좋지 않은 마음으로 돌아간다면 내가 보고 느낀 여행지의 색은 회색빛이다. 이곳을 흠집 없이 회상할 수 있게 되어 다행이다. 내 기억에 저장되는 기억들이 밝은 색이어서 다행이다.

에티오피아로

어젯밤 8시에 케이프 타운을 출발한 비행기는 요하네스버그를 한 시간 경유해서 에티오피아 아바바 공항에 새벽 4시 30분에 내렸다. 여기가 더운 나라라는 사실을 잊을 만큼 새벽공기는 차가웠다. 떠나올 때 입었던 가벼운 옷들이 찬바람에 무용지물이 되었다.

항공권 회사에서 주선해 준 호텔에서 우리는 10시간 동안을 기다려야 한다. 하지만 이곳이 에티오피아라는 생각이 들지 않을 만큼 최신식 호텔이다.

이제 막 신축 공사를 마친 후라 모든 시설이 깨끗해서 잠시 머물다 가기에는 최적 여건을 갖추었다. 게다가 점심 저녁을 호텔에서 해결해 주니 에티오피아 화폐를 환전하지 않아도 식사 해결은 걱정 없다.

에티오피아는 아프리카 어느 나라보다도 낙후되었음을 멀리서 찾지 않아도 공항에서 20여 분 차를 타고 오는 동안 시내의 모습에서 느낄 수 있다.

채 포장되지 않은 도로에서 매연과 먼지가 시내를 장악하고 있다. 구걸하는 사람, 아침에 잠시 들어오는 동안에 본 길가에 누워 있는 사람, 그리고 행려병자들이 길거리에 앉아 있는 모습이 한 발 건너마다 있는 것을 보았다.

도시는 사람들이 넘쳐났다. 차량이 엉킨 사거리, 대로에는 버스와 통행 차량이 한데 엉켜 질서가 없다.

아침에 차 타고 호텔로 올 때 길거리에 누워 있던 할아버지가 생각난다. 내가 긴소매 옷을 입고도 한기를 느낄 만큼 차가운 날이었는데 몸을 가누지 못하고 길거리에 누워 있던 그 할아버지는 얼마 가지 못할 것 같은 모습이었다.

세상은 불합리해도 돌아가기 마련이다. 동시대에 살면서 나는 여행자가 되고, 어디엔가는 한 끼니 배고픔을 면하기 위해 운명을 탓하며 길거리로 나와 앉은 이들이 있다. 그들을 보니 마음 무겁다. 세상은 살아 볼 만하면서 가끔은 슬픈 세상이 되는 것 같다.

내가 돌아본 일곱 나라와 11시간 동안 머무는 에티오피아가 이렇게 다른 모습을 보일 줄 생각지 못했다. 남아공에서는 쓰레기통을 뒤지는 사람들을 보았고, 에티오피아에 들어와 몇 시간 동안 거리를 돌아보면서 구걸하는 이들을 셀 수 없이 마주친다.

나는 잠시 혼란스럽다. 잘사는 나라 깨끗한 거리 남아공에도 불행의 이면들이 깔려 있었다.

에티오피아의 어수선한 거리에도 언덕 위에는 호화로운 집들이 들어앉아 있다.

무릇, 인간은 적어도 자신의 몸을 바지런히 움직이면 배는 굶지 않아야 한다. 자신이 얼마나 좋은 위치에 있는가를 나는 꼭 불행한 이들을 만나고야 느끼는 어리석음을 누차 범하며 살고 있다.

행복한 사람들은 기준 가치를 어디에 두고 살까? 잠시 생각해 본다. 시내를 돌며 본 이들의 삶이 못내 아프다.

어디선가 닭 우는 소리가 들린다. 도시에 있다는 것을 잊을 만큼 원초적인 소리다. 공항을 지척에 둔 시내지만 이곳은 한눈에 보아도 우리의 1970년대 초 모습을 연상시킨다. 이제 막 포장도로를 곳곳에 시작했고, 여러 곳에서 많은 개량 주택 공사들이 이어지고 있음을 본다.

아직 때 묻지 않은 삶이기에 더 곤궁한 것이다. 에티오피아도 겨울은 있다. 7~8월까지는 겨울로 때로는 영하 20도까지 내려간다니 참 믿기지 않는다.

우리는 함께 호텔에서 묵고 있는 독일 팀과 함께 시내를 돌아보는 투어를 신청했다. 몇 시간 동안이지만 에티오피아를 알기 위해 시내 투어를 한다. 시내의 재래시장은 에티오피아에서 제일 큰 시장이다. 우리 일행을 안내해 준 기사는 차에서 우리들을 내려 주지 않는다.

그만큼 이곳도 치안이 불안정하다는 것이다. 우리는 차에 앉아 시장을 돌아보지만 차의 속도나 나가서 걷는 것이나 같은 느림이다. 질서 없이 사람과 차량이 꽁지를 물었다. 서로 오가지도 못하고 차 사이에 끼고 말았다.

시장에는 없는 것이 없다. 생전 보지도 못한 통들, 상점 안은 온갖 물건들로 터질 것 같다. 더구나 여기저기 집들이 헐려 마치 난민촌을 방불케 한다. 초가집은 기와집으로 만들고, 마을길은 넓힌다. '새마을 운동'이 벌어진 현장이다.

아무리 찾아봐도 여행자들은 없다. 오직 현지인들만이 정신없이 움직이고 있다. 어느 나라나 여행자가 보이지 않는 것은 외화 벌이가 시원찮고, 새로움이 없다는 뜻도 될 것이다. 혼미하게 돌아가는 시장 통을 돌아 커피 한 봉지 구입하고 우리는 재래시장을 빠져나왔다.

에티오피아는 지금 건설이 한창이다. 내가 수도인 아디스 아바바에 들렀을 때 도로는 아직 포장되지 않았다. 시내 중앙에는 전철이 다니고 있었다. 물론 중국 힘이다. 아프리카 곳곳에는 이미 중국의 기업이나 사람들이 많이 들어와 굵직한 건설들을 개입하고 있다.

아프리카를 돕는 차원이다. 고속도로, 항만, 댐 사업에 중국이 자본과 엄청난 인력, 물량 공세를 한다. 결국 자국민을 유입해서 건설하고 또 그 인력이 자국으로 돌아가지 않고 아프리카에 눌러앉는 경우가 많다.

중국의 저력에 다시 한 번 놀랐다. 우리나라의 입지는 어느 정도인가 하는 노파심에 걱정이 앞섰다.

탄자니아에서도 중국 열차가 다니는 것을 보았다. 그 철도를 중국이 건설했다는 설명도 들었다. 다시 에티오피아에 와서 현장을 접하니 질투심이 생겼다. 왜 우리는 발전 가능한 곳을 공략하지 못하는가?

무궁한 발전 가능이 보이는 나라에는 중국의 자본이 유입되어 있다. 사하라 사막 남쪽에도 최초로 지하철을 중국이 건설했다. 또 에티오피아에 전철을 들였다는 것은 건설이 급물살을 탔다는 것이다.

우리의 1970년대 초반을 떠올린다면 그 발전 가능성이 크다. 조금만 관심을 가지고 아프리카를 대한다면 이곳이 얼마나 무한한 가능성이 있는 마지막 남은 개발 지역이 될지 나는 알겠다.

중국이 '검은 대륙' 아프리카를 파고드는 이유도 이곳의 무한히 가지고 있는 잠재력을 알았기 때문이다. 아프리카 대륙을 돌아보면서 대상들이 실크로드를 만들었듯 아프리카의 대자연을 잇는 실크로드를 만들지 않을까 하는 생각을 가져 보았다.

아프리카에서 만나는 사람은 같은 목소리로 물었다. 모두 나에게 중국인이냐고 묻는다. 그만큼 우리나라는 검은 대륙에 우리의 깃발을 아직 꽂지 못했다는 생각이 들어 개인적으로 아쉬움이 많았다.

지금 당장은 아니어도 중국은 야금야금 가랑비에 옷을 적시는 방법으로 아프리카에 깃발을 꽂으며 기회를 찾고 있다.

내가 어릴 적 엄마는 말씀하셨다. "중국인들은 오랑캐요, 떼놈들이다"라고. 그 말을 다 믿지 않아도 이곳에 와서야 그 말이 실감났다. 그만큼 세계 어느 곳을 가도 중국인들이 뿌리 내리는 힘은 놀랍다.

아프리카 대륙은 후발 주자 같지만 선수는 바통을 손에 쥐고 가속을 내며 달린다. 무궁무진한 자원들이 도처에 산재해 있음이 여행자인 내 눈에도 훤히 보였다.

미개척지에 앞다투어 개척자들이 몰리는 데는 이유가 있다. 우리나라처럼 땅이 좁고 한정된 땅덩이를 가지고 있는 나라들은 더 적극적인 태도가 필요하다.

아프리카 대륙 북동부에 위치한 에티오피아는 전 세계인이 즐겨 마시는 커피의 본고장이다. 일 년 내 봄같이 서늘한 날씨가 이어지고 2천 미터가 넘는 중앙 고원 지대에 있어 우리나라 4월 무렵 날씨가 연중 이어진다.

에티오피아는 아프리카 국가 중 커피를 가장 많이 생산하고 세계에서도 커피 생산량 5, 6위를 차지하는 나라다. 이곳에서 생산되는 예가체프 커피는 세련된 맛으로 커피 애호가들의 사랑을 받고 있다.

그런 커피를 취급하는 상점들은 한눈에 보아도 고급스럽다. 가격 또한 놀랍다.

아마도 커피 마니아는 에티오피아를 쉽게 떠나지 못할 것이다. 커피의 향과 맛이 발목을 잡기 때문이다. 또, 에티오피아에 들어와 안 사실이지만 일년이 우리와 다른 열세 달인 나라가 '커피의 본고장' 에티오피아다.

단 몇 초면 커피 한잔이 우리 손에 들어오는 오늘날까지는 수백 년이 걸렸다. 한때는 커피가 '사탄 음료'라는 탄압을 받기도 했다.

나는 커피를 많이 마시지 않는다. 한 잔만 마셔도 뜬눈으로 날밤을 샌다. 극도로 커피는 피하고 있다. 사람마다 다르다. 남편은 삼시세끼를 꼬박 꼬박 커피 한 잔씩 마셔도 잠과는 무관하다.

여행의 기억

'아프리카'는 여행의 끝이라고 혹자들은 말한다. 그러나 나는 아프리카 여행이 끝이 아닌 시작이라 생각한다.

내가 돌아본 시간은 숨 가빴다. 큰 도시와 세계적 관광지들을 돌았다. 진정 더 머물고 싶은 여행지에서는 탄식을 되뇌며 돌아서기도 했다. 생각하면 그만큼 아프리카 대륙은 짧은 기간에 돌아보기에는 방대한 지역이다.

아쉬운 곳은 '보츠와나'다 기대하지 않은 나라였지만 내 짧은 식견에 내가 놀라 스스로 얼굴이 화끈거렸다. 시간을 할애하지 못한 아쉬움이 떠나지 않는다. 아직 훼손되지 않은 자연이 좋아 아프리카행을 결심했고, 그 여행지들은 내가 바랐던 것보다 더 많은 것을 보여 주었다. 새록새록 감동이 묻어 났다.

어떤 이는 내게 묻는다. 왜 고생을 사서 하느냐고. 하지만 이상하다. 고생을 사서 하고 돌아왔을 때 비로소 여행하고 온 느낌을 받는다. 이 무슨 변고란 말인가.

나라별 색깔을 찾아보려 노력했다. 케냐의 '마사이 마라'는 세계적 명성에 버금할 대자연이 맞았다. 사람과 동물이 한 공동체처럼 움직이고 있었다. 그 생생한 모습은 우주에서도 유일한 상징적 국가라는 사실을 확인시키는 계기가 되었다.

아직 명맥을 유지하면서 살고 있는 '마사이 족'에 대한 처우 개선이 미흡한 부분이 아쉬움으로 남지만 어디까지나 나는 여행자이므로 생각이 치우칠 수도 있다고 마음 두기로 했다.

'탄자니아' 또한 걸출한 명산 '킬리만자로', 그 산에 삶들이 실핏줄처럼 흐르며 연관되어 있었다. 그 젖줄을 모태로 가이드, 상품, 상점들이 탄자니아의 맥을 이어 가고 있었다. 그들의 삶에서 뗄 수 없는 연결고리들이 실타래처럼 엉켜 있다는 사실도 나는 알게 되었다.

비록 명산과 관계없이 살아가는 이들은 자연에 순응하면서 작은 소유의 행복이 무엇인가를 내게 가르쳐 주었다.

'잠비아'와 '짐바브웨'는 쌍둥이 국가처럼 매우 흡사하여 내가 나라 명조차 혼돈할 만큼 비슷한 정서가 흘렀다. 다만, 세계적 폭포 '빅토리아'를 놓고 두 나라가 보이지 않는 긴장감으로 고무줄을 당기는 느낌이 들었다.

폭포를 사이좋게 나누어 차지한 듯 보이지만 엄연한 차이는 있었다. 잠비아 쪽에서 만나야 할 폭포는 멈추었다. 잠을 자고 있는 듯 가뭄으로 인해 폭포는 까만 바닥을 드러내고 있었지만, 짐바브웨 쪽은 연신 물보라에 무지개를 그려 관광객을 유입시켰다. 잠비아에는 여행객의 발길이 뜸하지만, 짐바브웨에는 사람들로 북적거렸다.

사람들의 발길과 여행객의 숫자는 가치를 올린다. 사람들이 발길을 어느 쪽으로 옮길지는 자명한 일이다.

내가 여행한 국가 중 제일 짧은 기간을 머문 '보츠와나'를 나는 그저 '에이즈 국가'로만 알고 있었다. 얼마나 섣부른 판단인가. 보츠와나에 들어서며, 비싼 물가와 시내의 깔끔한 쇼윈도의 상품들을 보고 내 판단이 섣부름을 알았다.

그리고 '나미비아'. 이번 여행에서 제일 상징적으로 내 뇌리에 남는 나라다. 전 지역이 사막으로 둘러싸인 나미비아는 그 나라만의 독특한 색깔을 가지고, 세계의 여행자들을 부르고 있었다. 바람의 방향 따라 시간이 만들어 놓은 자연적인 모래산과 유럽식 과거의 흔적이 시내의 거리마다 남아 있었다.

과거를 분리해 본다면 어느 유럽 속에 들어온 듯한 착각을 불러왔다. 그 분위기를 느낄 수 있어 이색적 체험이 되었던 나라였다.

속살을 열어 보면 대륙에는 흑백의 갈등이 흐르는 긴장감 속에 서구화되어 있는 유럽식 분위기들이 내가 생각한 아프리카의 모습이 아니기에 내 뇌리에 남았는지도 모른다.

'칼라하리 사막', 매체에서나 보아 왔던 사막을 지척에 두고 막연한 상상 속에서나 만날 수 있는 나라였던 만큼 이질감으로 다가와 더욱 여행의 묘미를 배가시킨 나라다.

여행은 나라만의 특색인 그림들이 충돌할 때, 깊이에 빠져든다. 남아공에서 시간을 할애했다. 케이프타운 시내만큼은 속속들이 들여다 본 나라였다.

'이 시간들을 보츠와나에 있을 때 나누어 썼더라면…' 하는 후회는 지금도 유효하다. 여행은 늘 의외성을 가지고 있다. 탄자니아에서 먹은 빅 파인애플이 평생 최고의 과일이었다. 지천으로 널린 망고를 주워 먹던 시간들 역시 내 안으로 깊게 가라앉을 것이다.

여행에 빠져 본 이들은 안다. 내가 여행 중 만난 어느 부부의 여행담을 들으며 함께 공감했다. 무엇에든 빠져 본 사람만이 빠지는 이유를 이해한다. 같이 소통할 수 있는 앙금이 있어서다.

이제 나는 다시 제자리로 돌아간다. 담담하게 여행 시간들을 들추어 보며 반복을 꿈꿀 것이다. 비용, 시간, 그리고 가장 중요한 건강을 챙기며 성실한 삶을 가꾸며 더 낮게 살아야 한다. 여행하는 이면 느낀다.

내가 돌아다닐 때 남편은 감기로 십여 일을 고생했다. 정작 중요한 투어에도 참가하지 못하는 결과도 가져왔다. 여행 중 자신을 책임지지 못하면 아무리 가까운 부부라도 냉혈동물이 되어 혼자라도 투어에 참가해야 했다.

인정에 끌려 만 리까지 나와 사사로움에 허둥대다 보면 함께 이도 저도 안 된다. 우리는 똑같이 감기를 앓았지만 나는 철저하게 대비했고, 남편은 좋아하는 술을 절제하지 못해 감기에 끌려 다니는 모양이 되었다.

결국, 그 피해는 고스란히 본인에게 갔다. 아무리 좋은 것을 보아도 몸이 괴로우면 만사 귀찮다. 그렇기에 자신을 책임지지 못하면 결과적으로 경제적 손실을 남기는 분기점을 맞는다.

여행도 비즈니스다. 도착하는 나라에 경비를 들이고, 관광으로 소비하고, 그곳의 문화를 접하기 위해 대가를 지불하여 내 것으로 가져오는 갑을 관계에서 소득 없는 창출을 가져온다면 여행 비즈니스는 실패다. 경제적 손실만 남기는 분기다. 내가 지불한 만큼 결과를 가져오려면 비즈니스를 잘해야 하는 건 당연한 이치다.

이번 여행도 애써 손익을 따져 본다면 나는 분기점에서 이익을 냈다. 하지만 남편은 이익 창출을 가져오지 못했으므로 결국 손실을 조금 낸 셈이다.

나오며

나는 뭔가를 하고 나면 그 결과를 남겨 놓는 버릇이 있다. 거슬러 올라가면 그건 내 부모가 물려 준 유일한 유산일지도 모른다.

나는 팔 남매 중 셋째이다. 어느 누구도 아버지를 닮지 않았으나 다행히도 내가 아버지를 닮았다. 그분이 가시고 난 뒤 그 믿음이 사실임을 다시 확인했다.

아버지는 메모와 기록의 달인이라 할 만큼 살아온 모든 생애가 전부 기록이었다. 그분이 가시고 난 뒤란 시렁에는 메모박스만 남았다. 크고 작은 기록의 증거물들이 박스마다 쏟아져 나왔다.

나는 먼지를 털어 흔적을 찾아 읽어 갔다. 버릴 수 없는 기록들을 모아두었다.

먼지가 두툼하게 쌓인 박스들을 뒤지다 발견한 많은 기록 가운데서도 두고두고 생각나는 것이 있었다. 그것은 당신이 딱 한 달을 병원에서 입원한 동안의 흔적들이었다. 그것들이 내 눈시울을 붉혔다.

병원에서 식사 후에 나온 약봉지며, 달력, 심지어 병원 식사 때 식단의 밥그릇에 끼워 나온 식단 메모지까지 이용해 깨알처럼 남겨둔 흔적들을 보았다. 메모해 둔 종이들 속에서 내가 살아오며 했던 행동들의 뿌리는 아버지라는 사실을 확인했다.

돌아보니 여행도 병이다. 아주 독한 병이어서 한 번 바이러스에 감염되면 빠져나오지 못한다.

물설고 낯선 곳에서 내가 몰랐던 나를 만난다. 내가 머물고 숨 쉬었던 공간이 나를 만들었다. 내가 머무를 수 있는 그곳의 빛과 공간이, 토양의 냄새가 여유롭게 내게로 들어왔다. 잠시, 머무르다 온대도, 지금 만날 수 있는 여행의 공간이 바로 나다. 여행이 모든 것의 답은 아니지만, 그러나 비워진 공간을 채우고 싶다.

낯선 기류를 타는 떠남이고 싶다.

'늦게 배운 도둑 밤새는 줄 모른다'라고 했다.

아직 나는 캄캄한 밤중이다.

2018년 12월

신경숙